系统电磁兼容

赵 辉 著

国防工业出版社

·北京·

内 容 简 介

本书力求实用，系统总结了数十年来飞机、舰船、航天器、车辆等装备工程研制中积累的电磁兼容技术成果和工程经验，并吸收了国内外最新技术进展。

本书共分为7章，全面阐述了武器装备系统工程中的电磁兼容预测理论、电磁兼容设计技术、电磁防护技术、电磁兼容试验技术和电磁兼容管理等相关内容。

本书理论联系实际、体系结构新颖、内容丰富，可以当作一本武器装备的电磁兼容工程技术指南，适合国防工业领域中从事武器装备总体工程的技术人员阅读。本书对从事民用高端装备研制的工程技术人员亦有参考价值。

图书在版编目（CIP）数据

系统电磁兼容/赵辉著. —北京：国防工业出版社，2019. 4

ISBN 978-7-118-11824-7

Ⅰ. ①系… Ⅱ. ①赵… Ⅲ. ①电磁兼容性 Ⅳ. ①TN03

中国版本图书馆 CIP 数据核字(2019)第 067680 号

※

国防工业出版社出版发行

（北京市海淀区紫竹院南路 23 号 邮政编码 100048）

三河市众誉天成印务有限公司印刷

新华书店经售

*

开本 710×1000 1/16 **印张** 17½ **插页** 1 **字数** 312 千字

2019 年 4 月第 1 版第 1 次印刷 **印数** 1—3000 册 **定价** 59.00 元

国防书店：(010)88540777 发行邮购：(010)88540776

发行传真：(010)88540755 发行业务：(010)88540717

前　言

众所周知，飞机、舰船、航天器、车辆等武器装备都是在一个有限的载体空间内，安装了大量的电子和电气设备，导致系统面临各种复杂的电磁干扰，因此系统的电磁兼容性已成为衡量武器装备总体性能优劣的依据之一。系统电磁兼容涉及的专业技术领域很广，对于许多工程技术人员来说，想要全面、兼有一定深度地掌握这门技术的精髓，并非易事。因此国防科技领域需要一部能反映当前电磁兼容技术发展水平，并且内容简明实用的专著来指导各种复杂武器装备总体工程的开展。此外，不同武器装备的电磁兼容技术既具有共性，又由于各自用途的不同而存在差异性。本书力求实用，并注重电磁兼容技术体系的完整性，系统梳理和总结了数十年来飞机、舰船、航天器、车辆等装备的研制中积累的电磁兼容技术成果和工程经验，并吸收了国内外最新的技术进展，尽可能简明的叙述如何运用系统工程的思路，去实际解决复杂武器装备的电磁兼容性问题。

虽然武器装备按照惯例有行业划分，但电磁兼容领域的很多具体技术都是相通的，相互之间可以借鉴。本书给出了系统电磁兼容技术的体系框架，限于篇幅，有些内容（例如电磁计算等）没有展开详述，需要深入学习的读者可参阅相关书籍和资料。

尽管我在多个装备行业领域工作过，参与过一些工程型号的研制，但是当我真正开始撰写一本系统性的书时，才逐渐发现难度远超出我的预想，让我深深感到自己能力的欠缺和知识经验的匮乏。在撰写过程中，我阅读了上百本书籍，数千篇论文，这种感觉就像一个人行走在广袤的大海边，不时捡起沙滩上散落的贝壳和珍珠，并将其精心制作成一顶华丽的皇冠。在此也提倡学者一定要坚守独立的人格和思想，并亲自动笔撰写学术著作，只有真正抛开功利之心，去寻找和追随天边的灯光，才能在辛勤探索的过程中真正领悟到真理的奥妙，并最终到达宏伟的科学殿堂。

在撰写本书的数年里，我的亲人们给了我最大的关爱和温暖，让我在漫长的暗夜苦雨中充满勇气和力量，跋涉前行，而且我的妻子为本书绘制了全部插图，这本书是献给亲人们的一份最珍贵的礼物。

本书的出版同样离不开朋友们的帮助。假如没有出版社张冬晔编辑给我长期的热情支持和鼓励,我难以想象自己能坚持不懈数年之久。我还得到了好友张玉的帮助。在此向他们表示最衷心的感谢!

由于电磁兼容技术包罗万象、头绪极多,而我却试图用一本书去浓缩整个技术体系,注定了这是一场挑战,在此也请读者不吝指正书中的不当及错误之处,共同促进这门技术的发展。本人邮箱:zhaohuiemc@ 126. com。

希望本书的问世,能对从事武器装备和民用复杂装备总体工程研究的科技人员提供有益的帮助。

作者

2018. 8 于北京八大处

目　录

第1章　系统电磁兼容技术基础

1.1　概　　述

1.1.1　系统电磁兼容的概念

电磁兼容一词，源于英语 Electromagnetic Compatibility（EMC），直译应为电磁兼容性。目前的共识是：Electromagnetic Compatibility 一词，对于一门学科、一个领域、一个技术范围来讲，应译为“电磁兼容”，以便反映整个领域，而不仅是一项技术指标；对于设备或系统的性能参数来说，则应译为“电磁兼容性”。

电磁兼容是指电子、电气设备或系统的一种工作状态，在这种状态下，它们不会因为内部或彼此间存在的电磁干扰（Electromagnetic Interference，EMI）而影响其正常工作。

电磁兼容性则是指电子、电气设备或系统在预期的电磁环境（Electromagnetic Environment，EME）中，按设计要求可正常工作的能力，它是电子、电气设备或系统的一种重要的技术性能。一个系统的电磁兼容性，实际上体现在两个方面：一方面，设备或系统必须以整体电磁环境为依据，要求每个用电设备不产生超过一定限度的电磁发射，以免导致处于同一电磁环境中的其他设备或系统出现超过规定限度的工作性能降低；另一方面，又要求它具有一定的抵抗电磁干扰的能力，并有一定的安全裕度，即它不会因受到处于同一电磁环境中的其他设备或系统发射的电磁干扰而出现不允许的工作性能降低。只有对每一设备或系统作这两方面的约束，才能保证系统达到良好的电磁兼容。

电磁兼容学科包含的内容十分广泛，是一门实用性很强的综合性学科。电磁兼容学科涉及的理论基础包括数学、电磁场理论、天线与电波传播、电路理论、信号分析、通信理论、材料科学、生物医学等。

电磁干扰现象最初在无线电技术中较为突出，因此电磁兼容学科中大量引用了无线电技术的概念和术语。随着电子、电气技术的发展，电磁兼容理论与技术得以形成和发展，并广泛应用于现代工业和军事领域的工程实践。

“系统”是泛指可以完成某一使命或任务的设备、子系统（也称分系统）的集合体，例如一架飞机、一艘舰船、一颗卫星、一辆汽车、一枚导弹都可看作一个系统,而飞机上、舰船上等安装的通信、雷达或导航设备也可看作一个系统。

从产生电磁干扰的层次上划分,一般电磁兼容可分为电路板级、器件级、设备级、系统级、系统间级五个层次。

系统级电磁兼容是指在给定的系统中,其安装的子系统、设备及部件之间的兼容,以及系统对所处的电磁环境的响应。影响系统级兼容性的主要因素是系统自身产生的干扰并在系统内引起辐射耦合和传导耦合,以及来自外界的雷电、静电、电磁脉冲等对系统造成干扰等。

系统间电磁兼容是指给定系统与其他系统之间的兼容,以及它们对所处的电磁环境的响应。

目前,电路板级、器件级、设备级电磁兼容都已经得到了大量的研究,本书主要以系统级和系统间级电磁兼容为研究内容,统称为系统电磁兼容。

飞机、舰船、航天器等复杂武器装备,都是在有限的运载平台上安装了大量的电子、电气设备,在使用中,这些设备容易产生电磁干扰,轻则影响武器装备性能的正常发挥,重则导致作战失利。

例如,一艘现代化的航空母舰上安装有各种功能的雷达、通信、导航、电子战、敌我识别、指挥控制、武器等众多子系统,各种类型的发射机和接收机有80~150台,天线甚至超过100副,使用的频段覆盖长波、中波、短波、超短波、微波等。舰上的大功率发射机的峰值发射功率可达兆瓦级,与此同时许多接收机的灵敏度很高,一般为几微伏或几十微瓦,如果舰上的全部电子设备同时工作,势必造成相互干扰。组成舰船编队时,各种设备相互间的干扰将更严重。同时舰上的电子系统又与电气系统交联,各设备之间的电磁干扰可通过供电系统、接地系统、互连系统以及空间辐射产生相互耦合。舰船的上层建筑由大量形状尺寸各异的金属部件组成,加之舰上众多的舱门、通风孔、缝隙、观察窗口和外露线缆,因此电磁场耦合途径非常复杂,甚至会出现积聚、谐振等效应。

对于武器装备来说,电磁干扰的危害主要表现在以下几点:

1. 降低系统或设备的技术性能和可靠性能

无线通信系统中,电磁干扰会使数据误码率增大,或使传输的话音发生畸变失真;雷达系统中,电磁干扰会导致真实目标回波淹没在干扰信号之中,导致雷达信杂比下降,作用距离降低。例如,在美国海军编队中,当“密集阵”武器系统受到相邻军舰上的雷达照射影响时,自己的火控雷达容易丢失跟踪目标,这在实战条件下会危及军舰自身的生存。

2. 误动作、误爆和误燃

电磁干扰直接被雷达、遥测、侦察等天线接收后,天线会做出误跟踪、误指向或乱摆动等错误动作;电引爆装置受到强电磁辐射后可能发生误爆事故;在有易燃气体的区域，强电磁场在金属体上产生的感应电压可能产生电弧，引发误燃或误爆。试验表明，当一辆加油车为飞机加油时，如果在飞机油箱附近存在电磁波辐射，当这个电磁波频率在 24～32MHz 之间，场强达到 37V/m 即可产生电弧和电火花放电，引起燃烧爆炸。

3. 人员受辐射危险

电磁能量通过对人体组织器官的物理及化学作用会产生有害生理效应，造成较严重的危害。现代舰船、飞机上的人员受到自身平台上的大功率发射天线照射时，强电磁场辐射会对人体造成伤害。

4. 电磁暴露与电磁泄密

对于有隐蔽作战要求的武器装备，其发出的电磁辐射易被敌方设备监测侦收，从而暴露武器装备的工作参数和位置等重要信息；另外，有些信息设备如计算机等的电磁辐射中常含有机密信息，可能造成电磁泄密（此项技术称为 TEMPEST）。

因此电磁兼容性是武器装备的关键性能之一，较差的电磁兼容性不但不能让武器装备发挥作战效能，还可能带来严重后果。

表 1.1、表 1.2 和表 1.3 列举了一些飞机、舰船、航天器受到电磁干扰影响的情况。

表 1.1　电磁干扰影响飞机的情况举例

飞机名称	国家	年度	故障现象	故障原因
波音 707 客机	美国	1963	在马里兰州坠毁，82 人死亡	雷电
C-130 运输机	美国	1978	遭雷击，燃油箱爆炸，飞机坠毁	雷电
B-2 轰炸机	美国	1992	遭雷击，机翼表面损坏	雷电
波音 757 客机	中国	1997	遭雷击，飞机多处受损	雷电
Airship 飞艇	美国	1990	受到 VOA 电台的大功率定向天线辐射，两部发动机停机，迫降在丛林中	HIRF
R44 直升机	美国	1999	穿越广播电台时，通信系统中断，发动机功率下降，迫降受损	HIRF

表 1.2　电磁干扰影响舰船的情况举例

舰船名称	国家	年度	故障现象	故障原因
福莱斯特号航空母舰	美国	1967	舰上雷达照射导致舰载机的武器误发射，引发大爆炸，死亡 134 人	HIRF
超级油轮	荷兰等	1969	因为静电放电引发荷兰等国多艘 20 万吨级超级油轮洗舱时发生爆炸	静电

（续）

舰船名称	国家	年度	故障现象	故障原因
塔尔瓦护卫舰	俄罗斯	2002	舰载雷达干扰了正在发射的防空导弹，导弹失控坠海	HIRF
维克多级核潜艇	俄罗斯	2006	发生电气火灾，两名船员死亡	布线错误

表 1.3 电磁干扰影响航天器的情况举例

航天器名称	国家	年度	故障现象	故障原因
侦察兵火箭	美国	1964	电爆管桥丝和壳体之间因电弧击穿，二级发动机自毁爆炸	静电
大力神 IIIC 火箭	美国	1967	制导计算机没有良好接地，高空静电放电导致制导计算机故障	静电
土星五号登月火箭	美国	1969	起飞过程中两次遭遇雷击，造成一些仪表传感器损坏，通信中断等	雷电
德尔安火箭	美国	1974	制导系统故障，火箭翻滚爆炸	静电
DSCS-Ⅱ卫星	美国	1973	放电击穿供电电缆，卫星失效	静电
Telecom-1B 卫星	法国	1988	静电放电耦合到卫星内部，卫星失效	静电
ADEOS-Ⅱ卫星	日本	2003	高能电子引起的内带电效应烧毁了太阳能电池的供电电缆	静电

1.1.2 系统电磁兼容的研究内容

系统电磁兼容技术包括分析预测技术、设计技术、试验技术和管理技术。系统电磁兼容不应追求系统内单项性能的优化，而是综合考虑系统各项技术性能指标的协调和均衡，力求达到整体兼容。

系统电磁兼容研究的具体内容有：

（1）系统使用环境中的各种电磁能量的预测与分析（包括系统自身的电磁环境）以及系统对电磁环境的响应；

（2）系统兼容的通信体制；

（3）系统内各使用频率、谐波、带宽、频道、中频、频谱、能量、波束、工作方式等的相容性频谱指配与分析；

（4）接口电磁兼容（电磁、机电、结构等）；

（5）电磁兼容控制技术，如空间隔离技术、时间隔离技术等；

（6）系统内电磁干扰故障诊断技术；

(7) 系统适用标准、规范、手册、指南；
(8) 系统内电磁兼容分析与预测；
(9) 系统电磁兼容测试与验证；
(10) 系统电磁兼容评价；
(11) 系统电磁兼容管理。

1.2 典型复杂装备电子系统的组成

飞机、舰船、航天器等武器装备中，虽然电气设备如发电机、电动机、变压器、继电器、开关装置等也会对其他电子设备产生电磁干扰，工程中常用的做法是遵循一些通用的布局布线标准和规范如舱内设备布局规范、线缆布线规范、接地、搭接、屏蔽规范等，就可消除或减弱大部分可能的电气电磁干扰，而且多数电气设备自身对外界电磁干扰并不敏感，因此本书主要着眼点在于研究武器装备中电子设备之间存在的电磁干扰。即使工程中遇到了电子设备与电气设备之间的电磁干扰，也完全可以采用本书的思想方法去分析解决问题。

下面对飞机、舰船、航天器这三类最复杂的武器装备上的电子系统总体构成，做一简述。

1.2.1 飞机电子系统

飞机按用途可分为民用飞机和军用飞机两大类。飞机上安装有大量的电子设备，这些设备也称为航空电子系统。航空电子系统可分为通用电子系统和任务电子系统两大类。

通用电子系统是飞机为完成基本飞行任务所必需装备的电子系统。许多电子系统都带有天线，需要借助天线和外界发生信息交互，如高频通信系统、甚高频通信系统、仪表着陆系统、无线电测高系统、近地警告系统、甚高频全向信标系统、空中交通管制系统、测距仪系统、自动测向仪系统等。因此，一架飞机的天线布局的复杂程度，大体上反映了飞机上的电子设备的复杂程度。图 1.1 为波音 767 型客机的全机天线布局图。

飞机上也有不少不带天线的航空电子设备，如大气数据计算和仪表系统、惯性基准系统、飞行仪表系统、飞行管理和计算系统、飞行控制系统、发动机指示与机组警告系统、自动驾驶仪飞行指引系统、机内广播和娱乐系统、飞行内话系统等。

除了民用飞机上安装的通用电子系统外，还有许多军用飞机如侦察机、预警机、反潜机等，以及一些专用于科学探测的飞机等，这些飞机往往由民用飞机改

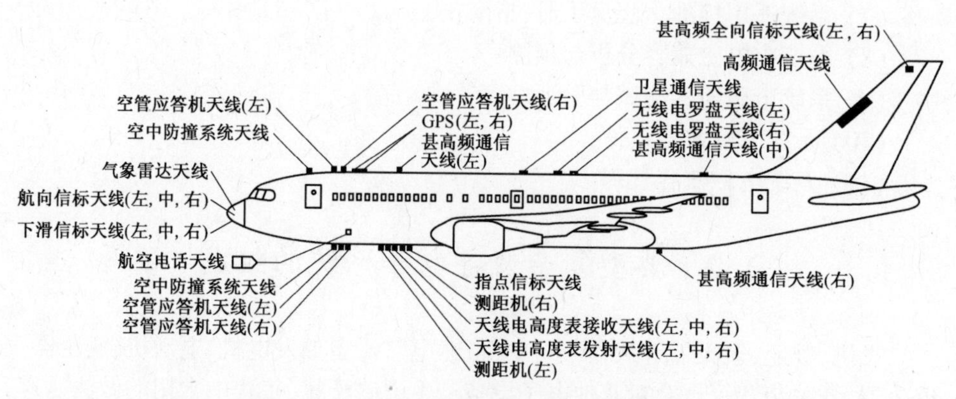

图 1.1　波音 767 型客机的全机天线布局图

装而来,机上的电子设备不但有保障飞机执行基本飞行任务所需要的通用电子设备,还安装了许多执行军事或科学等特定任务所需要的电子设备,这些后来加装的电子设备又常被称为机载任务电子系统。例如,空中预警机的机载任务系统主要有雷达、敌我识别/二次雷达、电子战、通信、任务导航、指挥控制、信息显示控制等子系统。反潜机的主要机载任务系统有雷达、声纳浮标、磁探仪、信息显示控制、反潜武器等子系统。

正是由于飞机的电子设备种类众多、覆盖频段广、工作环境复杂,所以飞机的电磁兼容问题在飞机总体设计中的地位相当重要。图 1.2 为民用航空电子设备的常用频段。

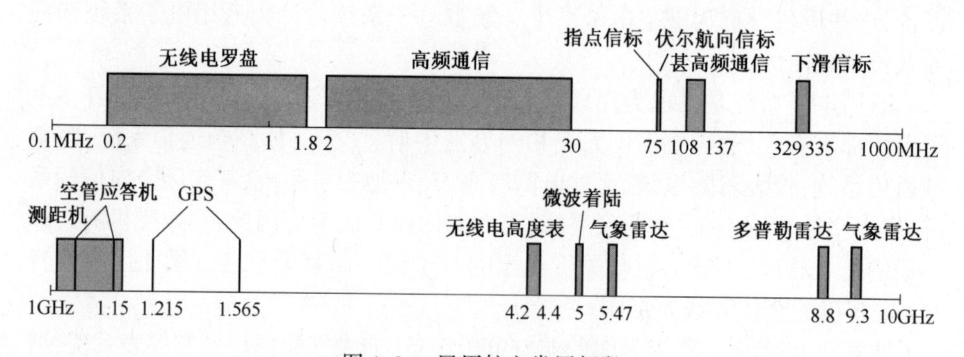

图 1.2　民用航空常用频段

1.2.2　舰船电子系统

舰船是一个多专业、多学科的综合集成体,由许多相互作用和相互依赖的子系统和设备结合而成。舰船系统原则上可分为舰体平台及作战系统两大部分。

舰体平台承载作战系统,并提供一个稳定和机动的平台,以及必不可少的辅助保障功能,而作战系统依托舰体平台的支持,在全舰作战系统的协调指挥下和舰体机动的保障下,充分发挥武器的打击和防御功能。

关于舰船上子系统的分类方法,各国按其习惯的不同而有差异。以下介绍较为典型的分类方式,主要分为舰船平台所属子系统和作战系统所属子系统两大部分,如图 1.3 所示。

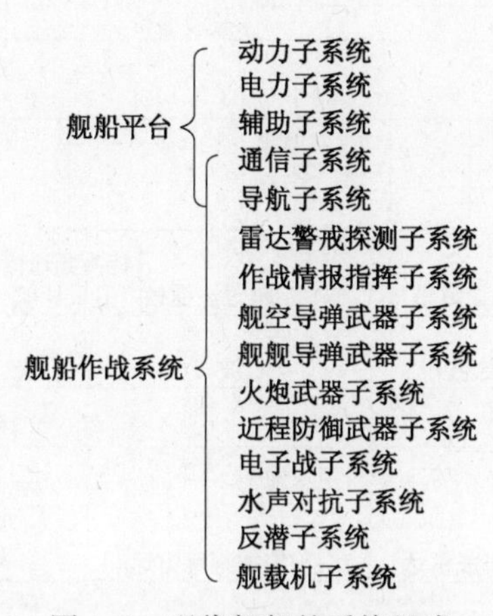

图 1.3　现代舰船的系统组成

舰船电子信息系统同时分属于平台系统和作战系统,主要包括通信子系统、导航子系统、雷达警戒子系统、水声探测子系统、电子战子系统和作战指挥子系统。该系统的主要任务是保证舰船安全航行,完成作战指挥及对目标的探测、识别、跟踪、数据处理、目标分配等功能。

图 1.4 为一艘大型现代化军舰上安装的主要电子系统和天线布局图。

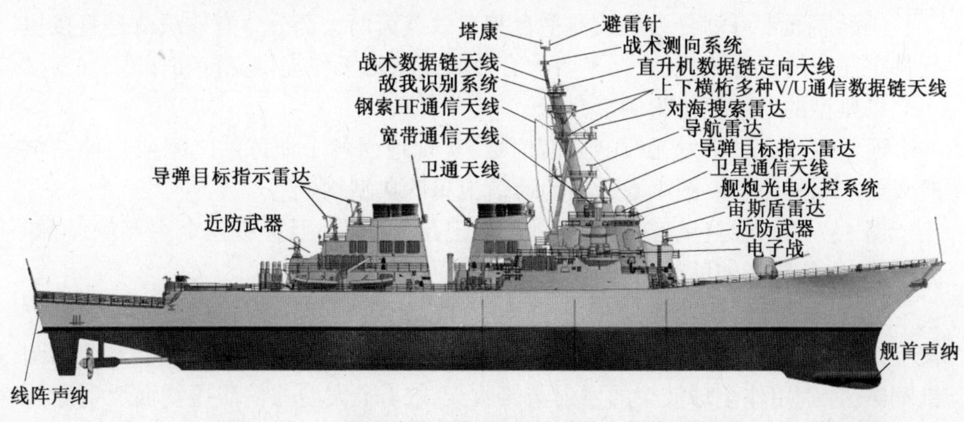

图 1.4　一艘现代化军舰的电子设备和天线布局图

舰船电子系统的频段分布如图 1.5 所示。分布在频段低端的声纳、水中通信机、Ω 接收机和频段高端的激光测距仪、红外夜视仪,由于它们处在两个极端,除声纳受共频干扰外,一般不存在电磁兼容问题,可以不作考虑。

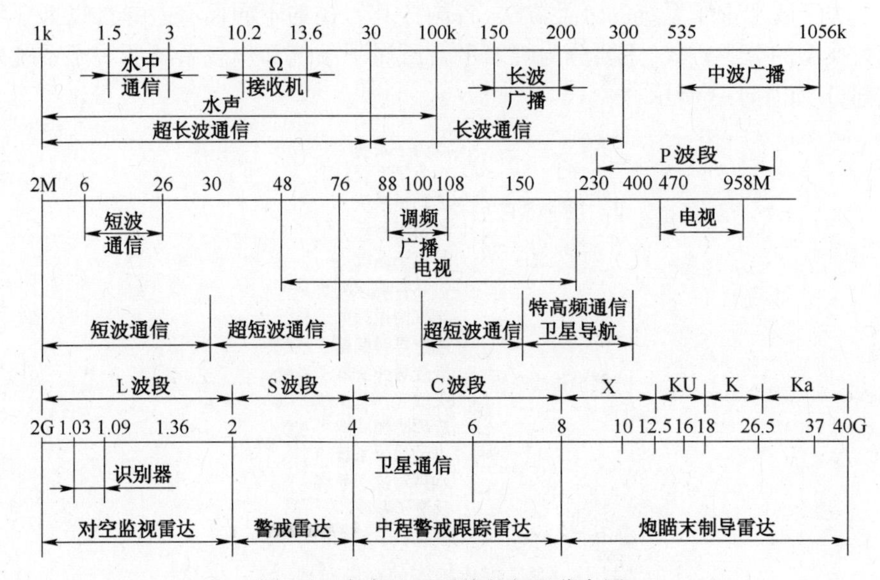

图 1.5　舰船电子系统的频段分布图

1.2.3　航天器电子系统

航天器分为无人航天器和载人航天器。无人航天器按是否环绕地球运动分为人造地球卫星和空间探测器;载人航天器又可分为宇宙飞船、空间站和航天飞机等。它们按用途和飞行方式还可进一步细分类别。

航天器通常可划分为航天器平台和有效载荷两大部分。有效载荷是直接执行特定任务的子系统;航天器平台为有效载荷正常工作提供支持和保障。

以典型的通信卫星为例来介绍。

通信卫星通过转发无线电通信信号,实现地面各个地球站之间或地球站与航天器之间的通信。图 1.6 所示为通信卫星的典型构成。

图 1.7 为国际卫星五号(IS-V)通信卫星外形图,卫星有三个主要舱段,即天线舱、通信舱和辅助舱,后两个舱构成卫星的箱形本体。

天线舱是个结构支架,上面一共配置 11 副天线,集中配置在星体的一侧支架上。其中 5 副是遥测、指令及信标天线;6 副是通信天线,包括两个大型的圆锥喇叭,分别用作全球波束的发射与接收天线,4 个大型的偏照抛物面反射器及其馈源,分别作为东点波束、西点波束、半球/区域波束的发射与接收天线。

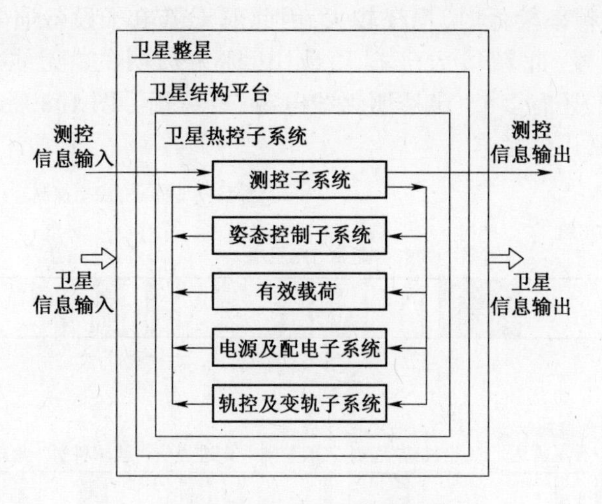

图 1.6　通信卫星的典型构成

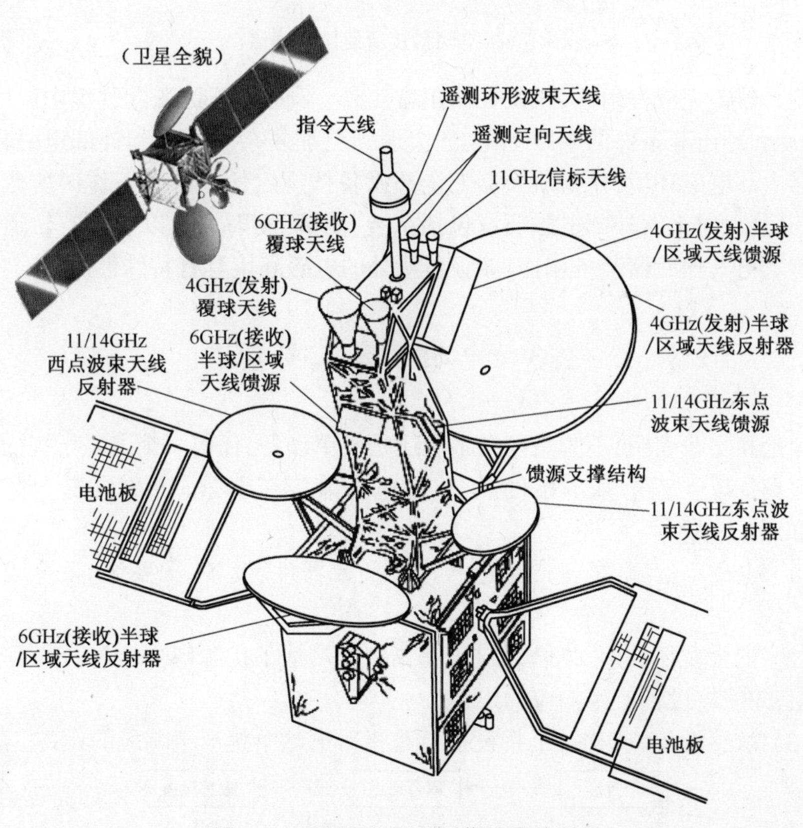

图 1.7　国际卫星五号通信卫星外形图

当无线电频率较低时,损耗较大,因此航天器电子设备通常使用较高的0.3~10GHz 频段,此频段大气损耗最小,称为透明的“无线电窗口”。在10~30GHz频段,还有多个“半透明无线电窗口”可用。图 1.8 所示为 NASA 公布的空间科技常用的频谱。

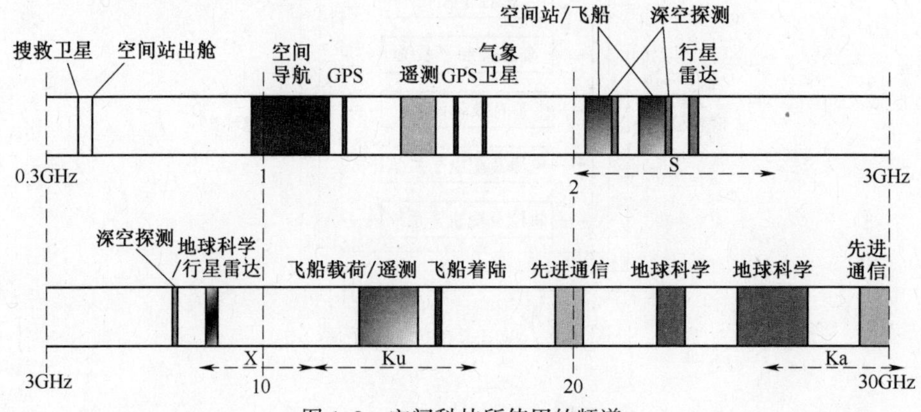

图 1.8　空间科技所使用的频谱

航天器要完成发射、入轨及在轨正常工作,不但要经受飞行过程中温度、压力、振动和冲击等条件的剧烈变化,还会遇到更加复杂的内部和外部电磁环境。航天器内部电磁环境,是指航天器上全部设备按规定任务协同工作时所产生的电磁环境,而航天器外部电磁环境包括总装、测试、发射场区以及太空轨道运行的环境。与其他武器装备相比,航天器所处的电磁环境具有特殊性。

1.3　电磁兼容三要素

理论和实践表明,不管是复杂系统还是简单设备,任何一个电磁干扰的发生都必须具备以下三个基本条件,被称为电磁兼容三要素(也称电磁干扰三要素),如图 1.9 所示。

(1) 电磁干扰源,是指产生电磁干扰的元器件、设备、子系统、系统或自然现象。

(2) 耦合途径(或称耦合通道),是指把能量从干扰源耦合(或传输)到敏感设备上,并使该设备产生响应的媒介。

(3) 敏感设备(或称被干扰设备),是指对电磁干扰产生响应的设备。

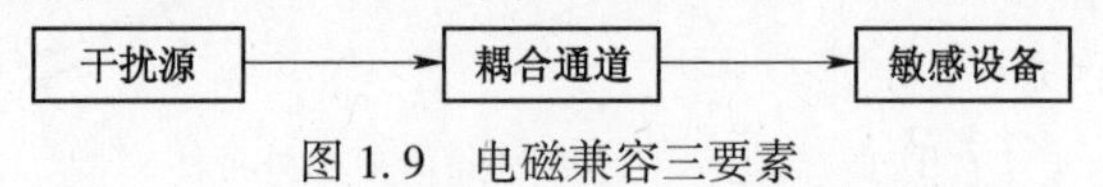

图 1.9　电磁兼容三要素

在分析系统的电磁兼容性或解决出现的电磁干扰问题时,必须先弄清干扰源、耦合途径和敏感设备三个基本要素。在简单系统中,干扰源和耦合途径较易确定,干扰也就容易排除。但是,现代武器装备往往是一个复杂系统,有时一个设备既是干扰源,同时又被其他信号干扰;有时一个设备同时受几个干扰源的共同作用,难分主次;有时干扰途径来自几个渠道,既有传导耦合,又有辐射耦合。

1.3.1 电磁干扰源

武器装备面临的干扰一部分来自外界环境(系统外干扰源),一部分则是由自身的电子电气设备所产生的(系统内干扰源)。图 1.10 所示为飞机的典型电磁干扰环境。

武器装备自身产生的干扰源可分为功能性干扰源和非功能性干扰源。功能性干扰源是指设备实现自身功能的过程中造成对其他设备的直接干扰,如雷达或高频电台的天线辐射;非功能性干扰源是指设备在实现自身功能的同时伴随产生的副作用,如开关闭合或断开时产生的电弧放电干扰。不同的电磁干扰源,由于性质和工作方式的不同,产生的电磁能量也就不同。

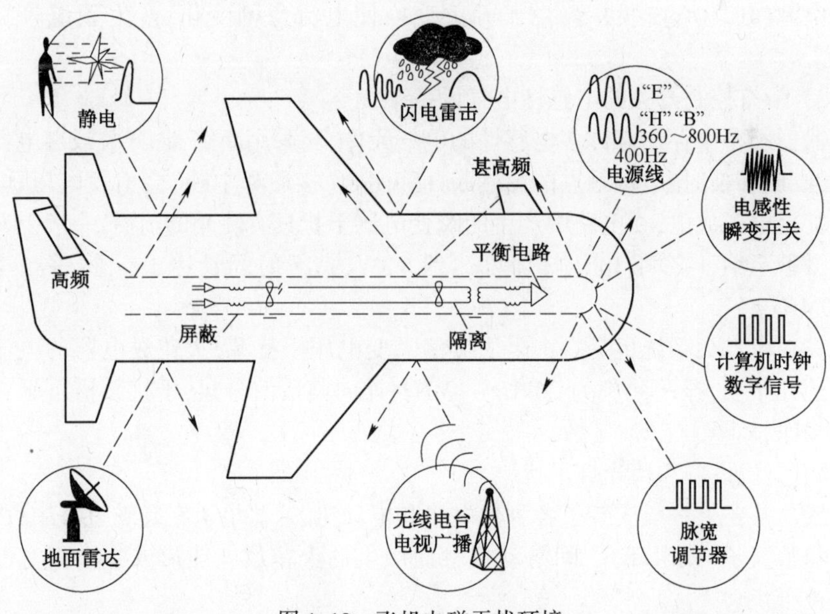

图 1.10　飞机电磁干扰环境

1. 系统内干扰源

1) 自身的无线电发射设备干扰

飞机、舰船、航天器上的雷达、通信、导航等射频设备都有大功率的发射机,工作时对外界所产生的辐射电磁干扰严重。例如,雷达发射机的平均发射功率可达几千瓦或几十千瓦,峰值发射功率达兆瓦,即使天线主波束指向远方,过高的带外辐射也会严重干扰平台上的其他电子设备;高频无线电台的发射功率达数百瓦,频率为2~30MHz,而且高频电台使用非定向天线,是非常难控制的干扰源;超短波调幅通信电台的频率为30~400MHz,发射功率也达数十瓦。这些射频设备除了通过天线发射电磁波以外,还通过机壳、电源线、控制线向周围辐射电磁干扰,在发射信号中除了有用信号外,还产生谐波和各种互调、交调干扰,在整个武器装备内产生出复杂的干扰场。

2) 脉冲电路如数字电路、开关电路、火力控制电路等产生的干扰

武器装备中有大量采用数字电路的电子设备,这些设备工作于开关状态,由于数字脉冲电流和电压波形的上升前沿很陡,其中包含着丰富的高次谐波分量,它们不仅传导进入电源线中,而且还向周围空间辐射。这是一种频谱较宽的干扰源。计算机中的时钟振荡器、数据总线以及各种门电路、触发器等都会产生辐射干扰。

电子设备中还有一种工作于通断状态的开关电路,如电源调压器、逆变器、二次电源(DC/DC)模块等,由于开关变换使电流急剧变化,产生频谱较宽的干扰。

3) 带有控制开关的电感性电气设备干扰

武器装备中存在着许多电感性的电气元件,当采用断路器、开关或继电器来控制通/断转换时,电接触点的突然断开和闭合(接通和中断)会引发电压、电流突变甚至电弧放电,在电路中产生的瞬变电压干扰具有陡峭的前沿,一般上升时间在微秒至纳秒之间,电压峰值可达到600V,持续时间长达1ms,振荡频率为1~10MHz。

发动机点火系统也是一个阻尼振荡瞬变电压干扰源,火花放电器的电流峰值高达几千安,振荡频率为20kHz~1MHz,连同其谐波分量,干扰频谱可延伸到几百MHz。

4) 电机设备和荧光灯干扰

武器装备上一般安装了各种发电机和电动机,这些电机在旋转过程中,由于电刷与整流子(或滑环)之间滑动接触而产生的火花放电能形成频谱很宽的辐射噪声干扰。

荧光灯普遍用于舰船、飞机的舱室内,这种灯具是根据电击穿原理而工作的,在电击穿一瞬间会产生射频噪声,这种干扰可以通过荧光灯本身向外辐射,也可由连接荧光灯的电源线引起传导干扰。此外,荧光灯工作时,导电离子不规则的碰撞管壁也会产生射频噪声。

5) 电源输电线、高电压设备的干扰

武器装备上的电源电力线、高电压设备等周围存在低频电场和磁场的干扰，会干扰附近的电子设备。例如，由于飞机机舱内空间狭窄，线缆布置密集，电源线的电场和磁场造成的干扰占飞机各种干扰总数的30%。试验数据表明，一根流过100A电流的导线，在其表面附近产生的磁感应强度高达10^{-3} Wb/m^2，在离导线30cm处磁感应强度为0.65×10^{-4} Wb/m^2。高压电力线有时还会发生间隙击穿、电晕放电等现象，会产生很宽的辐射频谱，辐射分量可延伸至特高频。

表1.4列出了部分非功能辐射源频谱。

表1.4　部分非功能辐射源频谱

干扰源	频谱范围
双稳态电路	0.015~400MHz
多谐振荡器	30~1000MHz
加热设备的热继电器接触电弧	30~3000kHz
发动机	10~400kHz
开关形成的电弧	30~200MHz
转换开关接触电弧	20~400MHz
直流电源开关电路	0.1~30MHz
日光灯电弧	0.1~3MHz
相乘器固态开关	300~500kHz
电源开关设备	0.1~300MHz
电源控制器电源线	0.5~4MHz
斩波器、继电器双稳态电路	0.01~200MHz

2. 系统外干扰源

1) 雷电

雷电属于常见的大气层电磁干扰源，它的闪击电流很大，可达兆安培以上，具有很大的破坏性，雷电电流的上升时间为微秒级，而持续时间可达毫秒至秒级，因此雷电所辐射的电磁场频率主要为10Hz~100kHz，但可以传播至很远距离。

2) 静电放电

武器装备上的静电来源有多个方面，例如飞机蒙皮和空气中粒子(包括雨、雪、尘埃和发动机排出的废气)相互摩擦生电，使大量电荷积累而产生静电；航天器遭受宇宙射线辐射而带静电等。静电可在武器装备上的尖端部位形成很高的场强并产生电晕放电，放电噪声会干扰无线电通信和导航设备，放电电弧甚至会引起燃料和弹药的燃烧或爆炸。

3）太阳和宇宙噪声干扰

太阳的异常噪声和磁暴是和太阳黑子活动现象有关的，它们的频谱主要在数十兆赫左右。

宇宙辐射包括来自银河系及超远星系的电磁噪声及高能粒子。来自星系的电磁噪声根据不同的星系，其频谱落在数十兆赫至数十吉赫的不同频段内。太阳和宇宙空间辐射的干扰噪声对武器装备的通信、导航等系统具有明显的影响，特别是在接收机天线主波束正对准太阳的情况下，干扰更为严重。

4）人为干扰

人为干扰的范围非常广泛，且种类繁多。从干扰的性质来分，有的属于有意干扰，其余则为无意干扰。战场上敌方产生的为使对方的雷达、通信、广播、指挥及控制系统出现错误判断、失效乃至损坏的电磁干扰信号称为有意干扰。除了有意干扰之外的人为干扰均称为无意干扰，如地面广播电视的高频、甚高频发射，以及地面的天气雷达、高压输电线的电场和瞬态短路弓发射等。

表 1.5 列出了武器装备面临的主要干扰源的分类和名称。

表 1.5　武器装备面临的主要干扰源

<table>
<tr><td rowspan="8">电磁干扰源</td><td rowspan="6">系统外干扰源</td><td rowspan="3">自然干扰源</td><td>大气干扰</td><td>天电、雷电</td></tr>
<tr><td colspan="2">太阳噪声</td></tr>
<tr><td colspan="2">宇宙干扰</td></tr>
<tr><td rowspan="3">人为干扰源</td><td>友邻干扰</td><td>雷达、通信、电子战、导航</td></tr>
<tr><td>敌方干扰</td><td>电磁脉冲、电子战</td></tr>
<tr><td>民用干扰</td><td>大功率发射机、广播电台、微波中继站、电视台、输电线、点火系统、电气铁路</td></tr>
<tr><td rowspan="2">系统内干扰源</td><td>固有干扰源</td><td colspan="2">接触噪声、热噪声</td></tr>
<tr><td>人为干扰源</td><td colspan="2">计算机、雷达、通信、电子战、导航、电源、开关转换、非线性互调、反射、放电</td></tr>
</table>

1.3.2　电磁干扰耦合途径

关于电磁干扰的耦合途径，一般分为两种方式：传导耦合方式和辐射耦合方式。电磁干扰源可通过其中的一种方式或同时通过两种方式，对敏感设备进行干扰，如图 1.11 所示。

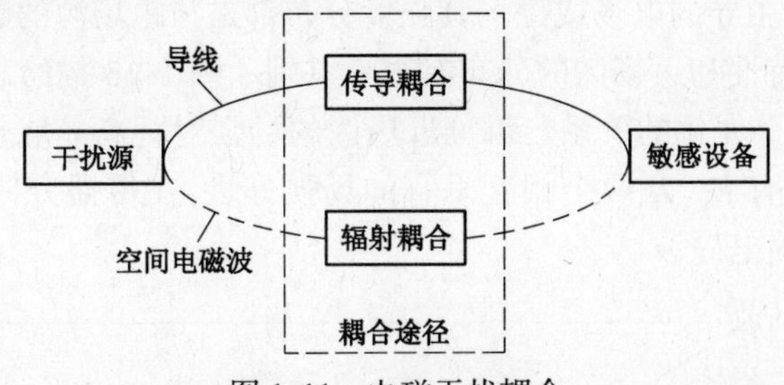

图 1.11　电磁干扰耦合

传导耦合必须在干扰源和敏感设备之间有完整的电路连接，干扰信号沿着这个连接电路传递到敏感设备，发生干扰现象。这个传输电路可以是导线、设备的导电构件、供电电源、公共阻抗、接地平板、电阻、电感、电容和互感元件等。

辐射耦合是通过介质以电磁波的形式传播，干扰能量按电磁场的规律向周围空间发射。常见的辐射耦合有三种：A 天线发射的电磁波被 B 天线接收，称为天线对天线耦合；空间电磁场经导线感应而耦合，称为场对线的耦合；空间电磁场经孔缝感应而耦合，称为孔缝耦合。

传导耦合和辐射耦合从机理上来说是两种不同的传播耦合方式，但它们之间在一定条件下可以相互转化。例如，空间电磁波作用于电源线或信号线可感应形成传导干扰；金属导线中流过大电流时，电磁辐射也较为明显等。

图 1.12 所示为电磁干扰耦合途径的细分。

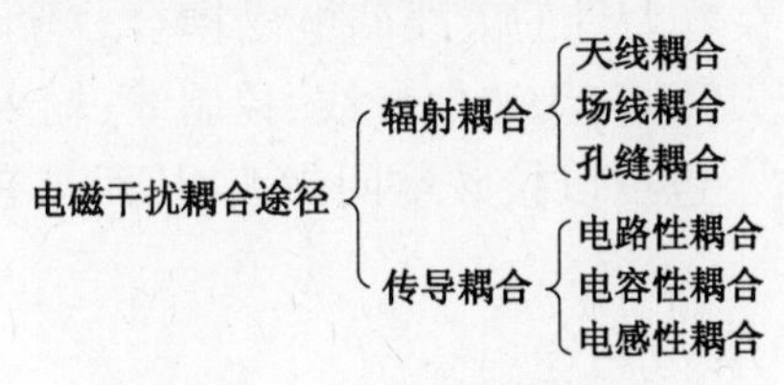

图 1.12　电磁干扰耦合途径

工程中实际出现的电磁干扰耦合方式往往是复合的，形成的电磁干扰效应也是复杂的。正是因为多种传播途径的耦合同时存在，反复交叉耦合，才使电磁干扰变得难以控制。

1. 辐射耦合

通过电磁辐射途径产生的干扰称为辐射耦合，能量以电磁波形式通过天线、线缆、机壳等接收或感应进入敏感设备。对于辐射耦合，近场和远场的概念十分重要。

图 1.13 为辐射电磁场的近场和远场示意图。对于电偶极子而言，近场和远

场的分界为 $r=\lambda/2\pi$,大约 1/6 波长。

近场区中占主导的电场或磁场其强度分布都是与距场源的距离 r 成 $1/r^3$ 关系衰减的,这个特性和远场区的分布有很大差别。图 1.13 描绘了电场强度在近场区和远场区随 r 变化的关系。可见近场区的场强对距离 r 是非常敏感的。远场区中电磁场只有 E 、H 两个相互垂直的场强分量,在传播方向上没有场强分量,因此称为平面电磁波。

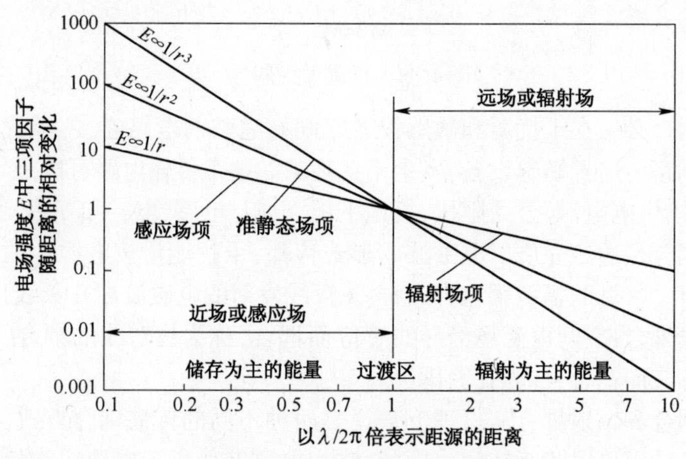

图 1.13　电场强度随距离的变化

1) 天线与天线间的辐射耦合

在实际工程中,存在着大量的天线间电磁耦合。除了真实天线本身的耦合,还存在许多等效的天线耦合,如信号线、控制线、输入和输出引线等,不仅可以向空间辐射电磁波,也可以接收空间来波,从而具有天线效应,形成天线辐射耦合。

2) 电磁场对导线的感应耦合

电缆线一般是由信号线、供电线及地线一起构成,其中每一根导线都由输入端阻抗、输出端阻抗和返回导线构成一个回路。这些线缆易受到干扰源辐射场的耦合而感应出干扰电压或干扰电流,沿导线进入设备形成辐射干扰。

3) 电磁场通过孔缝的耦合

电磁场通过孔缝的耦合是指干扰电磁场通过金属设备外壳上的孔缝、开口等对其内部形成电磁干扰。

2. 传导耦合

通过电路形式产生的干扰称为传导耦合,能量以电压、电流形式通过导体从干扰源传播到敏感设备。传导耦合必须在干扰源与敏感设备之间存在有完整的电路连接,按其耦合方式可分为电路性耦合、电容性耦合和电感性耦合。

1) 电路性耦合

电路性耦合是最常见、最简单的传导耦合方式,包括直接传导耦合和共阻抗耦合两种形式。

直接传导耦合是指导线经过存在干扰的环境时,拾取干扰能量并沿导线传导至电路,造成对电路的干扰。图 1.14 说明了干扰源(电动机)的干扰通过电源线直接传输到感受器(信号电路)上的情况。这种干扰在采用可控硅调速的场合将会成为一个十分严重的问题。

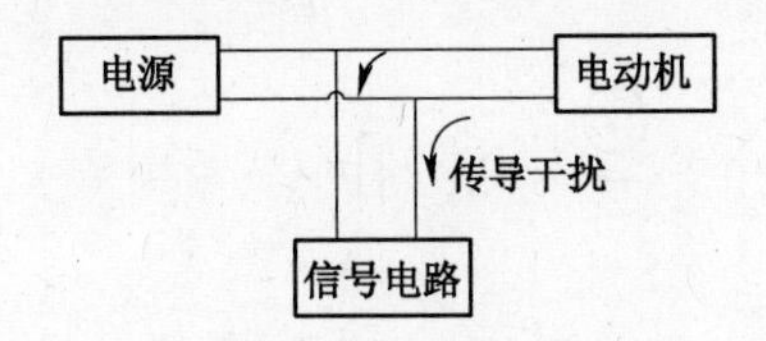

图 1.14　沿电源线的传导干扰

共阻抗耦合是由于两个以上电路有公共阻抗,当两个电路的电流流经公共阻抗时,一个电路的电流在该公共阻抗上形成的电压就会影响到另一个电路。形成共阻抗耦合干扰的有电源输出阻抗、接地线的公共阻抗等。

如图 1.15 所示,由于电源内阻 R_S 和公共阻抗 Z 的作用,电路 2 的电源电流发生任何变化都会影响电路 1 的电源电压。

如图 1.16 所示,电路 1、2 单元的电流在流经一条公共地线时,在地线阻抗 Z 上产生压降,对地电压为 $U_Z=(i_1+i_2)Z$ 。这时,任一电路的电流变化势必会影响另一电路的对地电压。

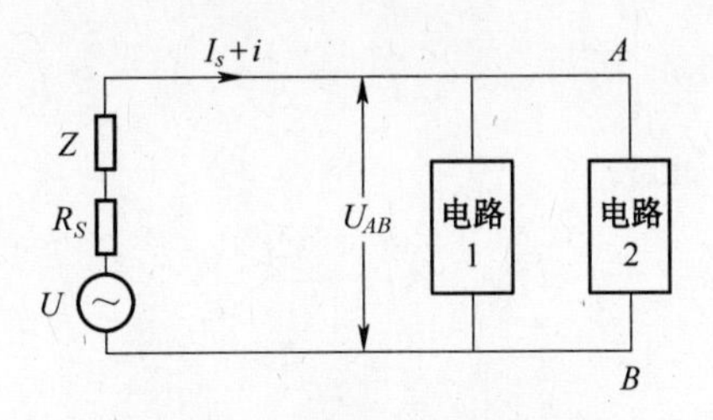

图 1.15　公共电源内阻的耦合

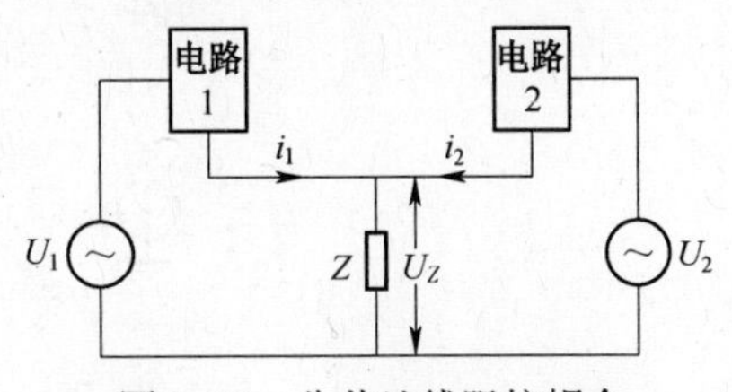

图 1.16　公共地线阻抗耦合

2) 电容性耦合

电容性耦合也称为电耦合。如果两个电路很近,间距在 $\lambda/2\pi$ 以内(λ 为干扰波波长),即使二者没有直接连接,一个电路的电荷也会通过相互之间的寄生电容影响到另一个电路。这种引入干扰的方式称为近场感应。

图 1.17 所示为电容耦合模型。其耦合程度取决于干扰源或感受器间分布电容的大小以及干扰源和感受器的阻抗与频率范围。对地阻抗较高的电路中最易产生电容耦合,而且频率越高,电容耦合就越明显,因为两电路间的耦合容抗随频率的增加而减少。

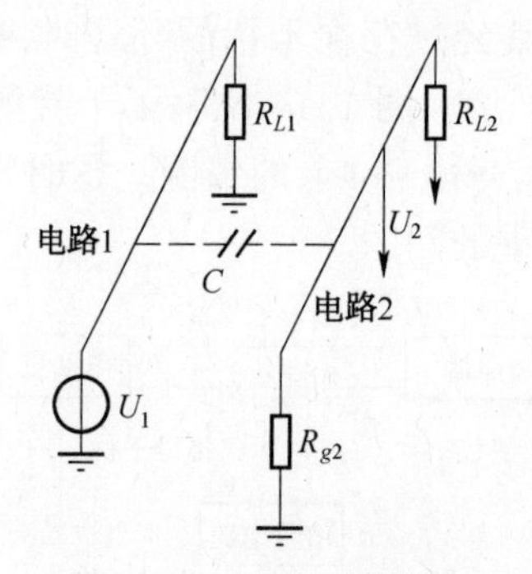

图 1.17　电容耦合模型

3）电感性耦合

电感性耦合也称为磁耦合。如果两个电路距离很近,即使没有直接连接,相互之间也会存在互感,当干扰源是以电流形式出现时,此电流所产生的磁场通过互感耦合对另一电路形成干扰。在低阻抗回路中,给定的激励电压能产生大电流,因而加强了电感耦合。当频率越低时,电感耦合就越明显。

图 1.18 所示为导线间互感产生的电感耦合模型。影响干扰耦合大小的因素有干扰源的导线电流频率、两导线间的距离以及并排在一起的公共走线长度。

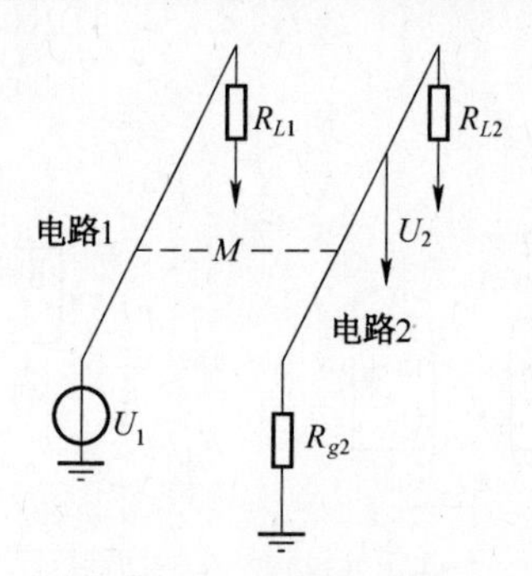

图 1.18　电感耦合模型

1.3.3　电磁敏感设备

电磁敏感设备是对被干扰对象的总称,它可以是一个很小的元件或者一个电路板组件,也可以是一个单独的用电设备,甚至可以是一个大系统。由于敏感设备是由不同电路原理、不同结构和不同元器件构成的具体用电设备，它们在同一个电磁干扰作用下的响应程度往往差别很大。通常用敏感度来描述敏感设备对电磁干扰的响应程度。敏感度越高，表示对干扰作用响应的可能性越大，也可以说该设备抗电磁干扰的能力越差。在实际应用中，人们最关心的问题是敏感设备受到干扰作用后是否影响了它的工作性能，引起设备性能降低的最小干扰值称为敏感度阈值。不同设备的敏感度阈值需要根据具体情况加以分析和实际测定。关于敏感度阈值更详细的解释，请看第2.2.2节“电磁兼容性预测的基本方程”的内容。

1.4 电磁环境效应

早期的飞机、舰船、航天器等武器装备上的射频设备相对较少，那时的干扰主要体现在武器装备的自身射频设备之间存在的干扰，也就是仅有单纯的电磁干扰。

随着各种电子设备在武器装备上大量使用，电磁干扰的概念已经不能涵盖所有相关技术内容，于是电磁兼容的概念开始逐步形成。此阶段形成的电磁兼容描述的是一个设备/子系统与系统或周边其他系统在电磁方面的共存关系。它是指一个设备/子系统的电磁发射，不影响所在的系统或周边其他系统的正常工作，同时系统内其他设备或周边其他系统的电磁发射也不影响该设备/子系统的正常工作。这一概念通过相应的标准体系体现在此阶段的武器装备的研制中。

进入现代，在电磁兼容的基础上，美军扩展出电磁环境效应（Electromagnetic Environment Effects，E3）的概念。

电磁环境指充满电磁场能量分布的物质空间，由众多自然界和人造场源辐射或传导出的电磁场矢量叠加，并与关注空间边界以及其中的物体相互作用而形成，其电平多随空间位置、时间、频率或其中某参数动态变化。故谈及电磁环境必限定具体地点和时间。根据电磁环境的性质和形成机理，一般认为电磁环境主要由人为电磁辐射、自然电磁辐射和辐射传输因素三部分组成。

电磁环境效应是指一个系统在使用的全过程中和电磁环境之间的所有作用或冲突，但是这种作用或冲突并不单纯是对系统性能的影响，电磁环境效应还应包括电磁兼容性、电磁干扰、电磁易损性、电磁脉冲、电磁防护、静电放电以及电磁辐射对于人体、军械和易挥发气体的危害等电磁设计准则的影响；同时也包含那些射频系统、超宽带装置、高功率微波系统、雷电、沉积静电等对于电磁环境有贡献的设备和自然现象，甚至还包含武器装备的低可探测性，如发射控制和无意信号辐射的控制等。因此,电磁环境效应涵盖了所有电磁学科。

电磁环境效应的每一组成部分都可以当成一门单独的技术学科。电磁环境效应正是构建在这些学科之上的一门综合性的技术领域。与武器装备研制的其他技术相比,电磁环境效应是一门基础技术。图 1.19 描述了电磁环境效应的基本技术体系框架。

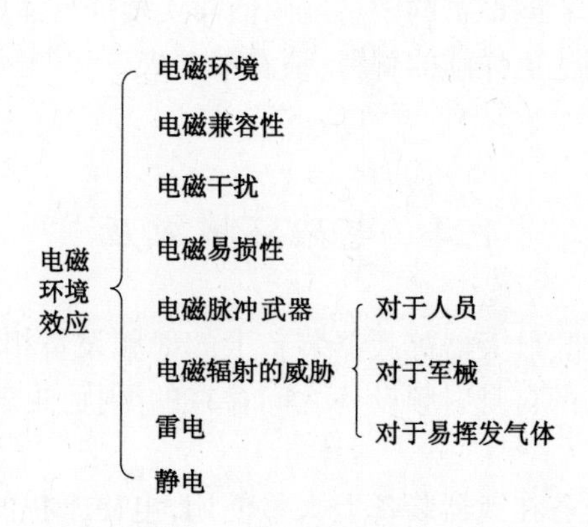

图 1.19　电磁环境效应基本技术体系

综上所述,电磁干扰描述的是现象,电磁兼容描述的是关系,电磁环境效应描述的是影响。电磁干扰、电磁兼容和电磁环境效应本身就是一个技术领域在不同发展阶段的描述,随着技术的发展,其技术内涵在不断的扩充。而每一次重要的扩充,其专业名称更具包涵性,并重新进行了定义,如图 1.20 所示。

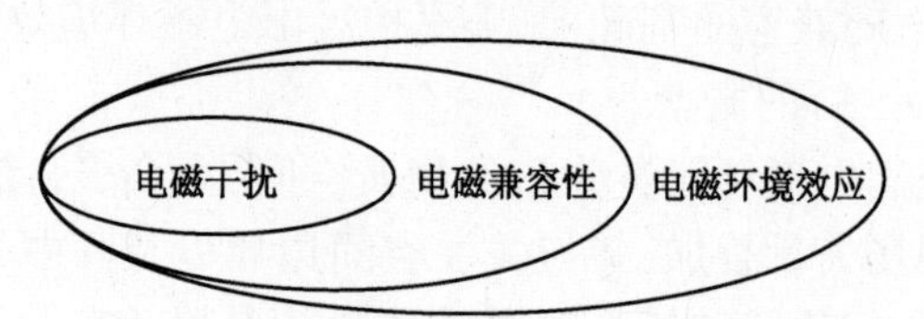

图 1.20　电磁兼容专业名称的发展与内涵

目前,电磁环境效应在武器装备研制中的意义越来越重要。例如,美军建有至少 20 个大型电磁环境效应试验设施,不仅有适合各种武器装备、各军种使用的不同级别、类型和大小的试验装置、设备,涉及电磁兼容、电磁干扰、电磁易损性、电磁脉冲、电磁防护、电磁危害以及雷电和沉积静电等各方面;而且美军利用各种实装系统和大量的威胁模拟器,综合计算机仿真的方法,在试验中近似复现战场复杂电磁环境,以此来测试系统、设备、装置的运行能力,从而达到科学检验武器装备在复杂电磁环境下作战性能的目的。

1.5 电磁兼容的工程方法

1.5.1 电磁兼容设计方法

1. 电磁兼容的设计思想

实施电磁兼容的目的是保证系统或设备的电磁兼容性。就技术措施而言,在现代电子技术发展过程中,先后出现了三种电磁兼容问题的分析和设计思想。

1) 问题解决法

该方法是解决电磁兼容问题的早期方法,首先按常规设计去构建系统,然后再对现场试验中出现的电磁干扰问题,设法予以解决。由于系统已安装完工,要解决电磁干扰问题比较困难,为了解决问题可能需要进行大量的拆卸,甚至要重新设计。因此问题解决法是一种冒险的方法,而且这种头痛医头、脚痛医脚的方法不能从根本上解决电磁干扰问题。这种方法在设计阶段的确节省了成本,但在产品的最后阶段解决电磁兼容问题不仅困难大,而且成本很高。这种方法只适合于比较简单的设备。

2) 规范法

规范法是比问题解决法更合理的一种方法,该方法是按照现行电磁兼容标准(国家标准或军用标准)所规定的极限值来进行设计,使组成系统的每个设备或子系统均符合所规定的标准,并按标准所规定的试验设备和试验方法核实它们与规范中规定极限值的一致性。这种方法的缺点有:

(1) 标准与规范中的极限值是根据最坏情况规定的,这就可能导致设备或子系统的设计过于保守,引起过储备保护设计;

(2) 规范法没有定量地考虑每一种系统的特殊性,这就可能使许多遗留的电磁兼容问题在系统试验时才能发现,并需事后解决这些问题;

(3) 该方法对系统之间的电磁耦合常常不做精确考虑和定量分析。

由上述可见,规范法的主要缺点在于谋求解决的问题不一定是真正存在的问题,设计中可能出现过设计或欠设计。

3) 系统法

系统法是电磁兼容设计的先进方法,它集中了电磁兼容方面的研究成就。系统法从产品总体设计开始,就根据电磁兼容三要素,对每一个可能影响产品电磁兼容性的元器件、模块及线路等建立干扰源、耦合通道和敏感设备的数学模型,利用计算机辅助设计工具对其电磁兼容性进行分析预测和控制分配,并在产品制造、组装和试验过程中不断对其电磁兼容性进行预测和分析。这种方法通常可在正式产品完成之前解决绝大部分的电磁兼容问题,从而为整个产品的满足要求打下良好基础。关于电磁兼容预测技术,我们将在第2章详细叙述。

无论是问题解决法、规范法还是系统法,其有效性都应以最后产品或系统的实际运行情况或检验结果为准则,必要时还需要几种方法相结合才能完成设计目标。

实践证明,虽然在系统设计开始时,就进行电磁兼容设计往往需要足够的投资,但随着试制、生产、使用和维修各阶段的进展,费效比会不断降低,如图1.21所示。这是因为在设计和试制阶段就可以将可能出现的电磁兼容问题解决80%~90%。反之,如果不进行电磁兼容设计,或者在这方面投资不足,则费效比将随着各阶段的进度而很快增大,而且整个系统的体积、重量和耗电量等将相应增加,结构也将更加复杂化。

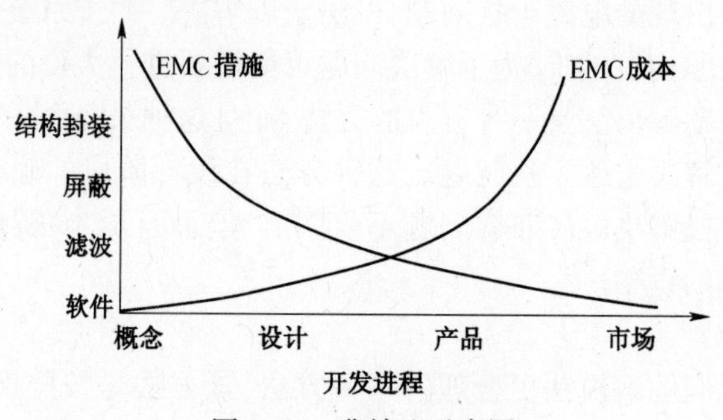

图1.21　费效比示意图

2. 电磁兼容的设计内容

电磁兼容是要靠设计来获得的,即使出现不兼容,也只有靠修正和改进设计才能解决。这与系统的可靠性设计是一样的。在当今的系统设计中,电磁兼容设计已成为不可缺少的重要组成部分。应强调的一点是,电磁兼容设计并非是让系统实现电磁兼容作为最终目的,其最终目的是为了使系统满足所规定的技术指标与要求。

电磁兼容设计的具体内容包括:

1) 分析系统所处的电磁环境

为了获得对于系统预定的工作电磁环境的剖析,必须分析电磁环境,找出周围可能存在的人为干扰源和天然干扰源,为系统制定频谱与电磁场功率密度或场强的关系曲线图,以说明在指定频率范围内可能产生的干扰。

2) 选择频谱及频率

无线电频谱是有限的资源,由于频谱的用户日益增多,可供选择的频谱将受到限制,尤其在某些频段更为突出,信号频率十分拥挤。因此在进行系统设计时,对各子系统的频谱、频率及带宽进行精心选择,既要注意避免系统内相互间的干扰以及与周围电磁环境间的干扰,同时也要符合频谱管理的规定。

3）制定电磁兼容要求与控制计划

为了保证系统内及系统间的电磁兼容,必须制定电磁兼容大纲。在此大纲中应规定系统的电磁兼容性要求,选取电磁兼容标准与规范以及电磁兼容的保证措施,制定电磁兼容控制计划及试验计划。控制计划的内容包括对系统参数提出要求,对系统提出电磁干扰及电磁兼容性要求,例如,减小发射频谱及接收机带宽、控制谐波量、边带及脉冲上升时间以及对结构、电缆网、电气与电子电路设计等提出要求。试验计划的内容包括测试仪表、试验设施、被测对象的状态、测试项目、试验步骤、试验报告等。

4）设备及电路的电磁兼容设计

设备及电路的电磁兼容设计是系统电磁兼容设计的基础,是最基本的电磁兼容设计,其内容包括控制发射、控制敏感度、控制耦合以及接线、布线与电缆网的设计、滤波、屏蔽、接地与搭接的设计等。在设计中,可针对设备、子系统及系统中可能出现的电磁兼容问题,灵活地运用这些技术,并要同时采取多种技术措施。

3. 电磁兼容设计的主要参数

对设备和系统实施电磁兼容设计时,必须考虑的主要参数有：

(1) 敏感度阈值。敏感度阈值是设备/系统由于受到电磁干扰而不能正常工作的临界电平值。这是衡量设备/系统受电磁干扰的易损性参数,敏感度阈值越低,说明设备/系统越容易受干扰。从概率统计学来定义,敏感度阈值是在一定置信度下,设备或系统的最敏感的频段或频率受电磁干扰电平的概率值。

(2) 干扰发射限值。是人为规定的所允许的最大干扰发射电平。干扰发射限值是在敏感度阈值基础上制定的。干扰发射限值通常低于敏感度阈值一个安全裕度值。当实际干扰电平超过干扰发射限值但小于敏感度阈值时,虽然设备/系统能正常工作,但安全裕度不一定满足要求。

(3) 安全裕度。安全裕度是衡量设备/系统整体的电磁兼容性的安全程度,这是一个非常关键的指标。详细描述参见 2. 2. 2 节“电磁兼容性预测的基本方程”内容。

(4) 性能降低判据。当设备/系统受到干扰后出现不希望响应,它的最低可接受的性能指标,就是该设备/系统的性能降低判据。各类设备/系统的性能降低判据是不一样的。

(5) 失效判据。设备/系统在受到电磁干扰后,将产生失效现象。失效判据是评定设备/系统不允许接受的电磁干扰电平。不允许的干扰信号进入设备/系统后,会使内部的电子设备如接收机电路或元件等产生故障,这种故障可能是永久性恶化或永久性失效。

(6) 电磁发射限值。电磁发射限值是设备/系统工作时,允许向外界环境输出的电磁发射电平最大值。规定电磁发射限值是为了控制设备/系统干扰外界,保护电磁环境,实现环境与设备/系统兼容工作的一种措施。

4. 电磁兼容设计的程序

系统电磁兼容设计的一般程序,如图 1.22 所示。其中,电磁环境数据和电磁兼容标准、规范是实施电磁兼容设计的基本依据。电磁环境的数据包括预计可能遇到的各种自然干扰、人为干扰(含敌方的有意干扰)和来自系统本身的干扰,以及这些干扰可能构成的危害。电磁兼容文件包括电磁兼容大纲、控制计划与试验计划等。电磁兼容设计的程序管理包括成立电磁兼容咨询委员会、编写电磁兼容程序控制文件、应用与修改标准与规范、控制与管理总体的配置、处理与协调有关电磁兼容设计的事宜。另外,在设备、子系统和系统的研制、生产与组装的各个阶段都必须进行电磁兼容预测与分析,并运用相应的电磁兼容设计准则,包括干扰抑制技术、频谱管理工程等。

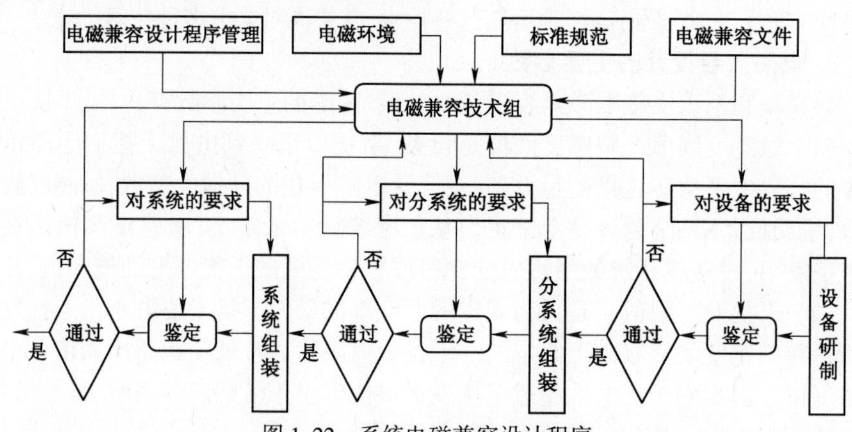

图 1.22 系统电磁兼容设计程序

设备的电磁兼容设计的典型程序,如图 1.23 所示。在图中,方框 1 和 2 表示必须提供的原始数据,其中包括预期的电磁环境和系统效能的定量规定。方框 3~11 表示根据预测和分析,确定在无附加防护措施条件下,系统效能是否会遭受不允许的降级。对于防护要求限于 30dB 的设备,一般不需要附加防护措施,设计将被提交批准(方框 18)。

如果所设计设备的防护要求在 30~70dB 之间,则需附加防护措施(方框 12)。如果预测和分析表明出现电磁易损性,或防护要求超过 70dB,则应进行复审和重新设计(方框 15、16、17、19)。在重新设计时,可以要求修改对预期环境的规定,或对系统效能重新进行说明。程序管理人员的审查(方框 13)是对整个设计进行审查、试验验证和对费效比进行评价,并最后批准设计。对预计进入敏

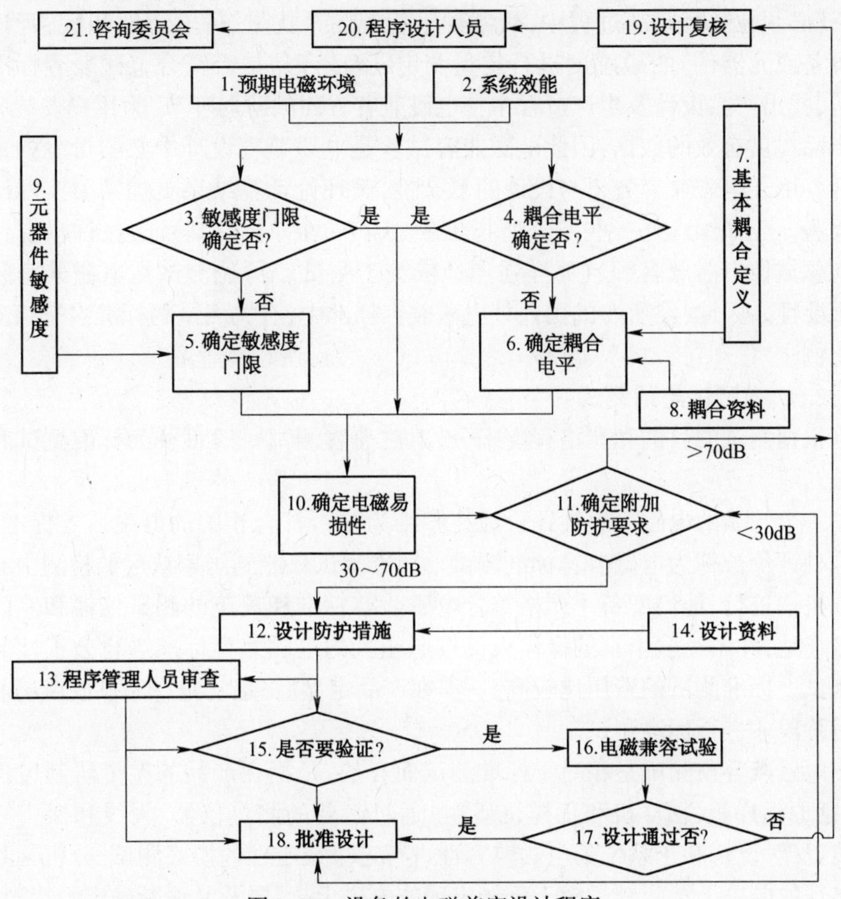

图 1.23 设备的电磁兼容设计程序

感设备的电磁干扰能量应在整个寿命周期的每个阶段,由设计人员预测分析或测量,并由程序管理人员定期审查。重点是对复杂系统的每个组成环节中,电磁干扰传输至敏感设备的耦合机理和耦合能量以及对系统效能可能产生的后果、对防护措施的技术经济效果等进行审查。此外,由程序管理人员组成的咨询委员会(方框 20,21)是作为考察、建议技术协商和进行其他工作的重要手段,也有助于发现和解决问题。咨询委员会在设备研制期间和程序管理协调过程中,应参加对设计的评审,并对解决有关问题包括潜在的干扰问题提出建议。

1.5.2 电磁兼容测量与试验技术

1. 电磁兼容测试的意义

为了确保电磁兼容设计的正确性和可靠性,科学地评价产品的电磁兼容性能，就必须在整个研制过程中，对各种干扰源的干扰量、传输特性和敏感器（受扰设备或元器件）的敏感度进行定量测定，验证产品是否符合电磁兼容标准和规范，找出产品设计及生产过程中在电磁兼容方面的薄弱环节，为用户安装和使用产品提供有效的数据，因此电磁兼容试验是电磁兼容设计中必不可少的重要内容。由于电磁兼容分析与设计的复杂性，其理论计算结果更加需要实际测量来检验。正如国内外一些专家所指出的"对于最后的成功验证，也许没有任何其他领域像电磁兼容领域那样强烈地依赖于测试。"可见测试在电磁兼容领域的重要性。因此，在所有的国内外电磁兼容标准中，有关测试的标准占有相当大的比例。

2. 标准测试与预测试

根据测试的目的和严格程度来分，电磁兼容测试一般可分为标准测试和预测试。

一个产品的电磁兼容性评价最终归结为是否符合相关的电磁兼容标准，实施这种评价被称为电磁兼容标准测试。标准测试只能到国家认可的检测中心或权威机构进行，他们配备了严格符合电磁兼容标准和规范的测试仪器和专门的测量场地，并由经验丰富的操作人员按照相关的电磁兼容标准进行公正性的认证测试。标准测试的费用比较高，一般在产品定型后，也就是产品投放市场前的最后阶段才进行标准测试。

电磁兼容预测试是相对于标准测试而言的，是指在产品的整个研制过程中（包括原理样机、初样机和正样机研制）通过必要的测量仪器、天线和探头等传感装置，对设备和子系统的电磁兼容性进行定量或定性的摸底测试，分析判断可能出现的电磁干扰问题。对于已经出现的电磁干扰，要及时诊断确定干扰源，有针对性地采取抑制措施排除干扰。在产品研制、定型、生产全过程中，只有通过不断的电磁兼容预测试和整改才能逐步实现产品良好的电磁兼容性。一般来说，在一个产品研发、生产全过程中，电磁兼容标准测试只占了测试工作总量的不到10%，而其余的90%为预测试。

由于企业自身不能对自己的产品作标准的鉴定测试，也就无须配置相当于标准试验室那样完备的测试设施，但是要做到事半功倍、节省投入成本，配置一套电磁兼容预测试设施是非常必要的。预测试可以比标准测试精度低一些、粗略一些，以便能迅速找出产品的电磁兼容问题而不致使测试设施费用投入过高。它可以采用偏保守的测量，即距离标准极限值有必要的余量，这样可以提高通过预测试后进行标准测试时的合格率。一个企业的预测试试验室可以在标准测试的基础上对测试仪器、测试项目作一定程度的调整和裁剪，这样可以明显降低试验室的建设费用。例如，如果比较关心设备的辐射发射（RE）和传导发射（CE）情况，而不特别关心设备辐射敏感度和传导敏感度情况的话，可以在建造试验室时省去功放房间，功放设备和场强检测设备的开支也可以节省。此外，预测试仪器在保证必需的测试精度的同时，缩短测量时间是一个不可忽视的因素，如采用频谱分析仪既可以保证与 EMI 接收机有相似的精度，又可以显著提高测量速度，而且价格不足 EMI 接收机的一半，因此预测试中常采用频谱分析仪代替 EMI 接收机。

表 1.6 是标准测试与预测试的特点对比。

表 1.6　标准测试与预测试的特点对比

因　素	标 准 测 试	预　测　试
测试环境	符合相关标准的屏蔽室或暗室	对环境要求较低，可在屏蔽室、暗室或在联调工作现场
测试设备	符合 GJB151B，GB/T6113—1995 标准的接收机、信号源、天线等	基本等同于标准测试，也可以使用频谱仪、示波器、探头等
测试项目	按照相关标准确定测试项目	可作必要的裁剪，首先保证不易通过项目的测试
测试目的	产品定型或鉴定	摸底测试，进行 EMC 设计、整改
测试费用	费用较大，风险高	费用较少，风险低
研制周期	若不能通过，只能进行后期整改，加大研发周期	在研制过程中可随时进行，发现问题随时整改，可缩短研制周期

3. 电磁兼容标准测量的主要内容

出于任一电子设备既可能是干扰源，又可能是敏感设备，因此电磁兼容试验分为电磁干扰发射（EMI）测量和电磁敏感度（EMS）测量两大类，通常再细分为 4 类：辐射发射测试、传导发射测试、辐射敏感度（抗扰度）测试和传导敏感度（抗扰度）测试。

传导发射测试考察在交、直流电源线上存在由被测设备产生的干扰信号，这类测试的频率范围通常为 25Hz~30MHz。

辐射发射测试考察被测设备经空间发射的信号，这类测试的典型频率范围是 10kHz~1GHz，但对于磁场测量要求低至 25Hz，而对工作在微波频段的设备，频率高端要测到 40GHz。

传导敏感度（抗扰度）是测量一个装置或产品抵御来自电源线或数据线上的电磁干扰的能力。

辐射敏感度（抗扰度）是测量一个装置或产品防范辐射电磁场的能力。

图 1.24 显示了上述 4 类测量之间的关系。测量的具体内容包括干扰发射测量和敏感度测量。

国军标 GJB-151B 规定了军用设备、子系统电磁发射和敏感度要求的项目

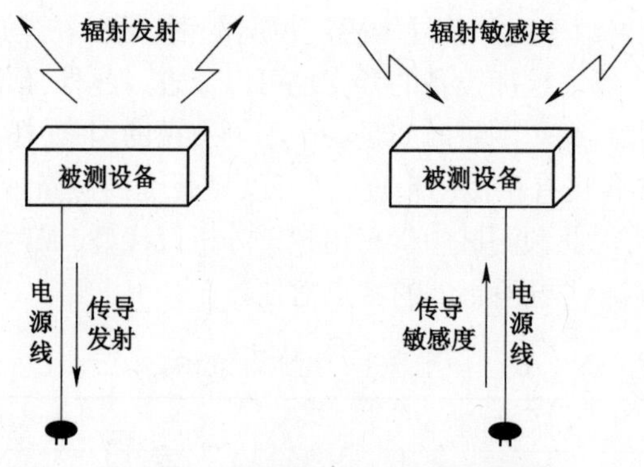

图 1.24　电磁兼容测试分类示意图

和测试方法,测试项目按照英文字母和数字混合编号命名:C—传导;E—发射;R—辐射;S—敏感度;CE—传导发射;CS—传导敏感度;RE—辐射发射;RS—辐射敏感度。

表 1.7 列出了 GJB-151B 所要求的测试项目和名称。当然,这些测试项目并非都要进行,而是要根据设备和子系统的电磁环境和电磁兼容性要求来确定。

表 1.7　GJB-151B 所要求的测试项目和名称

<table>
<tr><td rowspan="19">电磁兼容测试项目</td><td rowspan="7">发射测试</td><td rowspan="4">传导发射</td><td>CE101　25Hz~10kHz 电源线传导发射</td></tr>
<tr><td>CE102　10kHz~10MHz 电源线传导发射</td></tr>
<tr><td>CE106　10kHz~40GHz 天线端子的传导发射</td></tr>
<tr><td>CE107　电源线尖峰信号(时域)传导发射</td></tr>
<tr><td rowspan="3">辐射发射</td><td>RE101　25Hz~100kHz 磁场辐射发射</td></tr>
<tr><td>RE102　10kHz~18GHz 电场辐射发射</td></tr>
<tr><td>RE103　10kHz~40GHz 谐波和乱真辐射发射</td></tr>
<tr><td rowspan="12">敏感度测试</td><td rowspan="9">传导敏感度</td><td>CS101　25Hz~50kHz 电源线传导敏感度</td></tr>
<tr><td>CS103　15kHz~10GHz 天线端子互调传导敏感度</td></tr>
<tr><td>CS104　25Hz~20GHz 天线端子无用信号抑制传导敏感度</td></tr>
<tr><td>CS105　25Hz~20GHz 天线端子交调传导敏感度</td></tr>
<tr><td>CS106　电源线尖峰信号传导敏感度</td></tr>
<tr><td>CS109　50Hz~100kHz 壳体电流传导敏感度</td></tr>
<tr><td>CS114　10kHz~400MHz 电缆束注入传导敏感度</td></tr>
<tr><td>CS115　电缆束注入脉冲激励传导敏感度</td></tr>
<tr><td>CS116　10kHz~100MHz 电缆和电源线阻尼正弦瞬变传导敏感度</td></tr>
<tr><td rowspan="3">辐射敏感度</td><td>RS101　25Hz~100kHz 磁场辐射敏感度</td></tr>
<tr><td>RS103　10kHz~40GHz 电场辐射敏感度</td></tr>
<tr><td>RS105　瞬变电磁场辐射敏感度</td></tr>
</table>

1）干扰发射测量

主要内容有：

（1）电子元器件和设备在各种电磁环境中的传导和辐射发射量的测量，如电子设备的交流供电电源中的脉冲干扰和连续干扰测量等；

（2）各种信号传输方式下干扰传递特性的测量，如各种传输线的传输特性和屏蔽效果等的测量。

2）敏感度测量

主要内容有：

（1）电源线、信号线、地线等注入干扰的传导敏感度测量；

（2）对电场、磁场辐射干扰的辐射敏感度测量；

（3）对静电放电干扰的敏感度测量。

干扰发射、敏感度测量根据相应的电磁兼容标准和规范，在不同频率范围内，采用不同方法进行。

4. 电磁兼容测量场地的要求

为了保证测试结果的准确性和可靠性，电磁兼容测量对测试环境有严格的要求，场地有室外开阔试验场地、屏蔽室、电波暗室、TEM 及 GTEM 横电磁波小室等。

1）开阔试验场地

开阔试验场地（Open Area Test Site，OATS）通常用于精确测定被测设备辐射发射极限值，它要求平坦、空旷、开阔、无反射物体，远离建筑物、电线、树林、地下电线和金属管道，地面为平坦而导电率均匀的金属接地表面，环境电磁干扰电平很小（如国军标 GJB151B—2013 要求至少低于允许的极限值 6dB），场地尺寸在不同的电磁兼容标准和规范中的要求不尽相同。

2）屏蔽室

屏蔽室是用金属网或金属板制成的大型六面体。由于金属材料的屏蔽作用，在屏蔽室中进行测试，不会受外界电磁环境的影响，也不用担心设备对外界造成电磁干扰。

屏蔽室的特性如下：

（1）工作频率范围一般定为 14kHz～18GHz，个别试验室要求频率上限为 40GHz。

（2）预留被测设备的空间依具体情况而定，如 2.0m×1.5m×1.5m。

（3）屏蔽效能要求。推荐的屏蔽暗室屏蔽效能见表 1.8。

（4）归一化场地衰减指标。在规定频段内，在 2.0m×1.5m 的垂直范围内

(离地 0.8~4m)场地衰减偏差不超过±4dB。

(5) 场地均匀性要求。在规定频段内,在 2.0m×1.5m×1.5m 空间,场地均匀性偏差在 0~6dB 之间。

表 1.8 屏蔽效能要求

屏蔽类别	频段范围	屏蔽效能/dB
磁场	14~100kHz	>80
	0.1~1MHz	>100
电场	30~1000MHz	>110
	1~10GHz	>100
	10~18GHz	>85
	18~20GHz	>65

影响屏蔽室性能的主要因素有屏蔽门,屏蔽材料,电源滤波器,通风波导,拼装及焊接接缝、接地等。

从屏蔽室金属结构的屏蔽效能来看,固定焊接钢板式最好,拼装钢板式次之,焊接铜板式、拼装钢丝网架夹心板式再次之,拼装铜网式最差。其中固定焊接钢板式,拼装钢板式均可满足国军标的要求,在 10kHz~20GHz 频率范围内,前者可达到 110~120dB,后者可达 70~110dB。

在使用屏蔽室进行电磁兼容测量时,要注意屏蔽室的谐振及反射。屏蔽室实际上相当于一个封闭的大型矩形波导谐振腔,在一定频率下屏蔽室会发生谐振,此时,屏蔽室的屏蔽效能大大降低,还会造成很大的测量误差。减小屏蔽室谐振效应的最好办法就是降低屏蔽室的品质因数(Quality factor,Q 值)。

3) 电波暗室

电波暗室又称电波消声室,即电波无反射室。全电波暗室是在电磁屏蔽室的内壁、天花板及地板上加装电波吸波材料,以吸收入射到屏蔽室四壁的电磁场,消除四壁的反射,这种电波暗室又称为屏蔽暗室,其造价比屏蔽室高许多,但它可以模拟无反射无电磁污染的试验空间。吸波材料一般采用介质损耗型(如聚氨脂类的泡沫塑料),为了确保其阻燃特性,需要在碳胶溶液中渗透。吸波材料通常做成棱锥状、圆锥状及楔形状,以保证阻抗的连续渐变。为了保证室内场的均匀,吸收体的长度相对于暗室工作频率下限所对应的波长要足够长(1/4 波长效果较好),因而吸收体的体积制约了吸波材料的有效工作频率(一般在 200MHz 以上),减小了屏蔽室的有效空间,电波暗室的屏蔽效能要求与屏蔽室相同。电波暗室的结构图请参看第 6 章的图 6.28。

半电波暗室是电磁兼容试验较理想的测试场地,它的特点是屏蔽室的地板不贴吸波材料,其他方面与全电波暗室基本相同,主要用来模拟开阔场。

4) TEM——横电磁波室

横电磁波室(Transverse ElectroMagnetic cell,TEM cell)是20世纪70年代由美国国家标准局基于矩形同轴线的原理提出的,其外形为上下两个对称梯形。TEM室本质上是扩展的同轴传输线,在其内部可以传输均匀的横电磁波以模拟自由空间的平面波,相当于可移动的屏蔽室,非常便于操作使用。其测试示意图见图1.25。用TEM传输室进行测试时,被测设备(Equipment Under Test ,EUT)应满足"1/3准则",即:EUT在TEM室占有的空间一般不超过芯板到底板间距的1/3。若EUT不满足"1/3准则",场均匀性会遭到破坏,并且使阻抗严重不匹配,测量结果的可靠性大大下降。TEM室的可用频率上限不超过300MHz。

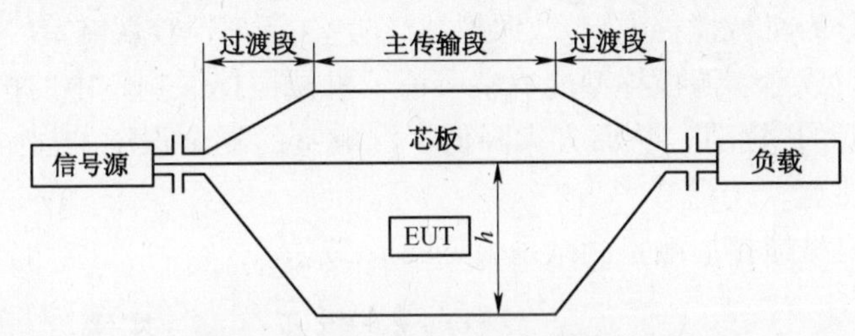

图1.25 TEM传输室测试系统示意图

5) GTEM——吉赫横电磁波传输室

吉赫横电磁波传输室(GHz Transverse ElectroMagnetic cell,GTEM cell)是瑞士ABB公司于1987年提出的。图1.26是GTEM传输室的基本结构,其外形为四棱锥形,与TEM传输室的过渡段相似,其渐变形结构避免了TEM传输室中由于截面突变而造成来回反射的谐振现象,终端匹配负载由电阻面阵和吸波材料共同组成,改善了驻波比,大大提高了频率使用范围,上限频率可达18GHz。

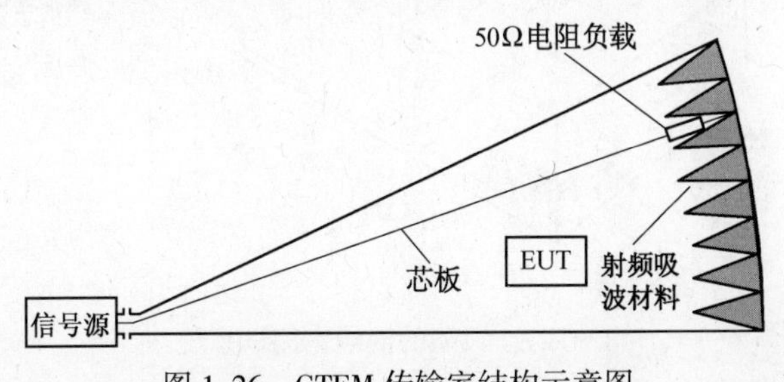

图1.26 GTEM传输室结构示意图

GTEM传输室综合了开阔场、屏蔽室、TEM传输室的优点,克服了各种方法的局限性。传输室的内部可用场区大,对被测设备大小的限制与频率无关,既可用于电磁辐射敏感度的测量,也可进行电磁辐射干扰的测试,该装置及技术为现代电磁兼容的性能评估与测定提供了强有力的手段。由较之在开阔场地、屏蔽暗室中采用天线辐射、接收等测试方法,在 GTEM 中测试可节省大量资金,同时对外界环境条件无特别要求。GTEM 测试所需配置的仪器设备简单,效率高,可数倍地提高测量速度,易实现自动化测量。

6) 混响室

混响室(Reverberation Chamber,RC)又称为模搅拌室,混响室的本质是“随机”改变边界条件的谐振腔。混响室内一般装有一个或多个搅拌器,以提供统计均匀的和各向同性的场。一般的电磁兼容测试小室只能提供特定方向、极化和强度的确定场,而混响室能提供与实际情况相近的随机场。混响室法目前已被广泛应用于电子设备的各种电磁兼容测量。

混响室分为机械搅拌混响室、源搅拌混响室、频率搅拌混响室。机械搅拌混响室技术相对成熟。源搅拌型混响室取消了机械搅拌混响室中的机械搅拌器,代之以激励元的“扰动”,从而大大降低了混响室的复杂程度,成为混响室技术研究的一个热点。

典型的机械搅拌混响室测试系统见图 1.27。

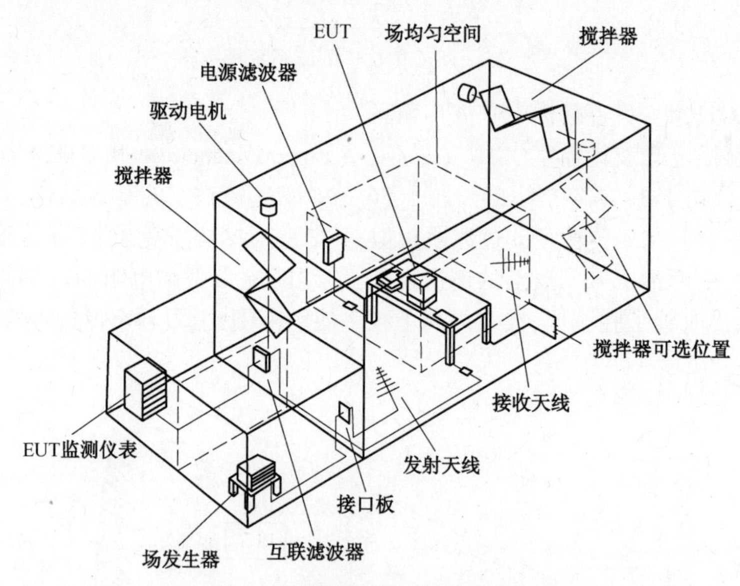

图 1.27 典型的混响室测试系统

与其他形式的小室相比,混响室具有被测设备的位置不重要、测试的可重复性好、测试空间大、造价低等优点。其缺点在于:最低可用频率过高;由于小室的 Q 值高,用于短脉冲测试时有问题;测试结果不包含关于被测设备的极化和方向性等特性指标;测试结果与自由空间的比对有困难。

5. 电磁兼容测量仪器的基本要求及配置

1）对电磁兼容测量仪器的基本要求

测量仪器工作时也会产生一定电磁干扰,为了保证测量的准确性,要求测量仪器的干扰量至少比被测干扰电压或电流小 20dB,且比允许的干扰量小 40dB。测量精度要求为:电压测量时误差不超过±2dB,场强测量时误差不超过±3dB。

测量仪器接入测量回路后既不应改变被测电子设备的工作状态,也不应对被测干扰源明显分流,测量仪器本身的干扰敏感度应远低于可能受到的干扰量。

2）电磁兼容测量仪器的基本配置

表 1.9 列出了电磁兼容测量仪器的基本配置。

表 1.9　电磁兼容测量仪器的基本配置表

测量种类	测 量 仪 器
电磁干扰发射测量	电子计算机(自动测试) 测量接收机(或频谱分析仪) 各式天线(有源、无源杆状天线,环状天线) 双锥天线、对数螺旋天线、喇叭天线及天线控制单元等 电流探头钳、电压探头、隔离变压器、功率吸收钳 穿心电容、存储示波器、各式滤波器、定向耦合器等
电磁敏感度测量	电子计算机(自动测试) 测量接收机(或频谱分析仪) 各式发射、接收天线 信号发生器、功率放大器、场传感器 注入隔离变压器、存储示波器、定向耦合器 射频抑制滤波器、隔离网络、光纤数据传输系统
屏蔽效能测量	测量接收机(场强仪)、步进衰减器,定向耦合器 各类发射、接收天线(杆状天线、环形天线、对数螺旋天线、喇叭天线) 各类信号发生器、功率放大器、输出变压器、数字电压表、滑线变阻器

6. 电磁兼容故障诊断

电磁兼容故障(或称电磁干扰)诊断是预测试的重要内容。

电磁兼容故障是任何产品从设计到定型的整个过程中都有可能遇到的,因此需要针对产品研发过程中可能出现的电磁干扰问题,在没有规范测试设备和试验场地的条件下，利用频谱分析仪、电流探头等通用仪器构建的测试系统，对产品进行现场测试。

通过对电磁干扰信号频率、带宽等特征的测试和分析判断，确定干扰源，有针对性地采取抑制电磁干扰的措施，检验电磁兼容设计是否合理，所采取的抑制干扰措施是否奏效。

电磁兼容故障诊断涉及的知识面较宽，需要相关人员有足够的耐心和敏锐的观察能力，是一项有难度的工作。电子设备出现电磁兼容故障时，一般要先确定故障部位，并分析其产生的原因，然后采取具体措施解决。为此，可采用分析、诊断、故障排除等方法。

对于连续性电磁干扰，通过反复关闭和恢复设备工作，查看其与电磁干扰的关联；对于间歇性电磁干扰，观察周围可能产生间歇性干扰的设备的工作状态，如电动机启动、大负载切换等与电磁干扰的关联。如果找不到相关联的设备，可以考虑是否由于电源电压瞬态、快速瞬变脉冲、静电放电等瞬态干扰引起，施加这些干扰信号观察是否产生电磁干扰，开始时使用较低的电平，然后逐渐增加电平值，直到设备发生故障、出现性能下降或达到这类设备的最大干扰电平为止。

如果不能通过这种因果关系确定干扰源，还可以从干扰传播的路径考察干扰问题。电磁干扰信号的传播无非是沿着传导和辐射途径，通过对干扰信号测试、追踪，结合理论分析，可有效地对电磁兼容问题进行定位。

对于辐射问题，常见的有两种可能：一是设备外壳的屏蔽性能不佳；二是射频干扰经由各种线缆传递。对于传导问题，则主要是线缆问题。用电流探头测量设备线缆（电源线、信号线、接地线等）中的电流（包括差模和共模），查找可能引起电磁干扰的电流，以此判断是不是通过线缆传入电磁干扰，如果能找到，则对相关的线缆采取屏蔽、滤波措施。如果电磁干扰与线缆无关，则可考虑是否由于辐射对设备内部电路产生影响，应该改善设备的屏蔽措施。

如果在现场一时无法测量线缆中的干扰电流，可通过尽可能拔掉设备上的线缆，观察电磁干扰情况，如有改善，可能是拔掉的线缆问题。再尝试将线缆逐个插上，查出有问题的线缆（可能不止一根）。如果拔掉线缆后没有改善，则可能是设备外壳或余下线缆的问题，可尝试改善机壳的屏蔽（处理好缝隙、开孔的影响），对电源线加滤波器，对信号线套铁氧体磁环或加信号线滤波器或用屏蔽线等。

有关传导的问题，应处理好电源线、信号线之间的耦合，安装电源线滤波器，改进内部电路减少传导发射。

图 1.28 给出了电磁兼容故障诊断流程。

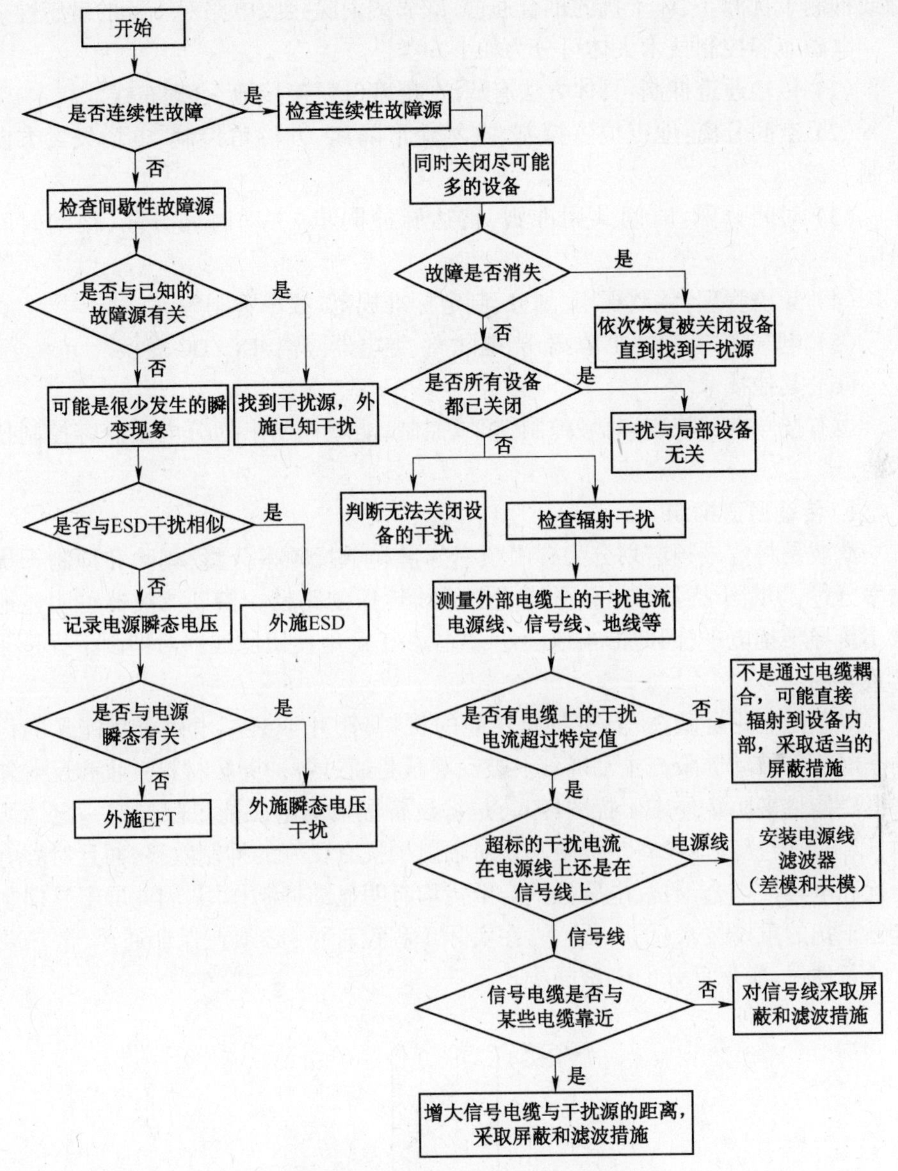

图 1.28　电磁兼容故障诊断流程

1.5.3　电磁兼容控制技术

电磁兼容控制即电磁干扰控制，其基本思路就是破坏电磁干扰形成条件，即从电磁干扰的三要素——电磁干扰源、耦合通道、敏感设备出发，采取措施来消除或抑制干扰源、破坏干扰的耦合通道、减弱或消除接收电路对干扰的敏感性。

电磁兼容控制技术大体可分为如下 6 类。

(1) 传输通道抑制:具体方法有滤波、屏蔽、搭接、接地、合理布线。

(2) 空间分离:地点位置控制、自然地形隔离、方位角控制、电场矢量方向控制。

(3) 时间分隔:时间共用准则、雷达脉冲同步、主动时间分隔、被动时间分隔。

(4) 频谱管理:频谱规划/划分、制定标准规范、频率管制等。

(5) 电气隔离:变压器隔离、光电隔离、继电器隔离、DC/DC 变换。

(6) 其他技术。

也有按照空域控制、时域控制、频域控制、能域控制来划分电磁兼容控制技术的。

1. 传输通道抑制

滤波是将信号频谱划分为有用频率分量和干扰频率分量,剔除和抑制干扰频率分量,切断干扰信号沿信号线或电源线传播的路径。借助滤波器可明显地减小传导干扰电平,因此恰当地设计、选择和正确地使用滤波器对抑制干扰是非常重要的。

屏蔽是利用屏蔽体(具有特定性能的材料)阻止或衰减电磁干扰能量的传输。屏蔽分被动屏蔽与主动屏蔽。被动屏蔽是通过各种屏蔽材料吸收和反射外来电磁能量来防止外来干扰的侵入,是将设备辐射的电磁能量限制在一定区域内,以防止干扰其他设备。屏蔽不仅对辐射干扰有良好的抑制效果,而且对静电干扰和电容性耦合干扰、电感性耦合干扰均有明显的抑制作用,因此屏蔽是抑制电磁干扰的重要技术(图 1.29)。在实际工程设计中,必须在保证通风、散热要求的条件下,实现良好的电磁屏蔽。

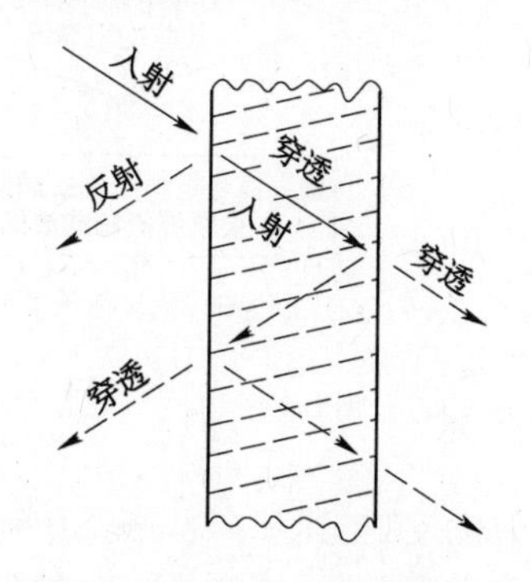

图 1.29 电磁波与屏蔽体的作用

接地是电子设备工作所必需的技术措施。接地有安全接地和信号接地,同时接地也引入接地阻抗和地回路干扰,事实证明接地设计对各种干扰的影响是很大的。因此,在电磁兼容领域中,接地技术至关重要,其中包括接地点的选择,电路组合接地的设计和抑制接地干扰措施的合理应用等。

搭接是指导体间的低阻抗连接,只有良好的搭接才能使电路完成其设计功能,使抗干扰的各种抑制措施得以发挥作用,而不良搭接将向电路引入各种电磁干扰。因此在电磁兼容设计中,必须考虑搭接技术,以保证搭接的有效性、稳定性及长久性。

布线是印制电路板(PCB)电磁兼容设计的关键技术。选择合理的导线宽度,采取正确的布线策略,如加粗地线、将地线闭合成环路、减少导线不连续性、采用多层 PCB 板等。在系统电磁兼容设计中,电线电缆的布线也是关键技术。

2. 空间分离

空间分离是抑制空间辐射干扰和感应耦合干扰的有效方法。通过加大干扰源和敏感设备之间的空间距离,使干扰电磁场到达敏感设备时其强度已衰减到低于接设收备的敏感度阈值,从而达到抑制电磁干扰的目的。由电磁场理论可知:在近区感应场中,场强分布按 $1/r^3$ 衰减,远区辐射场的场强分布按 $1/r$ 减小。因此,空间分离实质上是利用干扰源的电磁场特性有效地抑制电磁干扰。空间分离的典型应用在电磁兼容工程中经常遇到,例如,在移动通信系统中的蜂窝设计;在空间距离允许的条件下,为了满足系统的电磁兼容要求,尽量将组成系统的各个设备间的空间距离增大;在设备、系统布线中,限制平行线缆的最小间距,以减少串扰;在 PCB 设计中,规定引线条间的最小间隔。

空间分离也包括在空间有限的情况下,对干扰源辐射方向的方位调整、干扰源电场矢量与磁场矢量的空间取向控制。例如,飞机、舰船和航天器上有许多通信设施,由于空间条件的限制,它们只能安装在有限的空间范围内,为了避免天线间的相互干扰,常用控制天线的方位角来实现空间分离;为了使电子设备外壳内的电源变压器铁芯泄漏的低频磁场不在 PCB 中产生感应电动势,应该调整变压器的空间位置,使 PCB 上的印制线与变压器泄漏磁场方向平行。

3. 时间分隔

当干扰源非常强,不易采用其他方法可靠抑制时,通常采用时间分隔的方法,使有用信号在干扰信号停止发射的时间内传输,或者当强干扰信号发射时,使易受干扰的敏感设备短时关闭,以避免遭受损害。人们把这种方法称为时间分隔控制或时间回避控制。时间分隔控制有两种形式:一种是主动时间分隔,适用于有用信号出现时间与干扰信号出现时间有确定先后关系的情况,例如无线通信中的时分多址(TDMA)和时分复用(TDM);另一种是被动时间分隔,它是按照干扰信号与有用信号出现的特征使其中一信号迅速关闭,从而达到时间上不重合、不覆盖的控制要求。例如,飞机上的雷达在工作时发射的强功率电磁波是机载电子设备的强干扰源,为了不使无线电报警装置接收干扰信号而发出警报,可采用被动时间分隔法。由雷达先发送一个闭锁脉冲,报警器接收闭锁脉冲后立即将其电源关闭。这样,在雷达工作时,报警器就不会发出虚假警报,实现了时间分隔。雷达关闭后,报警器又重新接通电源恢复工作。

时间分隔法在许多高精度、高可靠性的设备或系统中经常被采用,成为简单、经济而行之有效的抑制干扰的方法。

4. 频谱管理

无线电频谱是有限的、宝贵的自然资源,为了充分、合理、有效地利用无线频谱,保证各种无线电业务的正常运行,防止各无线电业务、无线电台和系统之间的相互干扰,信息产业部无线电管理局根据《中华人民共和国无线电管理条例》对无线电频谱实施管理。

频谱管理是必须依据有序的办法来划分频带、审批和登记频率的使用,建立管理频谱的法规和标准,解决频率的冲突,促进频谱的科学、合理、有效利用。

频谱的规划/划分是把频段划分给各种无线电业务,为特定用户指定频段。

制定国家标准规范是防止干扰以及在某些情况下确保通信系统达到所需通信性能的基础。这包括射频设备的核准程序,无线电发射机、接收机和其他设备型号核准所要求的最低性能标准文件。

频谱管制是建立在强制性检查和监测的基础上,强制性检查包括调查干扰投诉、调查非法操作和不符合无线电台执照规定的操作、为诉讼案件收集信息并协助执法机构、进行技术测量(如发射机输出的噪声功率、失真等)。监测是同检查和标准的符合性密切相关的,能识别和测量干扰源,核定辐射信号的正确技术操作特性,从而检测并识别出非法发射机。

5. 电气隔离

电气隔离是避免电路中传导干扰的可靠方法,同时还能使有用信号正常耦合传输。常见的电气隔离耦合原理有机械耦合、电磁耦合、光电耦合等。

机械耦合是采用电气和机械的方法。例如,在继电器中将线圈回路和触头控制回路隔离开来,产生两个电路参数不相关联的回路,实现了电气隔离,然而控制指令却能通过继电器的动作从一个回路传递到另一个回路中去。

电磁耦合是采用电磁感应原理。例如,变压器初级线圈中的电流产生磁通,此磁通再在次级线圈中产生感应电压,使次级回路与初级回路实现电气的隔离,而电信号或电能却可以从初级传输到次级。这就使初级回路的干扰不能由电路直接进入次级回路。变压器是电源中抑制传导干扰的基本方法,常用的电源隔离变压器有屏蔽隔离变压器等。

光电耦合是采用半导体光电耦合器件实现电气隔离的方法。光电二极管或光电三极管把电流变成光,再经光电二极管或光电三极管把光变成电流。由于输入信号与输出信号的电平没有比例关系,所以不宜直接传输模拟信号。但因直流电平也能传输,所以利用光脉宽调制就能传输含直流分量的模拟信号,且有优良的线性效果。这种方法最适宜传送数字信号。

DC/DC 变换器是直流电源的隔离器件,它将直流电压 U_1 变换成直流电压 U_2。为了防止多个设备共用一个电源引起共电源内阻干扰,应用 DC/DC 变换器单独对各电路供电,以保证电路不受电源中的信号干扰。DC/DC 变换器是应用逆变原理将直流电压变换成高频交流电压,再经整流滤波处理,得到所需要的直流电压。由于 DC/DC 变换器是一个完整器件,所以它是一种应用广泛的电气隔离器件。

6. 其他技术

除上述技术外,控制干扰还有许多其他技术,如对消与限幅,当干扰的幅度很大时,要采用干扰的对消电路及限幅电路等抑制措施。干扰对消电路抑制干扰的原理是,给干扰提供两条传输途径,在一条路径上只携带干扰信号,且此干扰信号受到 180°的相移,幅度受到调节,并将其加入到包含信号和干扰的通道中,结果是干扰得到抵消,而剩下没有受到衰减的所需要的信号。

干扰对消只适用于噪声的来源和特性均为已知,并且可以从总的混合信号中单独把噪声分离出来的场合,也就是说,只有在与有用信号相比,干扰信号具有某种独特的性质时,才可以使用干扰对消电路来抑制干扰。

对于幅度很大的窄脉冲干扰信号,使用峰值限幅电路具有最佳的抑制效果。它可以防止干扰的尖峰幅度超过所需要的信号电平,并防止系统过载。峰值限幅电路是通过所有超过预定阈值电平的干扰脉冲进行钳位,以达到抑制干扰的目的。

随着技术的不断进步,抑制干扰的技术也在不断发展,如功率控制技术、自适应技术、数字化(传输、调制)技术等。

1.5.4 电磁兼容管理

电磁兼容性是武器装备在使用中显示出来的一种特性,也是通过一系列工程活动、设计、制造到装备中去的,而这些活动需要通过有效的行政手段和技术手段进行组织和管理。

电磁兼容管理是指从系统的观点出发,通过制定和实施科学的计划、组织、控制和监督电磁兼容活动的开展,使得用最佳的费效比实现武器装备的电磁兼容要求。

将这些管理手段应用到产品研制的全寿命周期内,其主要涉及的内容包括如下5个方面:

(1) 论证阶段:根据装备整体完成任务能力的需要,分析装备预期的电磁环境,以及环境对装备的电磁兼容要求,对可供选用方案的电磁环境效应进行分析,发现潜在的不兼容问题,评估电磁兼容相关的费用、风险等。

(2) 方案阶段:成立电磁兼容技术组,制定电磁兼容大纲及电磁兼容控制大纲;明确电磁兼容指标要求,制定电磁兼容设计方案;确定电磁兼容验证要求,制定电磁兼容试验计划;开展相关工作评审。

(3) 工程研制阶段:包括电磁兼容设计方案的实施,并可通过模拟仿真,改进和完善设计;对设备及子系统进行电磁兼容考核试验,对不符合任务书或合同相关要求的设备进行专项整改。

(4) 定型阶段:定型鉴定试验,补充关注设备的整改效果,并进行评估确认。

(5) 生产和使用阶段:保持持续的电磁兼容状态控制;对有关人员进行电磁兼容管理培训。

通过对电磁兼容管理手段及主要内容的分析可以看出,电磁兼容管理除了需要从组织机构、人员和制度上的完备外,还需要一定的技术支撑,主要包括电磁兼容设计和电磁兼容试验。

1.6 电磁兼容标准

为了确定系统、子系统、设备和元器件必须满足的电磁兼容工作特性,统一协调各种技术状态,减少设计、试验、研究和管理的重复工作,提高技术经济效益,有许多国际组织、机构从事电磁兼容的标准化工作,拟定了各种电磁兼容标准、规范和设计手册,作为工程研制、生产和使用阶段遵循的文件。这些标准是管理的准则,系统设计的基准,测量的依据和检验的准绳,可以广泛使用。当不能确定系统的实际任务环境时,采用一系列标准是恰当的。

武器装备的系统特性和电磁兼容要求通常都是按使用要求确定的,一般没有更多的选择余地。然而设计和制造方了解电磁兼容标准是很有用的,因为标准要求已考虑和控制了那些最终鉴定和验收时有用的设计参数,同时这些要求还要转给承担任务的分承包单位。总设计和制造单位强调了这些规范要求,就能保证不接收在系统中造成不兼容的配套设备。然而,武器装备的标准规范是一般性的,有时很难适合那些特殊武器装备的特殊需要。一种特殊武器装备的工作环境可能有不同规范的要求，有严有松，采用标准时不能生搬硬套，必须根据实际任务环境恰如其分地选用和剪裁，制定详细的标准。电磁兼容标准应该是合理的、实用的、灵活的并与系统其他标准相协调、权衡。对标准的过使用、欠使用、错误使用均会对工程带来不利影响。

一般情况下，符合标准的规定，武器装备的电磁兼容性就能得到保障，但不能认为系统集成后就一定能兼容。系统集成后，仍需要采取各种控制措施，解决系统电磁兼容问题，通过权衡研究，达到系统兼容。

电磁兼容研究的问题，通常是非预期的响应，在工程实践中往往是非常复杂的，因而工程管理人员和设计人员要灵活应用电磁兼容标准与控制技术，不同专业和工作部门要根据适用范围选用。

1.6.1 制定电磁兼容标准的组织

随着科学技术的发展，世界上许多国家和许多组织都制定了电磁兼容的标准和规范，具有权威性和广泛影响的标准如下。

(1) IEC(国际电工委员会)：国际上的标准化组织，其下有 3 个组织与电磁兼容有关。

· ACEC(电磁兼容咨询委员会)：承担电磁兼容国际标准化研究工作。

· CISPR(国际无线电干扰特别委员会)：为了促进国际贸易，CISPR 于 1934 年确定了射频干扰的测量方法，1985 年对信息技术设备制定了新的发射标准，许多欧洲国家将这个标准作为自己国家的标准。目前设有 7 个分会。

· TC77(第 77 技术委员会)：与 CISPR 并列的涉及电磁兼容的组织。

(2) FCC(联邦通信委员会)：主要制定美国民用标准。

(3) MIL-STD(美国军用标准)：主要制定美国军用标准。

(4) CENELEC(欧洲电工标准化委员会)：由欧盟授权制定欧洲标准 EN。EN 标准引用了很多 CISPR 和 IEC 标准。

(5) GB(中国国家标准)：基本采用 CISPR 和 IEC 标准。

(6) GJB(中国军用标准)：基本采用美国军用标准，如 GJB151A、GJB152A 分别等同于 MIL-STD-461D 和 MIL-STD-462D。

1.6.2 电磁兼容标准分类

电磁兼容标准很多，从内容上分，有基础标准、通用标准和产品标准(图 1.30)；从应用范围分，有军用标准和民用标准；从执行角度可分为推荐执行标准和强制执行标准。

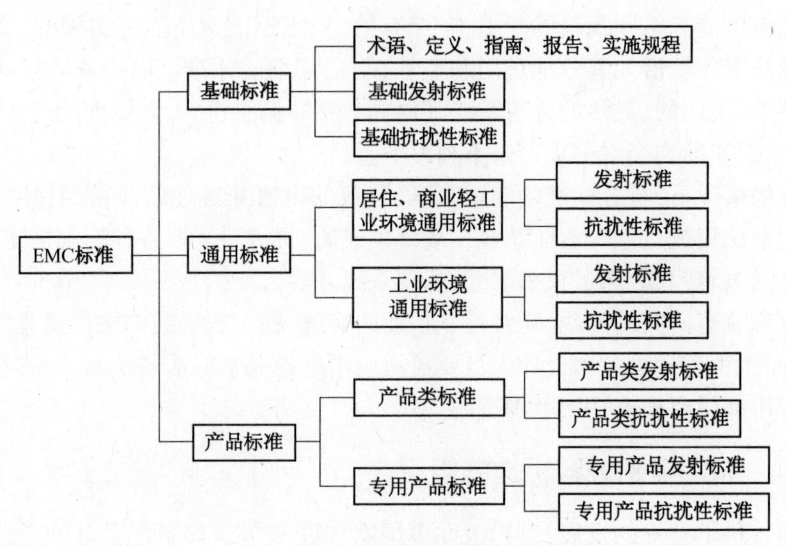

图 1.30　电磁兼容标准分类

1. 基础标准

基础标准是制定其他电磁兼容标准的基础,一般不涉及具体的产品,仅就电磁兼容现象、电磁干扰发射和抗扰度的测试方法、测试仪器和基本试验配置等作出了规定,但不给出指令性的限制以及对产品性能的直接判据。

2. 通用标准

通用标准是针对通用环境中所有产品规定的一系列标准化试验方法与要求(限值)的电磁兼容最低要求,包括必须进行的测试项目和必须达到的测试要求。

3. 产品标准

产品标准是针对某类产品而制定的电磁兼容性能的测试标准,包括发射限值、抗扰度限值以及详细的测量程序。产品标准中所规定的试验内容及限值应与通用标准相一致,但与通用标准相比较,产品标准根据产品的特殊性,在试验内容的选择、限值及性能的判据等方面作出一些特殊规定,如增加试验项目和提高试验的限值。

1.6.3　军用电磁兼容标准

军用电磁兼容标准是开展武器装备电磁兼容工作的主要依据。

美国从 20 世纪 40 年代起,已先后制定了与电磁兼容有关的军用标准和规范 100 多个。1964 年美国制定了三军共同的电磁兼容标准和规范,这就是著名的 MIL-STD-460 系列。该标准主要用于设备和子系统的干扰控制及其设计，它提供了评价设备和子系统电磁兼容的基本依据。后来，这个标准系列经过多次修订，不仅成为美国的军用标准，而且被世界各国的军事部门所采用。

我国的国家军用标准大约起步在20世纪70年代，1986年我国参照美军标制定颁布了第一套三军通用的电磁兼容标准，即GJB151A《军用设备和子系统电磁发射和敏感度要求》与GJB152A《军用设备和子系统电磁发射和敏感度测量》，由此标志着武器装备电磁兼容标准化工作的全面开展。目前GJB151A和GJB152A已经合并为GJB151B，集指标要求和测试方法为一体，本书为了方便叙述，少量地方仍用分开的GJB151A和GJB152A来表述。

此外还有一些行业标准如航空行业标准（航标HB），船舶行业标准（船标CB）等，这些标准的部分早期标准已经被国军标替代，目前仍在使用的行业标准是对国军标的补充。

表1.10为我国部分军用电磁兼容标准一览。

表1.10　我国部分军用电磁兼容标准

序号	标准编号	标 准 名 称
1	GJB/Z17—1991	军用装备电磁兼容性管理指南
2	GJB/Z25—1991	电子设备和设施的接地、搭接和屏蔽设计指南
3	GJB/Z54—1994	系统预防电磁能量效应的设计和试验指南
4	GJB72A—2002	电磁干扰和电磁兼容性术语
5	GJB/Z124—1999	电磁干扰诊断指南
6	GJB/Z132—2002	军用电磁干扰滤波器选用和安装指南
7	GJB151B—2013	军用设备和子系统电磁发射和敏感度要求与测量
8	GJB/Z214—2003	军用电磁干扰滤波器设计指南
9	GJB786—1989	预防电磁场对军械危害的一般要求
10	GJB911—1990	电磁脉冲防护器件测量方法
11	GJB1143A—2017	无线电频谱特性的测量
12	GJB1210—1991	接地、搭接和屏蔽设计的实施
13	GJB1389A—2005	系统电磁兼容性要求
14	GJB1518—1992	射频干扰滤波器总规范
15	GJB2038A—2011	雷达吸波材料反射率测试方法
16	GJB2079—1994	无线电系统间干扰的测量方法
17	GJB2080—1994	接收点场强的一般测量方法
18	GJB2451—1995	金属壳密封抑制电磁干扰电容器总规范

（续）

序号	标准编号	标 准 名 称
19	GJB2604—1996	军用电磁屏蔽涂料通用规范
20	GJB2606—1996	军用透光屏蔽材料通用规范
21	GJB2713—1996	军用屏蔽玻璃通用规范
22	GJB3198—1998	无线电引信抗干扰性能评定方法
23	GJB5185—2003	小屏蔽体屏蔽效能测量方法
24	GJB5239—2004	射频吸波材料吸波性能测试方法
25	GJB5240—2004	军用电子装备通用机箱机柜屏蔽效能要求和测试方法
26	GJB5313—2004	电磁辐射暴露限值和测量方法
27	GJB5792—2006	军用涉密信息系统电磁屏蔽体等级划分和测量方法
28	GJB4595—1992	VHF/UHF 航空无线电通信台站电磁环境要求
29	GJB4653—1994	军用机场指挥、通信、导航设施抗电磁干扰技术要求
30	GJB358—1987	军用飞机电搭接技术要求
31	GJB1014. 1—1990	飞机布线通用要求总则
32	GJB2639—1996	军用飞机雷电防护
33	GJB3567—1999	军用飞机雷电防护鉴定试验方法
34	GJB181B—2012	飞机供电特性
35	GJB5195—2004	电子干扰飞机电子对抗任务系统通用规范
36	GJB1046—1990	舰船搭接、接地、屏蔽、滤波及电缆的电磁兼容性要求和方法
37	GJB1446. 40—1992	舰船系统界面要求：电磁环境电磁辐射对人员和燃油的危害
38	GJB1446. 42—1993	舰船系统界面要求：电磁环境电磁辐射对军械的危害
39	GJB1450—1992	舰船总体射频危害电磁场强测量方法
40	GJB4060—2000	舰船总体天线电磁兼容性测试方法
41	GJB6850. 12—2009	水面舰船系泊和航行试验规程第 12 部分：舰船电磁兼容性试验
42	GJB/Z36—1993	舰船总体天线电磁兼容性设计导则
43	GJB1696—1993	航天系统地面设施电磁兼容性和接地要求
44	GJB2034—1994	航天飞行器系统电爆子系统的安全要求和试验方法
45	GJB2043A—2004	航天发射场发射环境准则
46	GJB2249—1994	航天测控系统频段
47	GJB3590—1999	航天系统电磁兼容性要求
48	GJB7060—2010	航天器测控通信频率选用规程
49	GJB1706—1993	导弹天线通用规范
50	GJB8007—2013	地地导弹武器系统雷电防护通用要求

以上电磁兼容军用标准可分为两类。第一类为电磁兼容通用标准，第二类是反映各类装备或平台特殊要求的标准，分别纳入到相应武器装备的标准体系中。

1. 电磁兼容通用标准

电磁兼容通用标准包括三个部分，分别为电磁兼容管理标准、电磁干扰及控制标准、电磁兼容试验与评价标准，这都是三军通用的标准。

1）电磁兼容管理标准

在体系中，GJB/Z17《军用装备电磁兼容性管理指南》是电磁兼容管理方面的标准。

2）电磁干扰及控制标准

电磁干扰及其控制标准就是设计标准，此部分包括电磁干扰控制标准和电磁危害防护标准。主要标准有 GJB1389A《系统电磁兼容性要求》、GJB151A《军用设备和子系统电磁发射和敏感度要求》；以及其他一些主要是电磁兼容结构设计方面的标准，如 GJB/Z25《电子设备和设施的接地、搭接和屏蔽设计指南》，GJB786《预防电磁场对军械危害的一般要求》、GJB1696《电子产品防静电放电控制大纲》等。

3）电磁兼容试验与评价标准

例如，GJB152A《军用设备和子系统电磁发射和敏感度测量》、GJB1143A《无线电频谱特性的测量》等。GJB152A 是电磁兼容领域中最重要的一项试验与测量标准，它是与 GJB151A 配套使用的。

GJB8848—2016《系统电磁环境效应试验方法》给出了每一类武器的系统电磁兼容具体的测量方法。

2. 武器装备的电磁兼容标准体系

我国目前已有的电磁兼容军用标准，满足设备和子系统等需求方面比较成熟，但要满足系统级尤其是大型复杂武器装备的工程需求还有较大差距。而且不同的武器装备往往在设计、研制、使用场景上有着各自的特殊性。建立具体类型武器装备的电磁兼容标准体系，将电磁兼容论证、设计和建造工作标准化和量化，对提高武器装备电磁兼容性和满足武器装备研制对电磁兼容的迫切需求具有重要意义。

图 1.31 为舰船电磁兼容标准体系，包括基础标准、电磁干扰及控制标准、电磁辐射危害及防护标准、舰机界面电磁兼容标准、电磁兼容试验与评估标准、电磁兼容管理标准六方面。舰船电磁兼容标准体系中，有些标准已经存在，有些还没有制定或者目前采用的是通用军用标准。

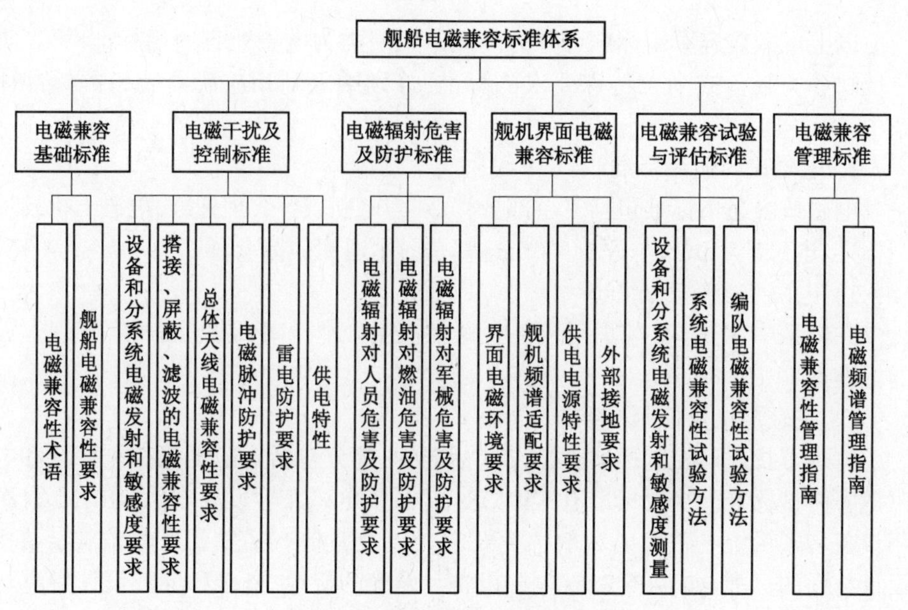

图 1.31　舰船电磁兼容标准体系

第2章　系统电磁兼容预测理论

2.1　概　　述

自GJB151A和GJB152A等电磁兼容标准颁布后，数十年来，规范法在武器装备的研制中得到了广泛应用。但是规范法中的一些具体内容难以准确适应所有装备，容易造成欠设计和过设计，因此还需要与预测法相结合进行总体设计。

电磁兼容预测是一种通过理论计算对电子设备或系统的电磁兼容程度进行分析评估的方法，其实质是对电磁干扰的预测与分析，评价系统或设备兼容的程度，为方案修改、防护设计提供依据。从历史发展来看，电磁兼容预测可分为两种方法：一种是试验预测；另一种是对研究对象建立数学模型，利用计算机开展仿真计算以实现预测。前一种方法具有投资大、操作时间长和设备试验模型的局限性等，而近年来随着计算机性能的提高和计算电磁学的迅猛发展，使得第二种方法备受青睐，目前已占据了电磁兼容预测的主导地位。

电磁兼容预测可运用在一个系统或一台设备寿命期的三个主要阶段(即方案、工程研制、使用)。图2.1所示为电磁兼容预测的范畴。

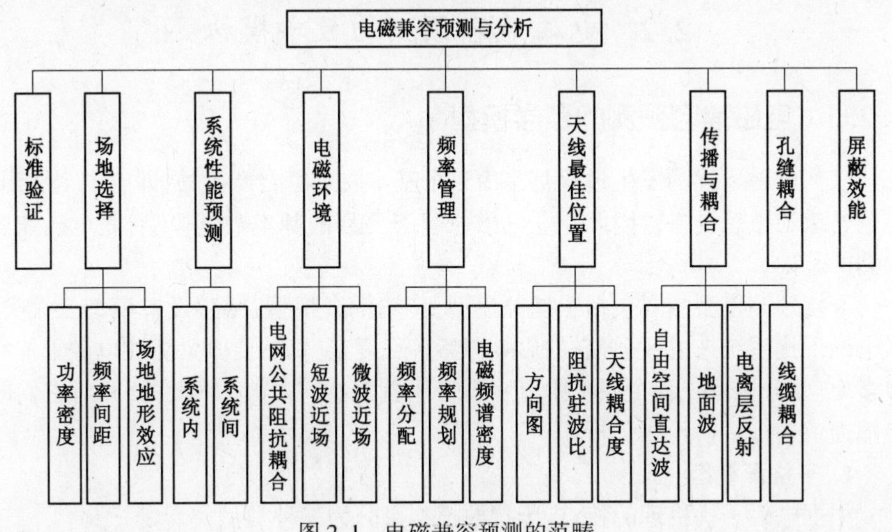

图2.1　电磁兼容预测的范畴

电磁兼容性预测的主要作用有四个方面。

(1) 预测系统的电磁兼容程度。在已知设备电气特性参数(如干扰源特性参数、敏感器特性参数)的情况下,判定干扰源、敏感设备和耦合路径,预测系统中所有电子设备的电磁兼容程度。

(2) 分析电磁干扰变化。当修改某个设备的特性参数(如工作频段、安装位置或信号线缆走向)时,分析比较电磁干扰的变化。

(3) 进行电磁防护设计评估。对各种电磁防护设计的效果进行评估计算。

(4) 制定规范。制定干扰极限和敏感度规范。例如通过设备已知的敏感度阈值确定其允许受到干扰的极限范围,或通过计算已知的各种电磁干扰的综合作用,确定设备应该具有的敏感度极限,从而为设备的设计制定相关规范。

实践证明,假如在设备或系统的设计阶段就开展电磁兼容预测,便能及早发现可能存在的电磁干扰。并采取适当的措施予以抑制与防护。这样能以最小的代价获得最高的效能,保证系统的兼容性。反之,假如在系统建成后,才发现存在不兼容问题,就需在人力、物力上花很大代价去修改设计,调整布局,结果常常是难以彻底解决,甚至积重难返,根本无法解决,最后势必在系统使用时出现问题,甚至导致灾难性故障。

电磁兼容预测技术的局限性在于所要分析的对象往往具有较高的复杂性,用精确数学模型来描述和分析问题非常困难,这就需要对许多模型做简化和近似,因此预测分析的效果与实际情况往往存在一定的误差。

2.2 电磁兼容预测的数学模拟

2.2.1 电磁兼容预测的数学模型

任何电磁干扰的发生过程都是由三个基本要素组合产生的,即电磁干扰源、传输通道和敏感设备。因此建立电磁兼容三要素的基本数学模型,是电磁兼容预测的基础。

干扰预测模型主要包括干扰源模型、传输耦合模型、敏感设备模型三大类。对电磁干扰系统来说,不管它的影响因素多么复杂,仍然要紧紧抓住电磁干扰三要素原理,分析系统各个层次中有多少个干扰源、多少个敏感设备,并对它们的传输通道进行逐一预测分析。

1. 干扰源模型

根据电磁干扰机理的特点,干扰源模型可分为三种类型。

1）传导干扰源模型

传导干扰源模型指不带任何信息的电磁噪声对接收器产生的干扰。

在电路中的传导干扰与辐射干扰的性质不同，传导干扰往往用电压和电流的频谱函数表示，其波形常用稳态周期函数和瞬态非周期函数以及随机噪声来描述。

2）有意辐射干扰源模型

有意辐射干扰源模型指专门发射电磁能量的装置所产生的辐射干扰，如雷达和导航等设备。

有意辐射干扰源模型用来描述各种发射天线发射的电磁波，一般用发射机的基本调制包络特性表示主通道模型，用它的谐波调制包络特性和非谐波辐射特性来表示谐波干扰模型和杂散干扰模型。

3）无意辐射干扰源模型

无意辐射干扰源模型指在完成自身功能的同时所附带产生的电磁能量发射，如家电、工业电动机等设备。

无意辐射干扰源模型用以描述各种高频电路、数字开关电路、电感性瞬变电路所引起的电磁辐射干扰。工程中通常把发射源简化为电偶极子或磁偶极子的模型，把辐射的电磁波描述为正弦电磁波和指数脉冲波、指数振荡衰减波等。

在电磁兼容工程中，为了方便对干扰源模型进行讨论，通常采用时域描述，因此干扰源模型时域波形主要有如下几种：

（1）单频连续波形。

（2）脉冲序列波形。

（3）斜波和阶跃波形。

（4）梯形单脉冲波形。

（5）双指数脉冲。

（6）模拟调制波形。

（7）数字调制波形。

（8）随机噪声波形。

2. 传输耦合模型

传输耦合模型又可称为传输通道模型，电磁兼容工程中常用到的传输通道模型有如下几种：

（1）天线对天线耦合模型。

（2）导线对导线感应模型。

（3）场对导线感应耦合模型。

(4) 电阻传导耦合模型。

(5) 电容传导耦合模型。

(6) 电感传导耦合模型。

(7) 孔缝泄漏场模型。

(8) 机壳屏蔽效能模型。

以上传输耦合模型可以用来在很宽频谱范围内预测分析系统内部的电磁干扰问题。然而,在实际中,通常是多个传输通道共存,干扰通道模型很难简单地描述,需要具体逐项分析。

3. 敏感设备模型

1) 接收机敏感模型

接收机敏感模型用来描述各种接收天线对辐射干扰响应特性,实际中,用接收机的频率选择性曲线来表示它对同频道的响应,用中频选择性的分段线性化曲线来表示非线性响应。

2) 电路敏感度模型

对于模拟电路,敏感度模型定义为

$$S_a = f(B)\ \frac{K}{N_a} \tag{2.1}$$

对于数字电路,敏感度模型定义为

$$S_d = \frac{B}{N_{dL}} \tag{2.2}$$

式中:S_a 为以电压表示的模拟电路的敏感度;N_a 为热噪声电压;B 为电路的频带宽度;K 为与干扰有关的比例常数;$f(B)$ 为与干扰源特性有关的带宽的函数;S_d 为数字电路的敏感度;N_{dL} 为数值电路的最小触发电平。

在电磁干扰耦合的预测模型中,模拟电路或数字电路经常用一个等效阻抗来代替,分析敏感设备对电磁干扰作用的响应时,通常不考虑相位的影响。一般情况下只计算一阶响应,不必考虑高阶效应。

2.2.2 电磁兼容预测的基本方程

为了计算单个发射源和单个敏感设备之间的电磁干扰,应将原函数和传输函数(它由传播函数和天线函数组成)结合起来,以得到在接收机或其他敏感设备处的有效功率,然后将有效功率与敏感度函数相比来确定是否存在潜在干扰问题。

在敏感处的有效功率的表达式为

$$P_A(f,t,d,p) = P_T(f,t) + C_{TR}(f,t,d,p) \tag{2.3}$$

式中：$P_A(f,t,d,p)$ 为频率（f）、时间（t）、间距（d），收发天线的相对方向（p）的函数（dBm）；$P_T(f,t)$ 为发射机功率（dBm）；$C_{TR}(f,t,d,p)$ 为发射机与接收机之间的传播耦合。

敏感设备的特性通常用敏感度阈值 $P_R(f,t)$ 来描述。它也是频率（f）、时间（t）的函数。

为了定性表达兼容和不兼容的程度，引入"干扰裕度（Interference Margin，IM）"参数来描述。它可用潜在干扰源对敏感设备产生的有效干扰功率（也可以用电平）与敏感设备的敏感度阈值相比较来表示。

干扰裕度表示为

$$\mathrm{IM} = P_A(f,t,d,p) - P_R(f,t) \tag{2.4}$$

若 IM>0，则表示接收到的干扰超过了敏感设备的敏感度阈值，存在干扰；若 IM<0，则表示接收到的干扰没有超过敏感设备的敏感度阈值，不影响正常工作，二者兼容；若 IM=0，则表示处于临界状态。

式(2.4)称为电磁兼容预测基本方程，它是预测技术的理论基础，用数学方程式描述了单个干扰源作用于单个敏感设备的电磁干扰过程。

$$m = -\mathrm{IM} \tag{2.5}$$

式中：m 为安全裕度（也称安全系数、安全裕量、安全余量）。m 越大，发生不兼容的可能性越小，系统越安全。

敏感度阈值、干扰发射限值、安全裕度等各值的相互关系可以用图 2.2 来表示。

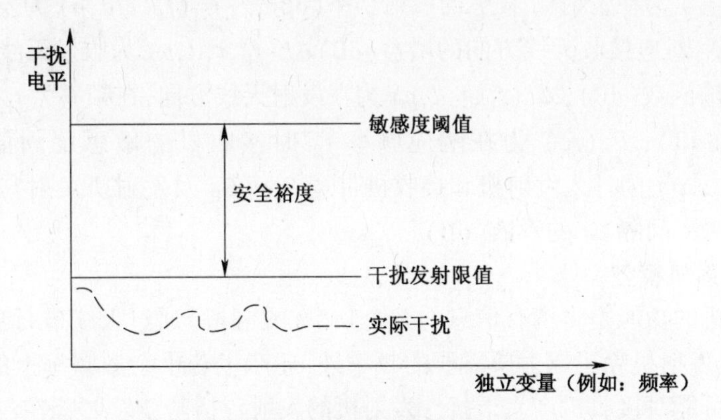

图 2.2　各电平间的关系

在 GJB1389A—2005《系统电磁兼容性要求》中有如下的规定：

(1) 对于安全或者完成任务有关键性影响的功能，系统应具有至少 6dB 的安全裕度。

(2) 对于需要确保系统安全的电起爆装置,其最大不发火激励(MNFS)应具有至少16.5dB的安全裕度;对于其他电起爆装置的最大不发火激励应具有6dB的安全裕度。

在国军标、船标和航标等标准规范中,根据电磁兼容问题对系统可能造成的后果或危害程度将子系统和设备分为三类,并规定了相应的安全系数。例如,航标HB5940—1986《飞机系统电磁兼容性要求》中规定机上的子系统和设备分为三类,一类是影响飞行安全,二类是影响系统安全和任务完成,三类是次要影响。对于一类和二类子系统和设备,安全系数一般不低于6dB,对易爆物应为20dB。具体子系统和设备的分类参见第5.3.2节“子系统和设备的关键性分类”的内容。

从可靠性看,设备和系统的安全裕度应越大越好,但从研发生产来看,希望少花钱,高效能,因此有个费效比的问题,不能盲目提高安全裕度,设计时要在安全裕度和费效比之间进行权衡。

2.2.3 辐射干扰的数学模型

当电磁干扰以辐射方式为传播方式时,电磁兼容预测基本方程式(2.4)就变成了

$$\begin{aligned}\mathrm{IM}(f,t,d,p) = I - N = P_{\mathrm{T}}(f_{\mathrm{E}}) + G_{\mathrm{T}}(f_{\mathrm{E}},t,d,p) - L(f_{\mathrm{E}},t,d,p) \\ + G_{\mathrm{R}}(f_{\mathrm{E}},t,d,p) - P_{\mathrm{R}}(f_{\mathrm{R}}) + \mathrm{CF}(B_{\mathrm{T}},B_{\mathrm{R}},\Delta f) \quad (2.6)\end{aligned}$$

式中:$P_{\mathrm{T}}(f_{\mathrm{E}})$为在发射频率$f_{\mathrm{E}}$的发射功率(dBm);$G_{\mathrm{T}}(f_{\mathrm{E}},t,d,p)$为发射天线在发射频率$f_{\mathrm{E}}$对应接收天线方向的增益(dB);$L(f_{\mathrm{E}},t,d,p)$为收发天线间在频率$f_{\mathrm{E}}$时的传输函数(dB);$G_{\mathrm{R}}(f_{\mathrm{E}},t,d,p)$为在发射天线方向,在频率为$f_{\mathrm{E}}$时接收天线的增益(dB);$P_{\mathrm{R}}(f_{\mathrm{R}})$为在响应频率$f_{\mathrm{R}}$时接收机的敏感度阈值(dBm);$\mathrm{CF}(B_{\mathrm{T}},B_{\mathrm{R}},\Delta f)$为计入发射机和接收机带宽$B_{\mathrm{T}}$、$B_{\mathrm{R}}$及发射机发射与接收机响应之间的频率间隔$\Delta f$的系数(dB)。

1. 发射机模型

发射机的功能是将携有信息的某个频率(或频段)通过天线进行功率辐射。一般而言,发射机除了辐射所需要的频率外,还产生若干杂散频率上的发射,这些辐射都可能对接收机产生干扰。发射机的发射包括基波发射、谐波发射、寄生发射、发射机带宽噪声辐射和互调干扰等辐射信号。

1) 基波发射幅度模型

发射机的基本频率辐射即是基波辐射,它通常也是最严重的潜在干扰源,在有多台发射机的情况下,其功率分配可用平均辐射功率及标准偏差来表示:

$$P_{\mathrm{T}}(f_{\mathrm{OT}}) = \sum_{i=1}^{m} = P_{\mathrm{T}i}(f_{\mathrm{OT}})/m \tag{2.7}$$

$$\sigma_{\mathrm{T}}(f_{\mathrm{OT}}) = \left\{ \sum_{i=1}^{m} \left[P_{\mathrm{T}}(f_{\mathrm{OT}}) - P_{\mathrm{T}i}(f_{\mathrm{OT}})\right]^2/(m-1) \right\}^{1/2} \tag{2.8}$$

式中：$P_{\mathrm{T}}(f_{\mathrm{OT}})$ 为各发射机基波输出功率(dBm)；m 为发射机的数量。

2）通用谐波幅度模型

（1）谐波平均功率：

$$P_{\mathrm{T}}(f_{\mathrm{NT}}) = P_{\mathrm{T}}(f_{\mathrm{OT}}) + A\lg N + B\ ,\ N \geqslant 2 \tag{2.9}$$

式中：$P_{\mathrm{T}}(f_{\mathrm{NT}})$ 为 N 次谐波的平均功率(dBm)；$P_{\mathrm{T}}(f_{\mathrm{OT}})$ 为基波功率(dBm)；N 为谐波数；A、B 为发射机常数。

因为幅度筛选仅在一般意义上考虑频率变量，不考虑发射机的离散谐波发射特性。在幅度筛选中假定发射机能产生任意频率的发射，发射机杂波发射由频率的连续数学模型表示：

$$P_{\mathrm{T}}(f) = P_{\mathrm{T}}(f_{\mathrm{OT}}) + A\lg(f/f_{\mathrm{OT}}) + B \tag{2.10}$$

式中：f 为预测频率；f_{OT} 为发射机工作频率。

（2）统计综合谐波幅度模型：

很多情况下没有现成的谐波发射输出数据，这时可由现成的频谱特征数据导出统计综合模型，数据见表 2.1。

表 2.1　由现成数据统计综合得到的发射机谐波模型的数据

按基波频率划分的发射机类别	在谐波幅度模型中常数的综合值		
	A(dB/十倍频)	B(高于基波频率的 dB)	$\sigma_{\mathrm{T}}(f_{\mathrm{NT}})$ (dB)
所有发射机	−70	−30	20
<30MHz	−70	−20	10
30~300MHz	−80	−30	15
>300MHz	−60	−40	20

在表 2.1 第一行给出了所有发射机数据导出的 A、B、$\sigma_{\mathrm{T}}(f_{\mathrm{NT}})$ 值，在二、三、四行给出了按基频分类的各组发射机的 A、B、$\sigma_{\mathrm{T}}(f_{\mathrm{NT}})$ 值。各组适当的 A、B 和 $\sigma_{\mathrm{T}}(f_{\mathrm{NT}})$ 值可用于式(2.9)中来模拟发射机谐波幅度，在所指出的每一频段内发射机的最后平均谐波输出电平在表 2.2 中列出。

表 2.2　谐波平均发射电平综合

谐波平均发射电平(高于基波的 dB 数)				
谐波数	所有发射机(σ = 20dB)	按频率划分的发射机类别		
		小于 30MHz(σ = 10dB)	30~300MHz(σ = 15dB)	大于 300MHz(σ = 20dB)
2	-51	-41	-54	-55
3	-64	-53	-68	-64
4	-72	-62	-78	-70
5	-79	-69	-86	-75
6	-85	-74	-92	-79
7	-90	-79	-97	-82
8	-94	-83	-102	-85
9	-97	-87	-106	-88
10	-100	-90	-110	-90

(3) 基于规范确定的谐波幅度模型。

发射机乱真输出的另一资料来源是有关的规范标准,此时计算最终的发射机谐波幅度模型时,A 按规定,σ 为 0, B 为规范极限值。

(4) 非谐波发射幅度模型。

除谐波外,发射机还产生其他乱真发射,这些信号功率电平通常低于谐波辐射功率电平。但是在低于基频的频点上可能引起干扰。

$$P_{\mathrm{T}}(f)=P_{\mathrm{T}}(f_{\mathrm{OT}})+A'\lg(f/f_{\mathrm{OT}})+B' \tag{2.11}$$

式中:$P_{\mathrm{T}}(f_{\mathrm{OT}})$ 为基波功率(dBm);$P_{\mathrm{T}}(f)$ 为在频率 f 带宽 B_{T} 内的平均功率(dBm);A' 、B' 为特定发射机的常数。

2. 接收机模型

接收机是敏感度设备和电磁兼容的主要被关注者,接收机的响应描述敏感设备对输入干扰和信号的频率响应。对接收机构成潜在威胁的干扰源主要有同频道干扰,邻近频道干扰,带外干扰,互调干扰等。

1) 基波敏感度阈值

一般接收机基波敏感度阈值已在接收机的参数中给定,在没有给定时也可按下述公式计算:

$$P_{\mathrm{R}}(f_{\mathrm{OR}})=-174+10\lg B_{\mathrm{R}}+F\ (\mathrm{dBm}) \tag{2.12}$$

式中:F 为噪声系数(dB);B_{R} 为接收机带宽(Hz)。

2）接收机带外干扰平均敏感度阈值

$$P_{\mathrm{R}}(f)=P_{\mathrm{R}}(f_{\mathrm{OR}})+I\lg\frac{f}{f_{\mathrm{OR}}}+J\,(\mathrm{dBm}) \tag{2.13}$$

式中：I、J 为接收机固有属性，具体数值一般根据数理统计得出。

3. 电磁波的空间衰减

天线在自由空间的传播损耗（friis 公式）可表示为

$$L(f,d)=10\lg\frac{P_{\mathrm{T}}}{P_{\mathrm{R}}}=32.44+20\lg f+20\lg d \tag{2.14}$$

式中：L 为衰减值（dB）；P_{T} 为发射功率；P_{R} 为接收机处的功率；f 为电磁波的频率（MHz）；d 为传输距离（km）。

4. 天线特性

（1）在远场条件下的天线增益 G 一般会在设备的属性参数中给出，无法获得的情况下，天线增益可表示为

$$G=\frac{4\pi A_{\mathrm{e}}}{\lambda^{2}} \tag{2.15}$$

式中：G 为天线增益；A_{e} 为天线的有效口径；λ 为波长，与 A_{e} 单位相同。

若以 dB 为单位，天线增益可表示为

$$G=11+10\lg A_{\mathrm{e}}+20\lg f_{\mathrm{GHz}} \tag{2.16}$$

（2）在已知方向图宽度 $\theta_{\mathrm{E}}(°)$ 和 $\theta_{\mathrm{H}}(°)$ 条件下，天线增益可表示为

$$G=45-10\lg(\theta_{\mathrm{E}}\theta_{\mathrm{H}})\,(\mathrm{dB}) \tag{2.17}$$

在实际的电磁兼容分析中，由于诸多客观因素经常需要计算偏离主轴处的天线增益，根据天线指向偏离的程度不同，现实应用中我们按四级天线量化方向图，经过实测和统计建立不同偏离程度修正后的增益值。

2.3 电磁干扰的分级预测

电磁干扰的特点是复杂性、隐蔽性和随机性。在实际的电磁兼容预测中，只要将复杂系统分析理论应用于电磁干扰分析，将系统按步骤分解为系统级-设备级-部件级-元件级-（甚至芯片级）几个不同级别层次对信息进行有效地分析、筛选和量化，由大到小、由繁到简进行计算。

如图 2.3 所示的干扰源对确定敏感器影响的分层分析方法，步骤如下：

（1）确定一个敏感器 R_i；

（2）选择一个干扰源 G_1；

(3) 分析确定 G_1 对 R_i 可能存在的所有耦合途径；

(4) 对所有耦合途径逐个分析，计算 G_1 传输到 R_i 的干扰量；

(5) 对所有的干扰源 G_2、G_3、…、G_n 分别重复步骤(3)和(4)；

(6) 对敏感器 R_i 接收到的所有电磁干扰量进行综合处理，判断敏感器在此处环境中是否兼容，并确定对敏感器 R_i 起决定作用的主要干扰源。

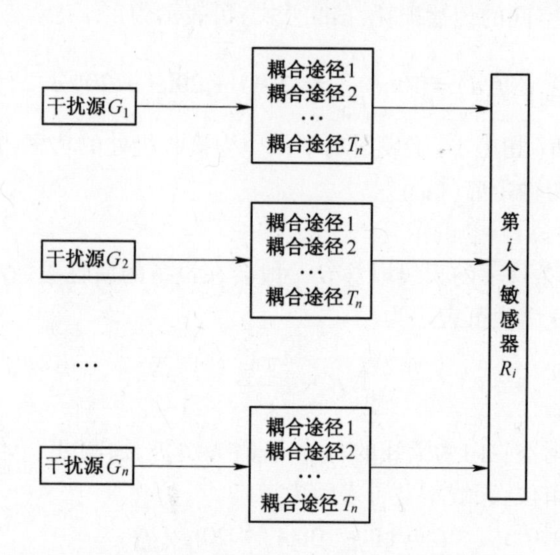

图 2.3　干扰源对确定敏感器影响的分层分析方法

上述过程固然能够对系统间或系统内的电磁干扰进行全面细致的分析，但由于电磁干扰本身固有的复杂性，所需考虑的“发射-响应对”(即干扰源-敏感设备)的数目往往非常大，若采用一种模型去预测，则不是精度不够就是时间太长。为此，通常采用分级预测方法，即幅度筛选、频率筛选、详细分析和性能分析四级筛选。在每级预测开始，可以对整个问题作一次快速扫描，将明显不可能呈现电磁干扰的“发射-响应对”剔除，每一级预测可以将无干扰情况的 90% 以上筛选，经过四级筛选后保留下来的就是可能的干扰。电磁兼容预测的四级筛选流程如图 2.4 所示。

对于不兼容的系统，需要提出消除电磁干扰的措施与解决途径，重新进行电磁兼容设计以使系统达到兼容。

在实际工程中，由于系统内干扰耦合情况极为复杂，很多现象难于用数学模型精确描述，因此往往不必对每一个问题都用以上提到的四级筛选法进行预测分析，还可以结合实际情况和以往的工程经验，对预测流程进一步简化。

下面以无线设备间通过天线耦合的电磁干扰为例说明四级筛选理论。

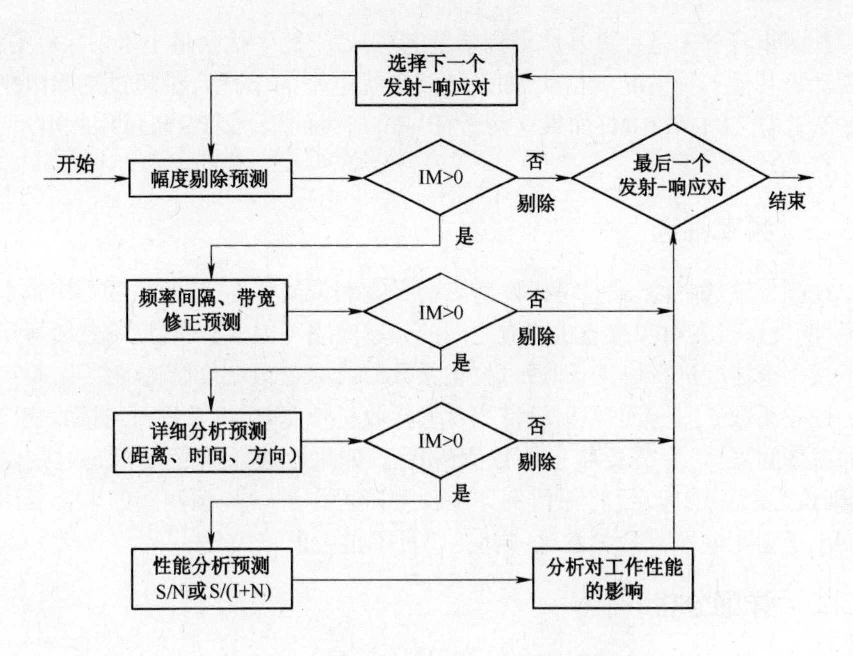

图 2.4　电磁兼容预测的四级筛选流程图

2.3.1　幅度筛选

在幅度筛选中,首先考虑发射机基波、杂波的发射功率电平 P_T 和接收机基波、杂波响应的敏感度阈值电平 P_R;其次,考虑天线方向性和传输损耗,但应采用简单、保守的近似式来显示时间、距离、方位对这些参数的影响。如果干扰裕度超过预选的剔除电平,则该"发射-响应对"保留到下一步更精细的预测级别。相反,如果干扰裕度小于预选的剔除电平,则该"发射-响应对"不再做进一步预测。只要剔除电平选择正确,则被剔除情况造成干扰的概率是很小的。

幅度筛选主要考虑以下四种情况。

(1) 基波干扰余量(Fundamental Interference Margin, FIM)。当发射机输出基波频率和接收机基波响应频率对准时,并以无抑制的方式存在干扰电平。

(2) 发射机干扰余量(Transmitter Interference Margin, TIM)。当发射机基波发射与接收机杂波响应的两者频率对准时存在的干扰电平。

(3) 接收机干扰余量(Receiver Interference Margin, RIM)。当接收机基波响应与发射机输出的频率对准时存在的干扰电平。

(4) 杂波干扰余量(Spurious Interference Margin, SIM)。当发射机杂波输出与接收机杂波响应的频率对准时存在的干扰电平。

预测步骤首先是计算基波干扰余量电平,如果此干扰余量小于剔除电平,则不需计算其他三种情况。相反,如果基波干扰电平的干扰余量超过剔除电平就需继续计算 TIM 和 RIM,如果这两者任一个产生的干扰余量超过剔除电平,还需计算 SIM。

2.3.2 频率筛选

在频率筛选阶段,通过考虑发射机的带宽和调制特性、接收机的响应带宽和选择性、发射机发射和接收机响应之间的频率间隔等因素,对幅度筛选阶段所得的干扰安全裕度进行修正,即通过校正系数 C_F ,来修改幅度筛选的结果。

校正系数 C_F 是考虑发射机带宽 B_T 、接收机带宽 B_R 以及发射与接收响应之间的频率间隔 Δf 后需要修正的数值(dB)。如果合成干扰裕度仍超过剔除电平,则该“发射-响应对”将保留到详细预测阶段中进一步预测。如果合成干扰裕度小于剔除电平,则该“发射-响应对”可不再考虑。

2.3.3 详细分析

经频率筛选后保留的“发射-响应对”存在很大的干扰可能性,为此,必须进一步预测。在详细分析预测中,应考虑那些与时间、距离、方位等相关的因素,以确定最终干扰裕度的概率分布。具体地讲,考虑到因素包括特定传播方式、极化匹配、近场天线增益修正、多个干扰信号的综合效应、时间相关统计特性等。

在详细分析预测中,重要的是确定与干扰裕度有关的概率分布。干扰裕度的概率分布与发射机功率、天线增益、传输损耗和接收机敏感度阈值有关。在详细分析预测中需完成的具体步骤在很大程度上取决于所考虑的特定问题和所需求的结果。如果所有分布均为正态的,则干扰安全裕度的最终概率分布也呈正态分布。

2.3.4 性能分析

性能分析的主要问题是将预测的干扰电平与性能的量度联系起来,即将预测结果转换为描述系统性能的定量表达式。为此,需要建立系统性能的数学模型。由于系统具有很多不同的性能判据,因此必须明确性能分析应采用哪些性能指标。

通常采用的基本性能度量包括清晰度指数、误码率、分辨率、检测概率和方位角、距离、经纬度、高度等误差。

评定特定系统的性能有三种基本方法。

(1) 依据工作性能阈值概念。工作性能阈值基于系统所特定的信噪比

(S/N),此比值表示了系统的可接受性能和不可接受性能之间的界限。这种方法是最为简单的,也是应用最广的。

(2) 取决于系统的基本性能,如清晰度指数、误码率、分辨率等的度量。这种方法主要用于对具体信号和干扰状态的分析。

(3) 依据系统完成特定任务能力,即依据系统的工作效果来评定。

2.4 电磁兼容预测的数学方法

从电磁理论的角度来看,电磁兼容预测分析就是对所建立的干扰源、干扰传输与耦合、敏感设备的数学模型进行分析,这种数学模型一般是一组微分方程或积分方程。要得到预测结果,就需要根据边界条件求解电磁场的麦克斯韦方程问题,即电磁场边值问题。电磁场的边值问题求解归纳起来可分为三大类,分别是解析法、近似法和数值法。

2.4.1 电磁场数学算法分类

1. 解析法

解析法包括建立和求解偏微分方程或积分方程。严格求解偏微分方程的经典方法是分离变量法;严格求解积分方程的方法主要是变换数学法。解析法的优点是可将计算结果表示为已知函数的形式,从而可计算出精确的数值结果。这个精确的解答可以作为近似解和数值解的检验标准。另外,在解析过程中和在解的显式表达式中可以观察到问题的内在联系和各个参数对结果所起的作用。

虽然解析法的优点明显,但解析法存在着严重的缺点。主要是它仅能解决很少量的具有特殊结构的问题。例如,分离变量法是求解二阶线性偏微分方程定解问题的经典方法之一,但它只有在为数不多的特殊情况才能分离变量。而用积分方程法时往往求不出积分结果,致使分析过程既困难又复杂。因此,采用一定近似度的近似法变得十分重要,因为近似法既具有接近解析法的精度,又在求解上相对便利。

2. 近似法

在数理方法中主要的近似法有逐步逼近法、微扰法、变分法和迭代变分法等。近似法是一种非严格意义上的解析法。它所得的结果一般都表示为级数。用这些方法可以求解一些用解析法不能解决的问题。

当散射体电尺寸远远大于波长(大于 5λ),且其表面光滑形状较简单时,方可采用近似方法。这些方法一般都只适用于高频,所以也称高频算法。相对应的，数值算法被称为低频算法。高频算法始终不如低频算法精确。

在电磁理论中的近似法主要包括几何光学法（GO）、几何绕射理论（GTD）、物理光学法（PO）、物理绕射理论（PTD）等，它们的共同特点是认为散射体表面的每一部分基本上是独立地散射而与其他部分无关。相比之下，低频算法还要考虑子散射体之间的相互作用，因此用高频算法研究电磁散射更简单。典型的绕射现象如图 2.5 所示。

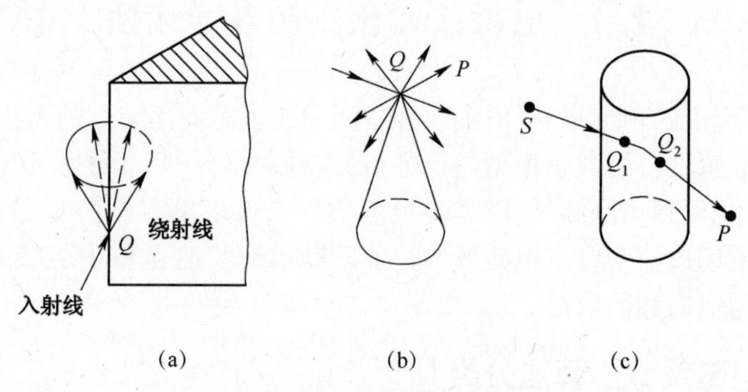

图 2.5　典型绕射现象

几何光学法是一种应用光波通过光媒质传播时的精确射线追踪方法，在方法中考虑了散射、反射和边缘畸变现象和效应。但这种方法有很大的局限性，应用条件是波长趋于零，即散射体尺寸远大于波长时才精确。当具有小曲率的散射体的边缘、拐角、尖端或阴影区变得不可忽视时，这种方法便遇到了极大的困难。另外，该方法的绕射积分通常很复杂，在许多场合很难计算。当散射体形状复杂时，很难求得理想的结果。

几何绕射理论在几何光学法中引进了新的射线，以一些已知的简单几何形状的问题的严格解为基础，由比较典型问题的严格解和几何光学得到的近似解得出一些普遍规律，并找到对近似结果进行修正的基本方法。对一个复杂物体的各个局部分别应用已知的典型问题的解，然后把各个局部对场的贡献叠加起来，从而求得复杂物体的近似高频辐射和散射特性。

由于几何绕射理论物理概念清晰、简单易算，特别是当频率提高时，其计算精度也相应提高，使得其广泛用于求解许多天线的辐射场和许多形状复杂物体的散射场，以及广泛应用于计算各种目标的雷达散射截面积。几何绕射理论也有它的不足，如它的算式不能用于计算散射区的场。另外，如果物体结构复杂，则有待确定的绕射线数量大，确定绕射点和绕射轨迹的难度高。

与几何光学法一样，物理光学方法也是一种局部场方法。但其出发点是 Straton-Chu 方程。在物理光学方法中当物体表面接近理想的平面时，表面感应电流等于表面法向与入射场叉乘的2倍。

同样,物理光学法中散射体也分为照明区和阴影区两部分。在阴影区,表面感应电流假定为零。这一假定显然与物理事实不符。为了弥补物理光学这一不足,尤费赛夫把散射场表示为物理光学贡献和边缘贡献之和,并利用二维尖劈问题的严格解减去物理光学散射解来提取边缘的散射场贡献,这就是物理绕射法,即改进的物理光学法。

3. 数值法

电磁场数值计算方法的出现,使电磁场问题的分析研究,从经典的解析方法进入到离散系统的数值分析方法,从而使许多解析法很难解决的复杂电磁场问题,通过计算机的计算获得很高精度的数值解。数值法的缺点是数据计算量大、受硬件条件限制大。

现代计算机技术的发展为数值方法的发展提供了可靠的保障,并取得了前所未有的突破和大量有实用价值的成果。这种方法的出现,使许多用解析法很难解决的复杂电磁场问题的分析研究,可以通过电磁场的计算机辅助分析获得高精度的离散解,从而使得电磁兼容预测与分析结果更加可靠。

由于计算机所处理的函数只能是离散函数,而无论在微分方程还是积分方程中,微分或积分所作用的函数都是连续函数,因此数值方法中通常用差分代替微分,用有限求和代替积分,将问题转化为求解差分方程或代数方程问题,建立代数方程组并求解相应的代数方程组。

常见的数值算法可分为频域算法和时域算法两类。

1) 频域算法

频域算法主要有矩量法(Method of Moment,MoM)、有限元法(Finite Element Method,FEM)、差分法(Finite Difference Methods,FDM)、边界元法(Boundary Element Method,BEM)、传输线法(Transmission-Line-matrix Method,TLM)、快速多极子法(Fast Multipole Algorithm,FMA)等。

2) 时域算法

时域算法主要有时域有限差分法(Finite-Difference Time-Domain Method,FDTD)、有限积分法(Finite Integration Technology,FIT)、时域平面波算法(Plane-WaveTime-Domain Algorithm,PWTD)等。

理论上说,电磁场数值计算方法可以求解具有任意复杂几何形状、复杂材料的电磁场边值问题。但是,在工程应用中,由于受计算机存储容量、执行时间及解的数值误差等方面的限制,有时电磁场数值法并不是都能完成计算任务。

在电磁兼容问题中涉及的场源、耦合途径及敏感设备,由于它们的结构、媒质的形状分布和性质等各项因素,直接求解麦克斯韦方程是极其困难的。因此,相比之下,在工程电磁场及电磁兼容问题的讨论中,数值分析方法是行之有效的,它不仅是建立电磁干扰数学模型的有效方法,也是电磁兼容预测和分析软件的算法基础。

4. 混合算法

电磁辐射和散射问题的分析方法很多,每种方法都有一定的应用范围和限制,譬如说某些低频方法在解决低频问题的时候精度非常高,但是一旦频率变高就可能算不出结果。而高频算法忽略了散射体中各子散射体间的相互耦合作用,是一种近似方法,当物体的几何结构很复杂且处于谐振区时,高频算法将失效。

由于许多实际情况往往非常复杂,此时只用一种方法来分析问题可能会变得非常的困难,但是假如把两种和几种方法联合起来分析的话,问题会迎刃而解。于是出现了高低频混合方法,用于求解整体电大光滑而局部电小复杂的散射体的电磁散射。例如弹射射线法与有限元混合(SBR/FEM)、矩量法和几何绕射混合(MoM/GTD)等。例如,在解决一个电大尺寸上有精细结构的电磁辐射和散射问题时,精细结构部分是电小尺寸,为了保证精度而采用矩量法,但是矩量法在求解电大尺寸问题时会遇到很大的麻烦,此时可用几何绕射的方法来求解电大尺寸部分,并在矩量法的阻抗矩阵中引入一个由于电大尺寸几何绕射而得到的修正因子。

2.4.2 常用的数值算法简介

1. 矩量法

电磁学中的矩量法是 R. F. Harrington 于 1968 年提出的一种用于严格计算电磁问题的数值方法。矩量法属于积分方程法,由于所用的格林函数直接满足辐射条件,不需要像微分方程法那样必须设置吸收边界条件,加之数值计算的结果精度高,所以在分析复杂目标的散射、导线的辐射、天线上的电流分布、孔缝分析等许多问题中有广泛的应用。

根据线性空间的理论,描述一个物理线性系统的方程(如微分方程、积分方程)都属于希尔伯特空间中的算子方程。矩量法是指将算子方程化为矩阵方程,然后求解该矩阵方程的方法。例如描述物理系统的算子方程为

$$L(f) = g \tag{2.18}$$

式中:L 为算子,它可以是微分方程、差分方程或积分方程;g 为已知函数如激励源;f 为未知函数如等效电流或场。对该方程的求解,我们首先需要选择合适的线性独立的函数 f_n 来近似表示我们的待求函数 f:

$$f \approx \sum_{n=1}^{N} a_n f_n \tag{2.19}$$

其中：f_n 为展开函数，或称为基函数；a_n 为展开式的待求系数；N 为正整数，其大小根据要求的计算精度来确定。将式(2.19)代入式(2.18)得到

$$\sum_{n=1}^{N} a_n L(f_n) = g \tag{2.20}$$

两者的误差为

$$\varepsilon = \sum_{n=1}^{N} a_n L(f_n) - g \tag{2.21}$$

为使误差 ε 最小，在算子的值域内找一组权函数（或称检验函数）$w_m(m = 1,2,3,\cdots,N)$，将式(2.21)的两端与其求内积：

$$\langle w_m, \varepsilon \rangle = \sum_{n=1}^{N} a_n \langle w_m, L(f_n) \rangle - \langle w_m, g \rangle \tag{2.22}$$

若令 $\langle w_m, \varepsilon \rangle = 0$，则意味着 w_m 与 ε 在值域内为正交函数，这样可以使误差达到最小。所以矩量法是一种使误差化最小的方法。此时有

$$\sum_{n=1}^{N} a_n \langle w_m, L(f_n) \rangle - \langle w_m, g \rangle \tag{2.23}$$

式(2.23)可写成矩阵的形式：

$$\boldsymbol{KA} = \boldsymbol{G} \tag{2.24}$$

其中，$K_{mn} = \langle w_m, L(f_n) \rangle$，$A_n = a_n$，$G_m = \langle w_m, g \rangle$。

于是，若 $\boldsymbol{K}$ 可逆，则有

$$\boldsymbol{A} = \boldsymbol{K}^{-1}\boldsymbol{G} \tag{2.25}$$

因此归纳起来，矩量法的求解过程步骤为：

(1) 建立求解问题的算子方程并将未知量展开为由基函数构成的级数；

(2) 选取与基函数内积的检验函数；

(3) 由内积构成矩阵方程；

(4) 解矩阵方程，求得未知量。

在求解算子方程中，基函数和权函数的选择是非常重要的，合理的选择可使结果既准确又节省计算资源。选择基函数时，应尽量应用有关未知函数的先验知识，使所选的基函数尽可能接近未知量的真实解，并满足边界条件，这样计算过程中收敛较快。基函数一般分为两大类，一类是全域基；另一类是子域基。全域基函数和子域基函数都是定义在整个算子定义域内，但是前者是在整个算子域内除有限个点可能为零外在整个域内不为零的基函数，而后者可以理解为分段函数，它只在一个区域内不全为零而在其余区间全为零的基函数。基函数与

权函数有多种组合方式，如伽辽金法、全域基点匹配法、脉冲基点匹配法、分段基点匹配法等。

矩量法求解电磁问题的优点是严格地计算各子散射体间的互耦，并保证了计算误差的系统总体最小而不会产生数值色散问题。但是矩量法同样面临着许多问题：

(1) 因为由矩量法离散获得的矩阵一般为满阵，所以其计算复杂度为 $O(N^2)$，甚至是 $O(N^3)$，当问题的电尺寸变得很大时，计算量将会很大。

(2) 在高频区，由于散射变为局部效应而非集总效应，所以各子散射体间相互作用明显降低。

2. 时域有限差分法

时域有限差分法(FDTD)由 K. S. Yee 于 1966 年提出，FDTD 直接求解依赖时间变量的麦克斯韦旋度方程，利用二阶精度的中心差分近似把旋度方程中的微分算符直接转换为差分形式，这样达到在一定体积内和一段时间上对连续电磁场的数据取样压缩。电场和磁场分量在空间交叉放置，这样保证在介质边界处切向场分量的连续条件自然得到满足。在笛卡儿坐标系中，电场和磁场分量在网格单元中的位置是每一磁场分量由四个电场分量包围着，反之亦然。

如图 2.6 所示，首先将空间按立方体分割，电磁场的 6 个分量在空间的取样点分别放在立方体的边沿和表面中心点上，电场与磁场分量在任何方向始终相差半个网格步长；在时间上，也把电场分量与磁场分量相差半个步长取样；使得利用一阶导数的二阶中心差分近似从麦克斯韦方程获得 FDTD 公式。这种电磁场的空间放置方法符合法拉第定律和安培定律的自然几何结构，因此 FDTD 算法是计算机在数据存储空间中对连续的实际电磁波传播过程在时间进程上进行数字模拟。

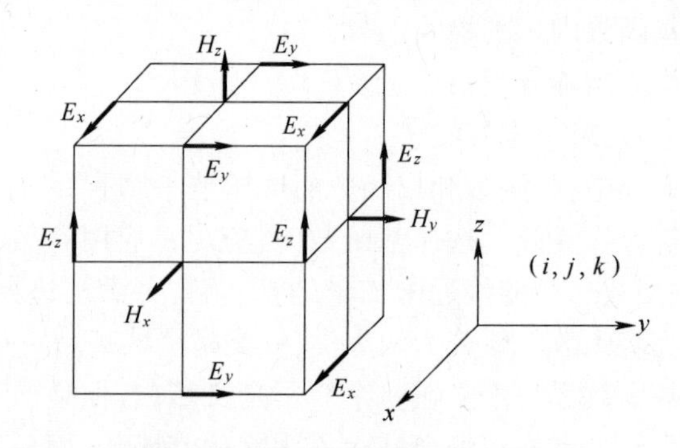

图 2.6 FDTD 离散中的 Yee 元胞

麦克斯韦旋度方程为

$$\begin{cases} \nabla \times H = \dfrac{\partial D}{\partial t} + J \\ \nabla \times E = -\dfrac{\partial B}{\partial t} - J_m \end{cases} \tag{2.26}$$

式中：H 、E 分别为磁场和电场分量；D 为电通量密度；B 为磁通密度；J 为体电流密度；J_m 为磁流密度。

各向同性介质中的本构关系为

$$D = \varepsilon E \text{ , } B = \mu H \text{ , } J = \sigma E \text{ , } J_m = \sigma_m E$$

式中：ε 为介质的介电常数；μ 为磁导系数；σ 为电导率；σ_m 为磁导率。

式(2.26)可以写为

$$\begin{cases} \dfrac{\partial H_z}{\partial y} - \dfrac{\partial H_y}{\partial z} = \varepsilon \dfrac{\partial E_x}{\partial t} + \sigma E_x \\ \dfrac{\partial H_x}{\partial z} - \dfrac{\partial H_z}{\partial x} = \varepsilon \dfrac{\partial E_y}{\partial t} + \sigma E_y \\ \dfrac{\partial H_y}{\partial x} - \dfrac{\partial H_x}{\partial y} = \varepsilon \dfrac{\partial E_z}{\partial t} + \sigma E_z \end{cases} \tag{2.27}$$

以及

$$\begin{cases} \dfrac{\partial E_z}{\partial y} - \dfrac{\partial E_y}{\partial z} = -\mu \dfrac{\partial H_x}{\partial t} - \sigma_m H_x \\ \dfrac{\partial E_x}{\partial z} - \dfrac{\partial E_z}{\partial x} = -\mu \dfrac{\partial H_y}{\partial t} - \sigma_m H_y \\ \dfrac{\partial E_y}{\partial x} - \dfrac{\partial E_x}{\partial y} = -\mu \dfrac{\partial H_z}{\partial t} - \sigma_m H_z \end{cases} \tag{2.28}$$

式中：H_x 、H_y 、H_z 、E_x 、E_y 、E_z 分别为对应方向上的磁场和电场分量。

令 $f(x,y,z,t)$ 代表 E 和 H 在直角坐标中的某一分量，i 、j 、k 、n 分别表示 x 轴、y 轴、z 轴以及 t 时间轴的单位方向向量。在时间和空间中的离散取以下符号表示：

$$f(x,y,z,t) = f(i\Delta x, j\Delta y, k\Delta z, n\Delta t) = f^n(i,j,k) \tag{2.29}$$

对于 $f(x,y,z,t)$ 关于时间、空间的一阶偏导数取中心差分近似，即

$$
\begin{cases}
\left.\dfrac{\partial f(x,y,z,t)}{\partial x}\right|_{x=i\Delta x} \approx \dfrac{f^n(i+\frac{1}{2},i,k)-f^n(i-\frac{1}{2},j,k)}{\Delta x} \\
\left.\dfrac{\partial f(x,y,z,t)}{\partial y}\right|_{y=j\Delta y} \approx \dfrac{f^n(i,j+\frac{1}{2},k)-f^n(i,j-\frac{1}{2},k)}{\Delta y} \\
\left.\dfrac{\partial f(x,y,z,t)}{\partial z}\right|_{z=k\Delta z} \approx \dfrac{f^n(i,j,k+\frac{1}{2})-f^n(i,j,k-\frac{1}{2})}{\Delta z} \\
\left.\dfrac{\partial f(x,y,z,t)}{\partial t}\right|_{t=n\Delta t} \approx \dfrac{f^{n+1/2}(i,j,k)-f^{n-1/2}(i,j,k)}{\Delta t}
\end{cases}
\tag{2.30}
$$

带入式(2.28)和式(2.29)中,经推导整理得到

$$
\begin{aligned}
E_x^{n+1}(i+\frac{1}{2}j,k) = {} & C_A(m)\cdot E_x^n(i+\frac{1}{2}j,k) \\
& + C_B(m)\cdot\left[\frac{H_z^{n+1/2}(i+\frac{1}{2},j+\frac{1}{2},k)-H_z^{n+1/2}(i+\frac{1}{2},j-\frac{1}{2},k)}{\Delta y}\right. \\
& \left. -\frac{H_y^{n+1/2}(i+\frac{1}{2},j,k+\frac{1}{2})-H_y^{n+1/2}(i+\frac{1}{2},j,k-\frac{1}{2})}{\Delta z}\right]
\end{aligned}
\tag{2.31}
$$

式中:系数 $C_A(m)$ 、$C_B(m)$ 均为相应的常数项,分别为

$$
C_A(m)=\frac{\dfrac{\varepsilon(m)}{\Delta t}-\dfrac{\sigma(m)}{2}}{\dfrac{\varepsilon(m)}{\Delta t}+\dfrac{\sigma(m)}{2}}=\frac{1-\dfrac{\sigma(m)\Delta t}{2\varepsilon(m)}}{1+\dfrac{\sigma(m)\Delta t}{2\varepsilon(m)}}
$$

$$
C_B(m)=\frac{1}{\dfrac{\varepsilon(m)}{\Delta t}+\dfrac{\sigma(m)}{2}}=\frac{\dfrac{\Delta t}{\varepsilon(m)}}{1+\dfrac{\sigma(m)\Delta t}{2\varepsilon(m)}}
$$

上述 H_x 、H_y 、H_z 、E_x 、E_y 、E_z 分别为对应方向上的磁场和电场分量。同样地,可以推导出 E_y^{n+1} 、E_z^{n+1} 、H_x^{n+1} 、H_y^{n+1} 、H_z^{n+1} 的表达式。如果知道了初始条件和边界条件,就可以由递推公式得到空间任意复杂结构的电磁场分布。

FDTD 采用吸收边界条件的方法,使得计算可以在有限的空间范围内进行,可以降低程序对计算机硬件的要求。随着 FDTD 方法的迅猛发展,该方法在目标电磁散射、电磁兼容预测、微波电路分析、天线辐射特性计算和生物电磁学等

方面中都得到了广泛的应用。时域有限差分法已成为目前计算电磁学领域最重要的方法之一。

3. 有限元法

有限元方法是近似求解数理边值问题的一种数值技术。该方法的原理是用许多子域来代表整个连续区域,在子域中未知函数用带有未知系数的简单插值函数来表示,因此无限个自由度的原边值问题被转化为有限个自由度的问题。换言之,整个系统的解用有限数目的未知系数近似,然后用里兹变分法或伽辽金方法得到一组代数方程,最后通过求解这组方程得到原边值问题的近似解。其原边值问题可表示为

$$\begin{cases}\Delta \times (\alpha \cdot \Delta \times \phi) + \beta \cdot \phi = f, \text{在 } \Omega \text{ 上} \\ \phi = P, \text{在 } \Gamma_1 \text{ 上} \\ \alpha \cdot \dfrac{\partial \phi}{\partial n} \cdot \hat{n} + \gamma \phi = q, \text{在 } \Gamma_2 \text{ 上}\end{cases} \tag{2.32}$$

式中:α 、β 为材料和位置的函数; Ω 为计算区域;Γ_1 和 Γ_2 为计算边界。通过有限元法求解一般要经过如下步骤:

(1) 给出与待求边值问题相应的泛函及其变分问题。等价于上述边值问题的变分问题可表示为

$$\begin{cases}\delta F(\phi) = 0 \\ \phi = P\end{cases}, \text{在 } \Gamma_1 \text{ 上} \tag{2.33}$$

(2) 剖分场域 Ω,其典型的剖分单元有三角形、角锥、四边形、四面体等,并选出相应的插值函数。在任意单元中有

$$\boldsymbol{\Phi}^e = \sum_{j=1}^{n} N_j^e \boldsymbol{\Phi}_j^e = [N^e]^{\mathrm{T}} [\boldsymbol{\Phi}^e] = [\boldsymbol{\Phi}^e]^{\mathrm{T}} [N^e] \tag{2.34}$$

(3) 将变分问题离散化为一种多元函数的极值问题,得到如下一组代数方程组:

$$\sum_{j=1}^{n} \boldsymbol{K}_{ij} \phi_i = 0 \quad (i, j = 1, 2, \cdots, N) \tag{2.35}$$

式中: $\boldsymbol{K}_{ij}$ 为系数(刚度)矩阵; ϕ_i 为离散点的插值。

(4) 选择合适的代数解法解式(2.35),即可得到待求边值问题的数值解 $\phi_i(i, j = 1, 2, \cdots, N)$ 。

有限元法能对复杂几何形状、复杂非均匀目标灵活方便地进行连续场的离散与网格划分,由于其灵活的场域适应能力,有限元法已被广泛应用于多个领域。对于非均匀目标如非均匀介质体散射、介质涂敷导体的散射、微带线辐射、波导填充非均匀介质等问题,采用有限元法求解更合适。

2.5 电磁兼容预测分析软件简介

现有的电磁兼容预测软件分为两种:一种是以系统兼容性多级预测为中心的软件;另一种是借助电磁数学算法进行部件设计为中心的软件,这种软件往往也兼具一定的系统电磁兼容预测能力。

以系统兼容性多级预测为中心的软件大多依据系统四级预测分析法,是基于"发射-响应对"分析,最后对系统的指标进行评估,均需要确切知道系统中各设备的详细数学模型。但一个武器装备系统往往具有很高的复杂度,不少干扰源的辐射发射产生机理极其复杂,很难用常规的数学模型来模拟。例如,对舰船系统进行电磁兼容预测仿真时,既要兼顾舰载电子设备本身工作模式的复杂性,又要兼顾与其他电子设备的相互影响;既要兼顾舰船复杂电大结构,又要兼顾细节结构;既要兼顾金属结构,又要兼顾介质材料,同时还要考虑海面对电磁波传输产生的影响,因此准确仿真建模的难度很高。大多数情况下,系统法所建立起来的数学模型需要进行简化处理,因此与真实情况相比存在一定差异,导致难以做到足够精确的预测。但这类软件的优势在于数学模型丰富,预测算法流程完备,可对整个系统可以进行较全面的预测分析(尽管不够精确),预测的结果对系统总体方案的设计和评估仍然具有重要的参考价值。这类软件比较著名的有EMC-Analyzer 等。

借助电磁数学算法进行部件设计为中心的软件,比较有名的有 CST、HFSS、FEKO、XFDTD 等,它们运用的核心计算电磁学方法大致可分为精确算法和高频近似方法。这些软件已经成功应用于航天、航空、航海及其他军工产品的设计开发中。

1. EMC-Analyzer

EMC-Analyzer(EMC-A)是白罗斯的系统级电磁兼容设计、分析软件,起源于美国著名的系统级电磁兼容分析软件 IEMCAP 和 SEMCAP,它可用于飞行器和地面射频电子系统的(单平台)系统内电磁兼容分析和预测。

EMC-Analyzer 软件的设计思路直接从电磁兼容三要素(干扰源、耦合路径、接收器)出发,建立较完备的数学模型并进行分析。EMC-Analyzer 在分析时可以考虑多种类型的寄生耦合,包括天线到天线的耦合、场到天线的耦合、天线到线的耦合、线到线的耦合、场到线的耦合、机箱到机箱的耦合、场到机箱的耦合、地回路耦合等。

2. E-MIND

E-MIND 是意大利 IDS 公司的产品,是飞行器系统级电磁兼容设计平台,以飞行器的收发系统总体设计应用为中心,综合考虑天线分析、天线布局、系统级电磁干扰、链路预算、HIRF 等问题。

E-MIND 能完成飞行器上天线布局和优化的分析，支持多种仿真算法(MoM，MLFMA、PO/ITD/PTD，UTD 等)，可以对天线在飞行器上的方向图变形、天线和飞行器周围的场分布、同一飞行器的两个天线系统或单个天线部件之间的隔离度、天线在飞行器上的输入阻抗、飞行器和天线结构上的感应电流等进行计算。

E-MIND 还能满足系统级电磁兼容分析需求，具备考虑收发信机系统指标(功率、频谱、灵敏度、噪声系数等)与环境影响(多径模型、传播模型、相对位置、飞行姿态等)下的多系统干扰和链路预算分析的能力。

3. EMC Studio

EMC Studio 是一款可实现包括载体、线缆线束和互联系统、电子设备、天线、内外电磁环境等实际工程 EMC 问题的精确分析工具。EMC Studio 集成并混合使用矩量法(MoM)、等效源(MAS)、传输线(MTL)、网络分析(SPICE)、物理光学(PO)等多种方法精确分析复杂系统(如车辆、飞行器、船舶、计算机系统等)及其内部设备和线缆的电磁兼容问题，如串扰和耦合、辐射和敏感性、信号完整性以及虚拟基准测试等。从最初的概念决策到子系统的阶段性基准测试，以及后期完整系统的 EMC 仿真验证，EMC Studio 可实现整个系统 EMC 设计流程的完整分析。

EMC Studio 同时也可用于分析天线与复杂平台集成后的 EMI 特性，可实现功能包括新建天线模型、天线仿真分析、利用多种后处理特性进行优化等，以达到天线设计及天线布局的最佳性能。

4. Ship EDF

Ship EDF 是由美国海军和洛克威尔国际公司联合研制的舰船电磁工程设计软件。Ship EDF 的算法有数值算法和高频近似算法，其中数值算法采用的是矩量法(MoM)，高频近似计算方法有几何绕射理论(GTD)、物理光学法(PO)和物理绕射理论(PTD)。

Ship EDF 能对舰船甲板以上空间的电磁特性进行仿真。利用该系统，不仅能进行常规的舰船电磁兼容仿真设计，而且能对一些电磁现象或电磁干扰的机理进行仿真。在其基础上研制开发的多重威胁作战模型(MTEM)可以仿真舰船的对空作战功能。通过作战仿真分析，可对舰上所使用的传感器如雷达、电子战和通信设备等在战时的电磁特性进行评估，量化与作战能力有关的设备的电磁性能指标；同时还可以进行多方案比较，筛出最佳方案，保证舰船在设计阶段就处在良好的电磁兼容水平。

5. ADF

ADF(Antenna Design Framework)集成了从单天线设计仿真、阵列设计仿真，直到天线安装到卫星、飞机、舰船或车辆等载体上的性能验证的完整流程。ADF包含矩量法、物理光学法在内的多种全波、高频和混合电磁方法。ADF 在欧洲许多重大应用项目上得到成功应用,如伽利略卫星、OceanSat 海事卫星、MetOp极轨卫星、GOCE 重力场探测卫星、无人机的天线布局等。

6. HFSS

Ansoft HFSS 软件是适用于射频、无线通信、封装及光电子设计的任意形状三维电磁场仿真的软件。采用的主要算法是有限元法(FEM),主要应用于微波器件(如波导、耦合器、滤波器、隔离器、谐振腔)和微波天线设计中,可获得特征阻抗、传播常数、S 参数及电磁辐射场、天线方向图等参数和结果。HFSS 提供了简洁直观的用户设计界面、精确自适应的场求解器、功能强大的后处理器,能计算各种形状三维无源结构的 S 参数和全波电磁场。

7. CST

CST 是德国的一家公司推出的高频三维电磁场仿真软件,提供三个解算器和四种求解方式。三个解算器是时域解算器、频域解算器和本征模解算器,四种求解方式分别是传输问题的频域解、时域解、模式分析解和谐振问题的本征模解。CST 具体的设计应用范围包括耦合器、滤波器、平面结构电路、联结器、IC封装、各种类型天线、微波元器件、蓝牙技术和电磁兼容等。

8. FEKO

该软件采用的数值算法主要是 MoM、MLFMA、PO、UTD、FEM 以及一些混合算法,可为飞机、舰船、卫星、导弹、车辆等系统提供全波电磁分析手段,包括电磁目标的散射分析、机箱的屏蔽效能分析、天线的设计与分析、多天线布局分析、系统的 EMC/EMI 分析、介质实体的 SAR 计算、微波器件的分析与设计、电缆束的耦合分析等。

9. XFDTD

XFDTD 是基于时域有限差分法(FDTD)的全波三维电磁仿真软件,FDTD是一种可以直接对麦克斯韦方程的微分形式进行离散的时域方法,非常适合解决宽频瞬态问题,如雷电脉冲、HIRF 等。XFDTD 还可以解决各类材料问题、复杂精细结构和电大尺寸的天线及阵列设计、天线布局等问题。由于 FDTD 方法本身的计算复杂度低,所需内存和计算时间与未知量成正比,仿真复杂精细结构效率高,所以 XFDTD 软件广泛应用于天线及阵列、天线罩、天线布局、散射、电磁兼容、生物电磁、微波器件、特殊材料、光子晶体等领域。

第3章　系统级电磁兼容设计

3.1 概　　述

电磁兼容设计也被当作非功能性设计，是指它一般不做主动设计，而辅以电性能设计和其他设计。电磁兼容设计一定要与功能性设计同步进行，因为它直接影响着系统的安全性、可靠性、系统精度、界面参数和环境控制等性能指标。在武器装备的总体设计阶段，如果缺失了电磁兼容设计，整个武器装备将可能出现“单项功能越来越强，整体功能越来越弱”的现象。

还应当指出，由于电磁兼容是抗电磁干扰的扩展与延伸，它研究的重点是系统或设备的非预期效果和非工作性能、非预期发射和非预期响应，而在分析干扰的叠加和出现概率时，还应按照最不利的情况考虑，即所谓“最不利原则”，这些都要比研究系统或设备的工作性能复杂得多。

对于一个具体的武器装备工程来说，进行系统电磁兼容设计应从以下几个方面来考虑，会收到较好的效果：

(1) 系统级电磁兼容设计应确保全寿命期内的整体兼容性，考虑所有运行阶段可能遇到的最坏电磁环境，立足于全寿命期兼容来选择材料、元器件、设备、结构和工艺，确定布局和布线规范等。

(2) 系统级电磁兼容指标同功能性指标统一考虑，把系统电磁兼容性要求分解到子系统和设备中去，以系统整体性能和兼容性能为设计目标，不片面追求单台设备性能最优，以防止过设计和欠设计。

(3) 系统电磁兼容性设计与系统功能性设计同时进行。一般从方案论证阶段开始，贯穿到工程研制、定型、生产等阶段，各个阶段的电磁兼容设计内容应作为功能性设计评审内容的一部分。

(4) 从工程实际出发，在设计时还要考虑效费比，同时把安全性、可靠性作为设计的基本出发点。要综合系统的功能性、兼容性、研制周期和使用状况，选择合理的兼容性安全裕度，并不是安全裕度越大越好。

由于大多数武器装备的平台壳体是一个金属屏蔽体，因此以壳体为界，自然地将系统划分为壳外和壳内两种电磁环境。对于舰船，壳就是船甲板和外板组成的容器体，对于飞机，壳就是蒙皮，对于航天器，壳就是最外层舱体。在此为方便叙述起见，将平台壳体内、外统一称呼为“舱内”和“舱外”。舱体内、外的电磁兼容设计，分别对应两种不同的设计分析思路，舱外设备之间的干扰形式是以电磁波传播为主，而舱内的干扰分析原理则与设备级的设计分析方法相同，干扰形式为传导和辐射两种干扰类型。

3.1.1 系统电磁兼容设计流程

一个系统进行系统级电磁兼容设计时，可从顶层开始，由上到下地进行指标分配和功能分块设计（类似于计算机科学中的“自顶向下、逐步求精”的结构化程序设计思想），即根据有关的标准，如国军标、美军标和行业标准等，把整个系统的电磁兼容性指标分配到各功能块上，细化成系统级、子系统级、设备级和元器件级的指标。然后，设计人员按照要实现的功能和电磁兼容性指标进行设计。

具体来说，对于一个比较复杂的完整系统，可按下列步骤进行设计。

（1）分析并确定任务的电磁环境，预计系统完成全部功能所处的最严重最恶劣的电磁环境，包括系统受电磁干扰的最高场强，可能遇到的敌、我、友的射频信号以及自然环境产生的干挠信号（雷电、静电等），确定系统环境适应性的要求。电磁环境数据是电磁兼容设计的依据之一。例如，图 3.1、图 3.2 所示为航空母舰甲板上的电磁环境。

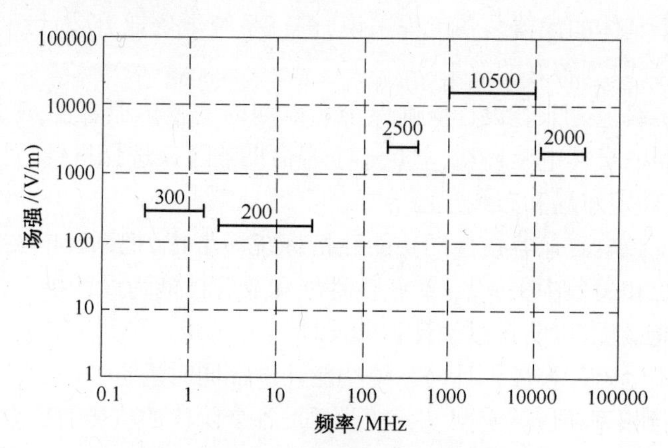

图 3.1 航空母舰甲板环境复合场要求

（2）根据实际电磁环境，编制系统电磁环境要求。

（3）选用现行有效的标准或经剪裁的标准。

（4）编制电磁兼容实施大纲。

（5）对系统内各子系统和设备进行分析、比较，包括工作频率、工作状态、干

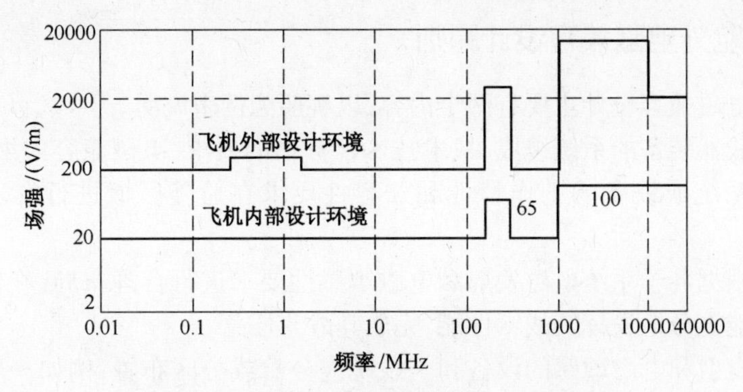

图 3.2　舰载机系统电磁环境适应性要求

扰或敏感特性、设备分类、接口等。各子系统和设备应符合电磁兼容标准要求。

（6）对系统、子系统和设备的工作频率、频谱特性进行电磁兼容分析，作出系统内各设备或关键设备的工作频谱图，分析它们的相关影响，预测分析设备的干扰和敏感特性，选择并调整频率和频谱，尽可能不产生预期的电磁干扰和敏感。

（7）保证系统完成规定功能的前提下，确定子系统和设备的性能降级准则。

（8）确定系统内关键子系统或关键设备的电磁干扰安全裕度。

（9）制定通用设计要求，包括电路设计、结构设计、工艺设计、搭接、屏蔽、接地、滤波、布线和设备子系统的总体布局设计，以及系统的电气接口和总线接口设计。

必要时，进行防雷电、防静电、防核电磁脉冲的电磁兼容设计。

对于特殊设备、特殊部位和结构，提出特殊的设计要求。例如，对人员的危害（RADHAZ），对武器的危害（HERO），密码安全（TEMPEST），以及军事信息系统（C4KISR）的特殊要求。

（10）统计、分析与预测。统计系统内所有相关设备的电磁参数和安装特性，特别是干扰源和敏感设备。分析和计算耦合（传输）函数，做出系统间电磁干扰矩阵表。对系统内各子系统和设备之间进行电磁干扰分析和预测，在不同工作状态、工作频率、几何位置，不同组合情况下，设备可能产生的电磁干扰和敏感的严重程度、响应范围。研究电磁干扰和敏感的原因。

（11）调整系统。做出分析或实测后，按以下一种或几种办法进行更改，达到系统电磁兼容。当无法更改时，或成本花费很不经济时，可采用时间分割、适时闭锁等回避措施。注意要对牺牲的战术技术指标要求、效能等进行权衡。调整的方法包括调整工作状态、调整技术状态、调整防护设计、更改技术规范、调整总体布局、改变电磁环境等。

3.1.2 舱外电磁兼容设计原则

舱外电磁兼容设计主要有两个内容,以舰船为例来说明。

根据武器装备的系统组成、战术技术任务书的要求、电磁兼容大纲的要求,以及各子系统或设备的工作特性和兼容性要求在舱外区域进行合理的总体布局。

(1) 根据各子系统电磁发射和电磁敏感性要求进行合理布局,确保各子系统和设备能充分地发挥其战术性能,完成其战斗任务。

电磁发射和电磁敏感的设备和子系统应分舱或分区布置,例如一般是将发射天线布置在发射区域,接收天线布置在弱场区域。

(2) 总体布局中,要考虑系统内各子系统之间的界面设计,确保子系统间能兼容工作。

(3) 尽量减少在露天强场区内布置电气、电子设备和子系统。不得不布置时,应根据电气、电子设备和子系统的电磁特性,按环境兼容的要求提出特殊控制措施。

(4) 军械、燃油口、人员岗位、露天设备等布置设计,应确保无强辐射危害。

(5) 减少散射干扰设计。舰船舱外的上层建筑结构复杂,会以各种可能的方式产生阻挡、反射、散射、绕射电磁波而成为二次辐射源,有时以互调干扰的形式产生新的电磁产物。要优化简化舰船上层建筑设计,并减少处于辐射场中的金属构件数,尽量用非金属材料代替金属构件。

总体布局过程中,重点对全系统的天线布局性能、各子系统和设备的电磁特性进行分析。

(1) 舰船所遇到的电磁干扰信号虽然往往由安装在舱内的发射机产生,但却是通过舱外的天线进行电磁波辐射,造成天线之间的干扰。因此需要分析干扰源的工作方式、工作频率、发射功率、天线增益、辐射方向图、谐波发射、杂波发射等特性参数。

(2) 对电磁敏感设备主要分析敏感设备的工作方式、工作频率、接收灵敏度、接收带宽、带外接收抑制度、杂散、互调、谐波响应、接收方向图、抗阻塞指标等特性参数。

(3) 进行系统电磁兼容详细预测分析,根据干扰的特性再进行每个子系统/设备的电磁兼容指标调整,如果有无法同时兼容的问题,则采取频域、空域、能量域、时域的技术控制手段,进行避让。

武器装备研制过程中,还要进行系统集成和系统电磁兼容试验,在试验中发现问题并解决,经过多次迭代,最终实现实际系统的电磁兼容。

3.1.3 舱内电磁兼容设计原则

由于系统舱内的设备和线缆众多,耦合途径极为复杂,产生的电磁干扰一般不具备完全准确的频率对应关系,而呈现出宽带/随机干扰特性,因此舱内的耦合路径更多更复杂,规律性也不如舱外的电磁干扰那样那么明显,进行电磁干扰预测分析的难度很大。因此一般情况下武器装备的舱内电磁兼容设计是“以规范法为主,预测仿真为辅”,即首先依照国军标、航标、船标等相关规范和标准进行舱内的设备布局、线缆布线等总体设计,以此来尽量降低电磁干扰出现的概率,并在系统级联试的过程中,对暴露出来的干扰,再回过头来进行详细的机理分析并解决。

例如,美军航空母舰在建造时就按照设计规范要求进行合理的设备布局、线缆走线设计,以保证发电机、电动机、变压器之类的强电设备基本不会干扰弱电设备(主要是指电子设备)的工作。

系统舱内的电磁兼容设计规范,主要包括如下:

(1) 设备布局规范:舱内有多种电气电子设备,将它们按工作的频率范围、功率高低分为若干类,规定同类、不同类设备摆放的相对位置。

(2) 线缆布线规范:武器装备内部电线电缆种类多、数量大,所载电信号强度、频段差别悬殊,为了减少线缆相互耦合带来的电磁干扰,也将线缆分类,分别规定同类线缆和不同类线缆间的走线间距、交叉方式、屏蔽措施等内容;同时规定允许的电磁能量泄漏和各种线缆接头的内部结构。

(3) 接地规范:规定系统内部接地网络总要求,包括不同工作频段、不同工作电平、不同工作电流的设备的接地方式和要求,各种线缆的接地方式和要求,屏蔽体的接地方式和要求。

(4)搭接规范:搭接使整个武器装备所有金属结构成为电气上的整体,为电流流动安排一个均匀的结构面,避免在相互连接的两金属间形成可产生电磁干扰的电位差,这对控制设备表面的射频电流、为故障电流和各种放电电流提供通路等很重要,主要规定有搭接电阻、金属结构任意两点电阻、搭接方式、搭接条材料和尺寸等方面内容。

(5) 屏蔽规范:包括各种材料的屏蔽效果的计算公式和图表,规定需要采用屏蔽措施的场合、选用的屏蔽材料、所采用措施的种类、对屏蔽效果的要求等。

(6) 滤波规范:包括各种滤波器效果的计算公式和图表,规定需要采用滤波措施的场合、选用的滤波器类型、对滤波效果的要求等。

这些标准规范所起的作用,仍然是贯彻了电磁兼容三要素,即限制或消除干扰源、减弱耦合或切断干扰耦合途径、增强敏感源的抗干扰能力。

在按照规范设计的过程中,对武器装备舱内某些可能出现电磁干扰的重点部位,同样可采用仿真模拟的方法进行预测评估。

在控制和抑制由武器装备产生的电磁干扰时,通常采用干扰控制三法宝——接地、屏蔽和滤波。其中接地为三者之首,且后两者也与接地相关。由于本书的第5章“系统电磁防护设计”已经叙述了系统舱内的屏蔽、滤波等问题,因此本章主要叙述系统舱内设备的线缆布线、接地网络设计等问题。

3.2 系统电磁环境分析

电磁环境是提出和确定系统电磁兼容要求的主要依据之一。

为了确保系统在预定的电磁环境下完成一定的功能而不受电磁环境的危害,必须对系统在全寿命期内的电磁环境进行调查、分析、研究,确定系统在各个阶段、不同地方可能遇到的具有代表性的最严酷的电磁环境,同时还要预计随着技术的不断发展,可能产生的和潜在的电磁能量。

电磁环境分析主要为武器装备论证、设计、研制、定型、使用提供客观、直观化、结论性的数据。

3.2.1 电磁环境分析内容

对于武器装备来说,电磁环境是指一定的战场空间内对作战有影响的电磁活动和现象的总和。电磁环境主要由人为电磁辐射、自然电磁辐射和辐射传播因素组成。三种组成要素直接决定着电磁环境的形态,其中人为电磁辐射是电磁环境的主体。

在非实战工作条件下,武器装备的电磁环境主要取决于自身和友邻的发射;在实战工作条件下,敌方的发射机将成为主要的外来干扰。因此,武器装备生存和工作的电磁环境是依赖于周围使用环境的。图3.3所示为这些干扰频谱的简单比较。

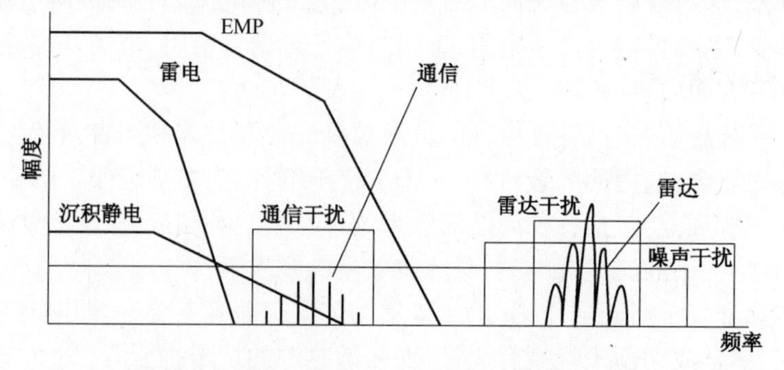

图3.3 电磁环境中各种干扰频谱的简单比较

从图 3.3 可以看出,电磁脉冲由于波形上升沿很陡峭,所以频谱占用要宽于雷电。沉积静电的放电幅度远小于雷电和电磁脉冲,但它已经进入通信频段。无论是作为干扰手段还是作为通信工具,超宽带电磁脉冲都会对雷达造成干扰。占用频带最宽的白噪声干扰对各种接收机都存在干扰,但它的幅度最低,需要在接收机设计时结合灵敏度考虑。作为电子战使用的通信干扰和雷达干扰,必然和武器装备的通信系统和雷达系统的频段重叠,设计时需要协调考虑。

消除电磁环境的有害影响除了从设计上考虑外,还可通过相应的安装和操作使用限制,对武器装备和人员生存、工作的电磁环境进行控制。

下面以飞机为例来说明武器装备电磁环境分析的具体内容。

飞机立项论证首先要做的就是提出飞机整机的战术技术指标。飞机在论证过程中,需要开展完整的飞机使用需求分析,这些分析中包含飞机使用全过程的电磁环境分析。电磁环境分析通常包括以下几个方面。

(1) 飞机作战过程中面临的敌方电子战装备的电磁威胁分析。

(2) 飞机使用过程中敌、我双方各种探测和火控雷达对飞机的威胁。

(3) 飞机本机和其他飞机联合作战过程中,其他飞机的电磁辐射对于本机的威胁分析。

(4) 飞机飞行和起飞着陆过程中,各种地面台站(包括雷达、导航、空中管制、敌我识别等)对于飞机的影响。

(5) 飞行中自然环境对于飞机的威胁,包括雷电、静电、HIRF 等。

(6) 飞机和武器装备维护使用过程中的电磁环境,包括飞机可能遇到的所有军用和民用辐射,包括含有电引爆器件的所有武器、发射装置、机构等在储存、运输和维护的过程中所能遇到的各种电磁环境,如手机和移动电台的辐射等。

(7) 本机的电磁辐射在机体周围形成的电磁环境。

通过论证分析,得出飞机使用时的电磁环境数据。飞机需要适应的电磁环境要求覆盖整个电磁频谱,要明确给出最低适应场强要求以及对应的调制特性。这种数据可以是总的一个指标,或者是不同使用条件或阶段下的指标。

3.2.2 电磁环境分析指标

电磁环境定量分析需要描述和反映的参量指标很多,在相关技术文献中提到的有关电磁环境的参量指标有环境噪声电平、频段占用度、时间占用度、空间覆盖率、功率通量密度、信号场强、信号类型、频谱密度、干扰场强、脉冲流密度、信号密度等。这些参量指标从不同的角度反映电磁环境情况,对它们进行分门别类如下:

(1) 能量域指标:环境噪声电平、功率通量密度、信号场强、干扰场强属于电磁环境能量域的指标,它们都反映了电磁环境中电磁波能量的高低。

(2) 频域指标:频段占用度、频谱密度则属于电磁环境频率域的指标,反映了电磁环境中频率资源使用的情况。

(3) 时域指标:占用度、脉冲流密度属于电磁环境时域的指标,反映了电磁环境中频率、信道使用繁忙的情况。

(4) 空域指标:空间覆盖率属于电磁环境空域的指标,反映了一定的电磁波信号在空间上的影响范围。

以上部分电磁环境参量指标间存在不同程度的重叠、包含关系,使得电磁环境分析模型在应用上存在着某种重叠甚至冲突。

电磁环境的指标体系应当能够有效反映电磁环境的本质特征及其综合情况,应该能够比较科学合理地描述、概括电磁环境的复杂性。电磁环境定量分析体系结构如图 3.4 所示,其中物理属性描述电磁环境的自然属性,工程属性是使用统计学方法评估电磁环境复杂度,应用属性描述的是电磁环境对作用对象或行动的影响程度。

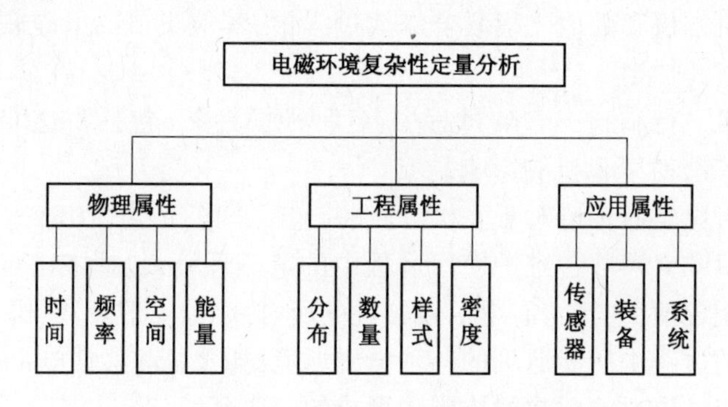

图 3.4 电磁环境复杂性定量分析体系结构

3.2.3 电磁环境预测阶段

对于研制周期非常长的大型复杂系统来说,做若干次电磁环境预测是必要的。因为电磁环境具有易变性和发展性。图 3.5 表示的是某战斗机在服役过程中,随着周边民用环境的环境噪声逐年提高,战斗机的超短波电台从原先不受电磁干扰到面临电磁干扰的过程。

因此在武器装备的研制和生产周期内,一般要求进行至少三次电磁辐射环境预测分析,分别称为Ⅰ~Ⅲ类电磁环境预测。要求预测的实际次数取决于所研制系统的复杂性和研制生产周期的持续时间。有些装备,还额外要考虑长期服役使用中的电磁环境变化趋势,另增加一次预测。

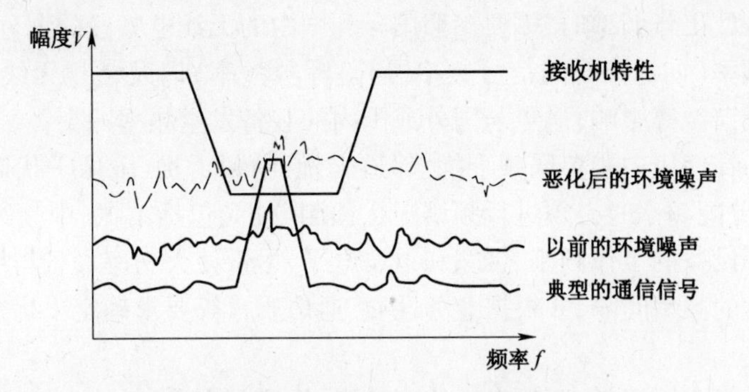

图 3.5　环境噪声提高对电台影响示意图

1. 第一次电磁辐射环境预测(Ⅰ类)

第一次电磁辐射环境预测用于工程项目的初期。其用途是确定满足系统任务要求所必需的作战能力。本预测在进行可行性分析,对别的替代方法和方案进行权衡研究,以及确定风险时使用。

为了保证提出的方案与作战时的电磁辐射环境相容,在工程项目论证初期确定电磁辐射环境就变得更加重要。项目负责人和电磁兼容技术组应利用这个最初的电磁辐射环境,预测制定抗电磁辐射干扰性工作计划和试验与评估总计划所需的预算、进度和资源方面的要求。

2. 第二次电磁辐射环境预测(Ⅱ类)

第二次电磁辐射环境预测用于方案准备阶段。本预测应用来制定抗电磁辐射干扰性要求,也可用于剪裁合同引用的电磁兼容标准(如 GJB1389A 和 GJB151B)的极限值,还可用来制定抗电磁辐射干扰性指标,作为抗电磁辐射干扰性控制计划和试验计划的基础。

3. 第三次电磁辐射环境预测(Ⅲ类)

第三次电磁辐射环境预测用于系统敏感性/易损性鉴定期间,系统试验机构应利用本预测做为进行系统敏感性测试的依据。也可利用本预测在易损性分析中作为威胁的定义。

3.3　系统频谱设计

3.3.1　系统的频率指配

系统的频率指配是系统总体设计中的核心内容之一。频率指配是指对系统中各射频设备/子系统指定具体的工作频率。在进行频率指配时,除了必须按有关无线电管理文件在规定的频段内进行指配外,还应注意以下问题:

（1）分配工作频率时，需要参照国际和国内的无线电频段的划分规定，避开有关保护频率（如标准时间信号频率、遇险呼救频率）以及常规无线电广播、电视等频率及谐波等影响，避免与国外或国内的装备发生频率冲突；

（2）为在使用中避免同频干扰、邻道干扰、中频干扰、镜像干扰以及互调干扰，在系统分配频率时必须进行频谱干扰预测分析（包括本振、中频等频率），合理安排不同设备的工作频率、带宽和谐波电平，尽量使大功率设备与敏感设备之间具有较大的频率间隔，并根据业务性质、通信质量等要求确定干扰余量及保护比等指标；

（3）除频率因素外，还须考虑使用环境、作用距离、发射功率、谐波与杂波电平、占有带宽等因素。

频率指配时，必须通过理论计算对系统频谱进行兼容性评估分析。这部分工作应放在系统研制的方案设计阶段和工程研制阶段。系统频谱兼容性分析应分为两步进行：首先找出在频率上可能发生干扰的发射机-接收机干扰对（干扰源与干扰对象）；然后对其进行干扰程度分析，预估干扰信号的强度是否高于接收机灵敏度，并结合武器装备的电磁兼容试验予以验证。综合两步的结果给出最终分析结论。

3.3.2 频率干扰类型

武器装备上的频率干扰主要来自于自身平台上的各设备间的干扰。由于武器装备上安装了大量的射频设备，各设备的天线间距很近，发射机和邻近接收机的收发电平相差很大，而收发天线间的隔离度有限，即使收、发频率不同，但仍可能在接收机输入端产生很强的耦合干扰电压，这种干扰又被称为共址干扰。

研究频率干扰首先需要弄清楚无线电发射机的频谱。根据 ITU 的定义，无线电发射机的带外域和杂散域如图 3.6 所示。杂散域距中心频率的间隔为必要带宽的 250%。带外域位于必要带宽与杂散域之间。

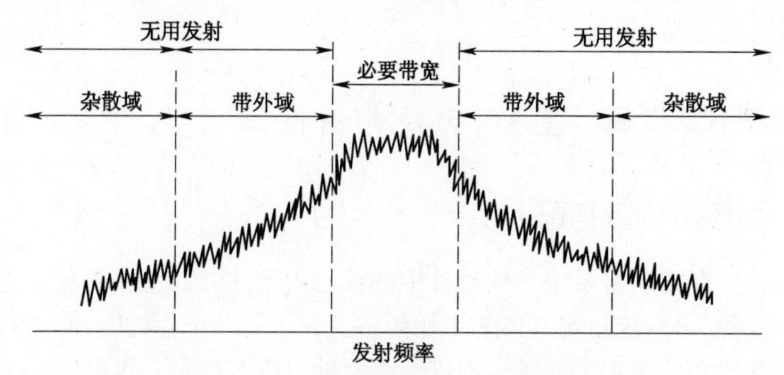

图 3.6 无线电发射机的发射频谱

武器装备上主要的频率干扰类型有同频干扰、邻道干扰、谐波干扰、杂散干扰、噪声干扰、互调干扰等。

1. 同频干扰

同频干扰是指来自于载波频率相同或相近的无线电系统的干扰，并以同样的传输路径进入接收机中频通带。例如卫星上两台频段有部分重叠的发射设备，虽然各自天线指向不同，但天线的副瓣泄漏可能引发同频干扰。同频干扰信号可以和有用信号一起同样被放大、检波，当两个信号出现载频差时，会产生差拍干扰；当两个信号的调制度不同且差异较大时，会产生失真干扰。同频干扰信号越大，接收机的输出信噪比就越小。

能构成同频道干扰的频率范围为$f_0 \pm BW/2$，其中f_0为载波频率，BW为接收机的中频带宽。

2. 邻道干扰

在邻频道工作的无线电发射机的边带频谱落入本机接收机通带内造成的干扰，称为邻道干扰。图3.7表示出邻道干扰的示意图。图中，邻道信号频谱有一部分与本机接收机的通带曲线重叠。

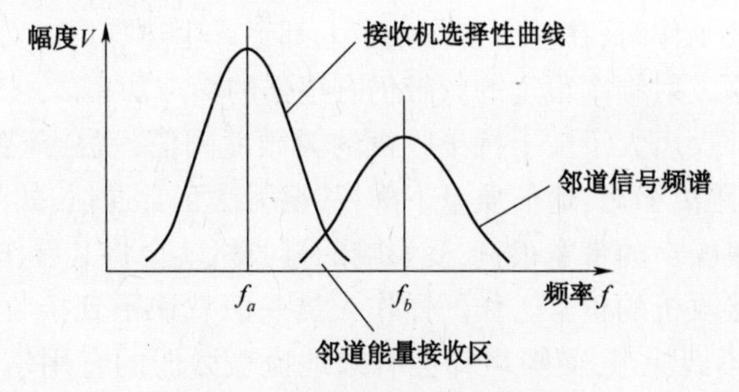

图3.7　邻道信号产生的干扰

在模拟移动通信系统，为了减少邻道干扰，规定当发射信号的频率间隔为20~30kHz时，接收机对邻道的选择性应高于70dB。

当进入接收机射频前端的邻道干扰信号过强时，会迫使接收机前端进入非线性区，造成前端放大器的有效增益下降，从而降低了对较弱的有用信号的接收灵敏度，这种现象称为减敏（降敏）。如果接收机前端进入深度饱和状态，就会对较弱的有用信号失去放大能力，这种现象称为阻塞现象。

对于发射机来说，若频率稳度太差或调制度过大造成发射频谱过宽，就可形成对其他电台的邻频干扰。若不严格控制影响发射机带宽的因素，就很容易产生不必要的带外辐射。对于收信机来说，当中频滤波器选择性不良时，也容易受到干扰。

一般邻道干扰发生在收发双方的频率相近且物理距离较近的时侯(如共址),因为二者相距越近,路径传播损耗越小,邻道干扰越大。

3. 杂散干扰

由于发射机中的功放、混频、频率振荡器、倍频器、调制器等器件的工作特性非理想,发射机的有效频带之外(不包括带外辐射规定的频段)会输出呈很宽频率范围分布的辐射信号分量,包括电子热运动产生的热噪声、各种分谐波和谐波分量、寄生辐射、频率转换产物以及发射机互调等,该部分信号统归为杂散辐射(spurious emission),由此引起的接收机响应称为杂散响应。也有文献称其为乱真发射,引起的接收机响应称为乱真响应。

1) 谐波干扰

当发信设备以频率 f_0 发射信号时,由于非线性作用的影响,还会同时向外界发出频率为 $2f_0$、$3f_0$、$4f_0$ 等与基波频率 f_0 呈倍数关系的谐波信号。一般来说,谐波信号的功率电平按阶数依次减小,大约按基波信号功率电平 10~20dB 的数值衰减。

2) 热噪声干扰

发射机功放工作时,在整个工作频带上都会产生热噪声。对于宽带、大功率发射机有时在距发射频率很远的频带仍有很强的噪声功率。

发射机底部噪声大于被干扰接收机的灵敏度阈值,就会掩盖微弱的有用信号,使有效通信距离缩短,通信质量下降,甚至无法正常通信,如图 3.8 所示。

由于发射机噪声的带宽很宽,受影响的接收机就会将其看作是信道内信号,这时就会干扰接收机的正常工作。操作人员一般意识不到接收机受到了干扰。操作人员“听”不到噪声,而噪声却会有效地掩盖微弱的有用信号,接收机的灵敏度将大大降低。

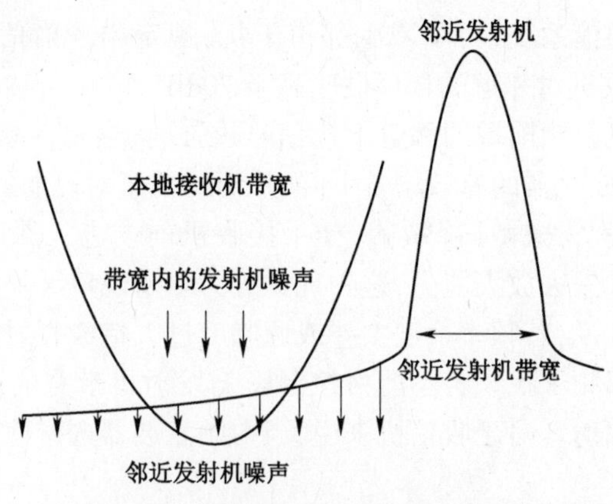

图 3.8　宽带噪声造成接收机减敏

这种宽带噪声无法在被干扰的接收机前端进行滤除,只能在产生宽带噪声的发射机端进行滤波。

4. 互调干扰

互调干扰是指两个或多个信号作用在一个非线性器件上,产生与有用信号频率相近的频率,落入接收机通带内从而造成干扰的现象。

互调和谐波是对收、发信机影响最大的两种非线性干扰形式。

此外还有一种与互调产生机理相似的干扰叫交调(交叉调制)干扰。交调通常是由临近频道产生的,非希望信号渗入接收机前端,通过非线性作用,调制最后一级射频放大器的增益。由于有用信号也受此增益变化的影响,于是干扰信号的基带信息对有用信号就进行了调制。交调要求干扰源具有幅度变化,即调幅。不是通过调幅来传输信息的接收机不受非线性交调的影响。

根据互调干扰产生的位置不同,可分为发射机互调、接收机互调和无源互调三种。

1) 发射机互调干扰

发射互调是由于两个发射机的发射天线距离较近(几米到几十米),频率也相近,一台发射机的功率通过天线耦合到另一台发射机的功放级内产生相互调制(互调频率 $f = mf_1 \pm nf_2$),然后再发射出去。

受干扰的接收机输入级具有调谐回路,即具有选择性,对偶数阶互调干扰信号具有很大抑制,因此一般在实际中,主要考虑奇数阶互调,尤其是三阶互调,如图 3.9 所示。

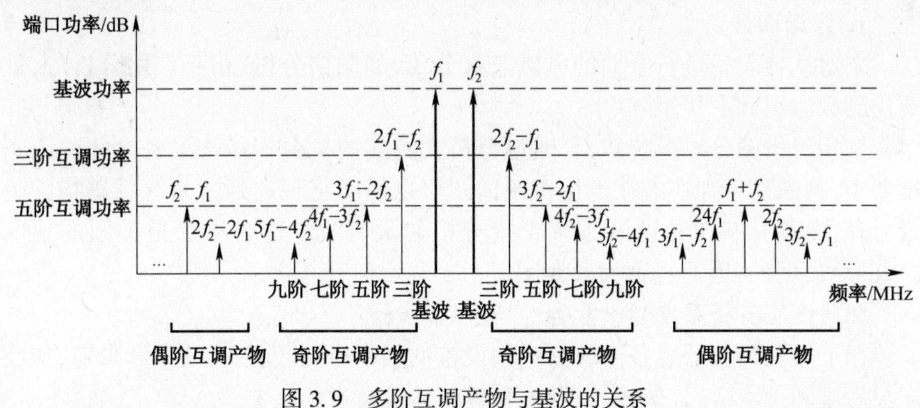

图 3.9　多阶互调产物与基波的关系

常见的三阶发射互调分两种:三阶一型发射互调($f_0 = 2f_1 - f_2$)和三阶二型发射互调($f_0 = f_1 + f_2 - f_3$)。

当多台发射机同时工作,互调产物的数量伴随着参与互调作用的信号的增多而迅速增加。例如三台发射机同时工作时,其产生的二阶、三阶和四阶互调信号分别为 9 个、19 个和 27 个；而 7 台发射机同时工作时，其产生的二阶、三阶和四阶互调信号将分别达到 49 个、231 个和 791 个。图 3.10 为互调产物数与通信路数的关系。

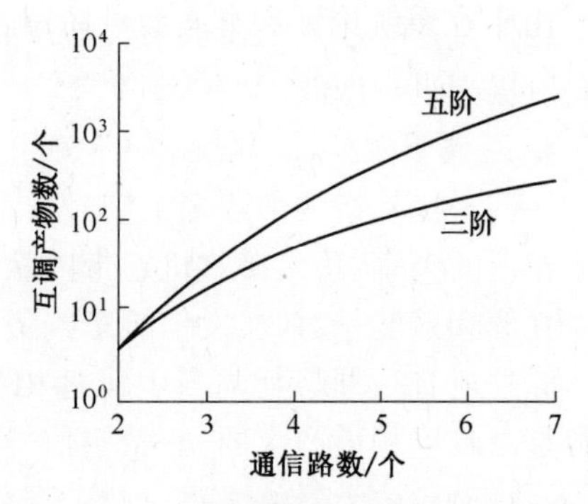

图 3.10　互调产物数与通信路数的关系

2）接收机互调

接收机互调是当两个或多个信号同时进入接收机时，在接收机前端输入级混频电路中产生互调频率（$f = mf_1 \pm nf_2$），互调频率落入接收机中频带内造成干扰。

与发射互调类似，常见的接收互调是三阶一型接收互调（$f_0 = 2f_1 - f_2$）和三阶二型接收互调（$f_0 = f_1 + f_2 - f_3$）。

3）无源互调

当两个或多个强信号通过天馈系统中受腐蚀或者氧化的金属连接器，或者遇到武器装备上松动的铆钉或螺丝等金属连接处，就可能产生互调。

无源互调产生的机理非常复杂，在此不做详述。感兴趣的读者可查阅相关文献。

3.3.3　频谱干扰分析方法

1. 频谱图分析

要对武器装备进行全面的电磁兼容分析，如频谱分析、相互作用分析等，就要用到频谱图和干扰矩阵。

利用频谱图分析系统频谱，通过分析在特定的发射和接收设备之间的隔离度要求，判断是否存在潜在干扰。频谱图可以简明直观地判断系统频谱指配是否合理，尤其对基波和谐波频率干扰分析非常有效。这个方法是美国的狄龙（Dillon）发明的，因此也称为狄龙图。

频谱图法分析系统频谱兼容性，有以下步骤：

（1）要获得武器装备内所有射频设备的频率指配、发射机功率和带宽、接收机灵敏度和带宽、带外谐波、杂散电平等具体参数指标；

（2）将系统全部射频设备的频率信息包括基频、谐波等画在频谱图上；

（3）结合频谱图和天线耦合度进行比较，对整个系统射频设备所需的隔离度和潜在电磁辐射干扰进行全面分析，找出同频干扰、邻道干扰、谐波干扰、带外杂散干扰等干扰对。

由于在系统论证和方案设计阶段,不少设备的原理样机还未研制成功,而谐波、杂散干扰等均需要在试验环境下获得测试数据,为了在系统层面全面分析频谱干扰,部分射频设备的参数如谐波、杂散等可参照之前同类设备的测试结果,如无同类参考设备,则可根据统计数据进行估算(见第2章表2.2)。

互调、交调等干扰则需要其他分析工具并结合试验来完成,这些无法在频谱图中完成。

同样的,频谱图法也可以对处在复杂电磁环境中的武器装备进行分析。对来自外界远距离的自然或人为电磁干扰,可以借助电磁波在自由空间的传输损耗公式(Friis公式)来估算干扰强度。

以对某型客机进行系统频谱分析为例。某客机的主要电子设备与天线配置见表3.1,客机的天线布局可参照图1.1波音767的全机天线布局。从表3.1可以看出,某客机的射频设备众多、工作频段覆盖宽,其中VHF和L频段的发射和接收设备较多,是重点分析频段。

表3.1　某客机的主要电子设备与天线配置表

系统	设备编号	名称	工作频率/MHz	发射功率/dBm	接收灵敏度/dBm	天线数目/副
通信系统	1	HF电台	2~30	53(峰值)	-107	2
	2	VHF电台	108~136	40	-101	2
导航系统	3	雷达高度表	4300	30	-78/-127	4
	4	DME测距机	1025~1150	57	-78	2
	5	指点信标机	74.75~75.25	无	-47/-61	1
	6	下滑	329~335	无	-83.5	1
	7	伏尔/航向	108~118	无	-91	共用1
	8	ATC航管系统	1030(收) 1090(发)	51(峰值)	-90	2
	9	无线电罗盘	0.1~1.8	无	-97.5	2
	10	GPS导航接收	1565~1586(L1) 1217~1238(L2)	无	-130	2
探测系统	11	气象雷达	9345±30	70	-90	1

绘制好的频谱图如图3.11所示。图中1_T、1_{2T}、1_{3T}表示设备编号为1的HF电台的基波、二次谐波、三次谐波的发射电平,1_R表示HF电台的接收机灵敏度;$2_{T/2}$、$2_{T/3}$表示设备编号为2的VHF电台的二次分谐波、三次分谐波的发射电平;其他依次类推。

图中,频率较高的雷达高度表和气象雷达,以及频率较低的无线电罗盘未画出。

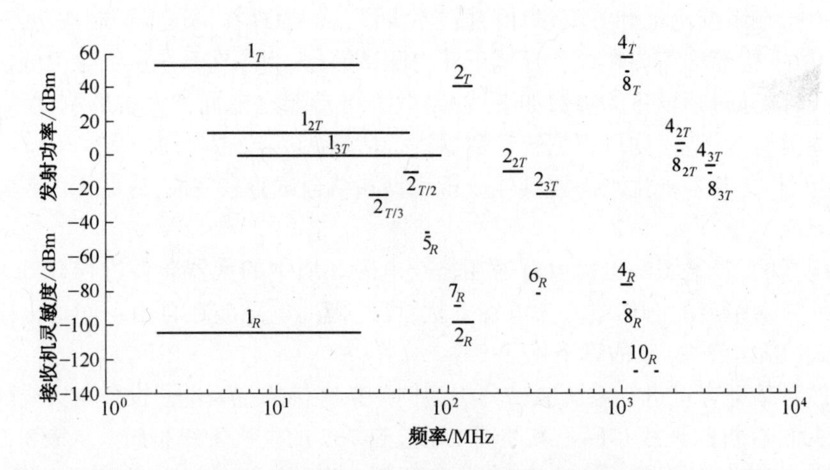

图 3.11 某客机飞机的主要射频设备频谱图

从频谱图上可以看出，HF 电台的三次谐波的发射频率为 6～90MHz，发射电平为 0dBm，落在了指点信标的接收频带内（74.75～75.25MHz）。在频谱图上测量后，发现二者之间如果不发生干扰，至少需要 0－(－47)＝47dB 的隔离度。由于 HF 天线通常安装在机背或飞机垂尾前缘，辐射方向为水平全向，而指点信标天线安装在机腹正下方，辐射方向朝下，这种情况下，机身就可提供足够的隔离。

从频谱图还可以看出，L 频段的 ATC 航管系统的询问/应答机和 DME 测距机的工作频段重合，属于同频干扰。当 ATC 发射时，其峰值发射功率为 51dBm，DME 的接收机灵敏度为－78dBm，从频谱图上可得出二者如果不发生干扰，至少需要 51－(－78)＝129dB 的隔离；反之，如果 DME 发射，而 ATC 接收，从频谱图上可得出至少需要 57－(－90)＝147dB 的隔离。而现实情况是，二者的天线仅能提供约－62dB 的隔离，因此必须采用其他措施来消除同频干扰。关于 ATC 与 DME 之间的同频干扰控制，成熟的工程解决方法参见本章的第 3.3.4 节“频谱干扰控制方法”内容。

2. 干扰矩阵分析

矩阵法也是一种分析系统电磁干扰的常用方法。矩阵法需要先统计系统内所有用频设备的电磁参数和安装特性，特别是干扰源和敏感设备，分析与计算耦合（传输）函数，作出系统电磁干扰矩阵表。

用矩阵法评估分析某舰船系统的潜在电磁干扰为例来说明。

首先根据舰船系统总体的初步技术方案，确定舰船上的主要用频电子设备，分列出发射设备、接收设备和其他敏感设备，确定产生有效电磁辐射的源端口和敏感端口数量，建立用频设备间的干扰关联矩阵，见表 3.2。

表 3.2 舰船潜在的电磁干扰关联矩阵

干扰源＼敏感源	高频通信	甚高频通信	超高频通信	卫星通信	敌我识别	下滑指示器	导航	奥米加导航	搜索雷达	导航雷达	火控雷达	电子战系统
高频通信	1A,6G	2A,6G	2A,6G	2A,3AF		5A			3AG		5F	5FG,1A
甚高频通信		1A	2A									
超高频通信			1A	1A								
卫星通信			1AN									
敌我识别					1O							
搜索雷达												1B
导航雷达												1B
火控雷达												1BD

注:1. 电磁干扰类别:1—设备工作在同一频段;2—谐波相关;3—发射机可能工作在接收机的中频;4—邻近频率设备响应于高功率或杂散输出;5—对带外频率的响应(机壳/线缆泄漏);6—互调干扰;7—宽带干扰;8—上层建筑的反射。

2. 电磁干扰排除:A—频率管理;B—消隐技术;C—电子战系统(波段Ⅰ消隐);D—电子战系统(高重复率消隐);E—待调查的问题及排除措施;F—有效的电磁干扰滤波器或附加屏蔽;G—搭接/接地;H—电子战系统频率区段扫描(软件程序);J—高频通信发射加固;K—电子战系统连续波电磁干扰;L—恰当的天线隔离;M—增加 RAM/重新布置天线;N—增加/利用天线多路耦合器;O—异步回波滤波器消除询问-应答干扰;P—修理/重调设备;Q—电子战系统外壳金属化。

表 3.2 的纵列是产生电磁干扰(源)的设备,横列是对干扰敏感的设备。根据专业知识和经验在纵横交汇点上填入可能造成干扰的类型,然后对每一个潜在电磁干扰提出解决措施,并填入相应的纵横交汇点。这样就完成了系统电磁干扰的预测及建议解决的方案。

这种方法不限于带天线的电子设备之间的频谱分析,也可用于不带天线的舱内设备之间的干扰分析,以及系统的故障诊断排查。但是这种方法要求系统分析者具备较丰富的专业知识和工程经验积累,例如长期从事飞机、舰船、航天器等电子设备的研究工作人员,而且这种方法所获得的分析结果易受人为因素影响。

3. 互调干扰分析

飞机、舰船等装备上安装有大量通信电台时,当两路或更多的射频信号进行合成时,会产生新的频率分量,即互调产物(有时还有交调),会对本平台上的无线电接收功能造成干扰,挤占可用的频谱资源,使装备的作战效能受损。

从武器装备的电磁兼容角度考虑,互调产物的数量、频率和幅度是关注的重点。

由互调干扰产生机理可知,互调干扰计算无法像同频干扰和邻道干扰那样精确计算,而只能进行等效统计计算,并通过与实际测试对比修正或对子系统提出限定条件,从而最大可能避免互调干扰。

随着发射信号路数的增多,互调产物会急剧增多,采用人工方式去计算分析将难以完成,推荐借助计算机程序进行分析,通过建立相应的数学模型并编写应用程序,利用计算机自动计算出工作频带内的互调数量及频点分布情况,评估互调影响,并依此提前对系统频谱进行顶层规划设计,最终减小互调干扰带来的影响。互调组合干扰的阶数可以考虑到 5 阶以内,因为往后工作量会成倍增加。

以超短波通信为例,设天线的工作频带为[200MHz,400MHz],计算机程序在指定工作频带内随机生成一组通信信号频率为[247,394,216,310,232,354,227,340](单位为 MHz),则在[200MHz,400MHz]区间内互调频率的频谱分布图如图 3.12 所示。图中,底部横线代表天线工作频带,竖线幅度代表互调幅度。

可见,在通信信号频率随机选取的情况下,互调频点很多,当通信路数大于 6 路后,天线工作频带内的大部分区域将存在互调干扰。

如果人为将通信频率选择为[250,400,220,310,230,350,230,340](单位为 MHz),即各频点之间的间隔均为 10MHz 的整数倍,从而使通信频率组合具有一定的相关性。再次计算出所有互调频率,其结果如图 3.13 所示。

相比图 3.12,可以看出图 3.13 体现出较强的周期性规律,大量互调产物重叠在少数频点上,使得天线工作频带内的大部分频点比较纯净,优化了天线辐射

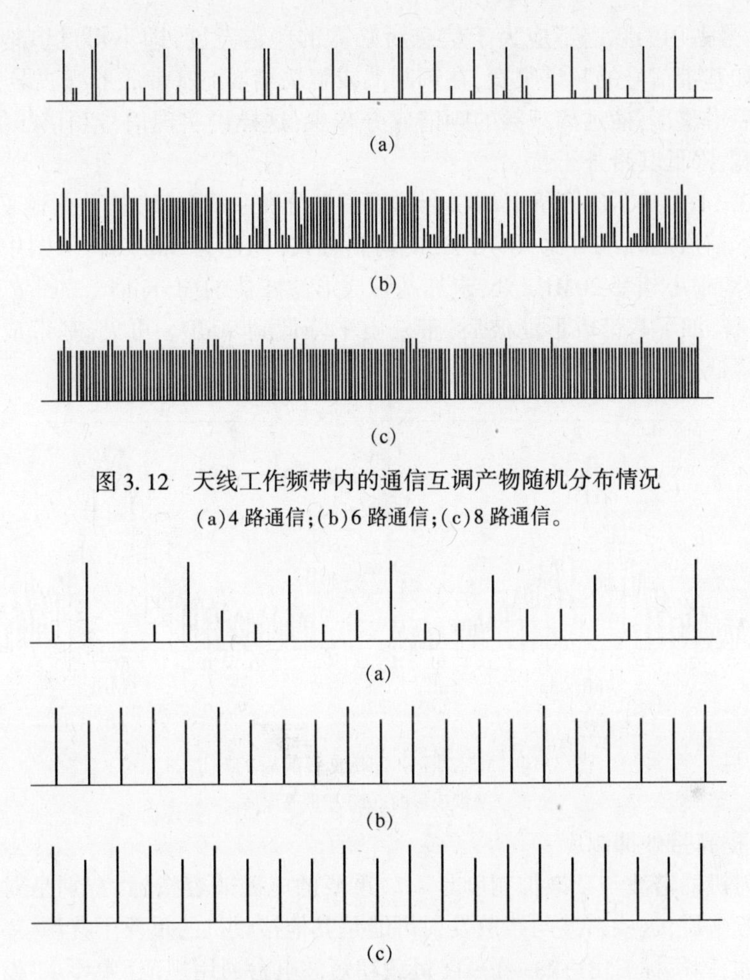

图 3.12　天线工作频带内的通信互调产物随机分布情况
(a)4 路通信;(b)6 路通信;(c)8 路通信。

(a)
(b)
(c)

图 3.13　天线工作频带内的通信互调产物相关性分布情况
(a)4 路通信;(b)6 路通信;(c)8 路通信。

环境;但互调产物与基频重合,会造成同频接收信号受干扰,这是不利的方面。

3.3.4　频谱干扰控制方法

下面介绍频谱干扰控制的常用措施。电磁兼容设计往往不是简单地采用某一技术,而是结合武器装备的具体应用,采用多种技术手段相结合,从整体上解决电磁兼容问题。

1. 发射机电磁兼容控制设计

1) 控制发射带宽

数字通信中,电信号在传输信息时必须占据一定的频谱,为了尽量减小带外干扰,信号占用的频谱不应大于信息所必需的频谱宽度,即不得过多地占用频谱。例如基带信号的频谱很宽,在调制端或解调端增加基带成形滤波器,将矩形脉冲前后沿整形,使远离载频的频谱成分减少,这样可实现信号频谱压缩,减小必需带宽,降低其带外干扰。

图 3.14 为某军用飞机上的联合战术信息分发系统(JTIDS)数据链采用基带成形技术前后的频谱对比,采用 MSK 调制方式,码速为 5Mb/s。从图中可以看出,在偏离中心频率 20MHz 处,未加基带成形滤波器的 MSK 信号的带外电平为 45dB 左右,加了基带成形滤波后,带外电平降低到 90dB。可见,基带成形技术能有效降低带外干扰电平。

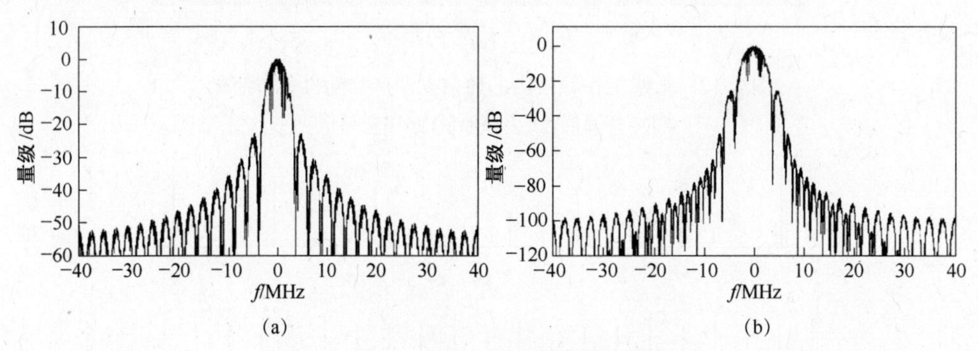

图 3.14 MSK 信号基带成形前后的频谱图
(a)基带成形前;(b)基带成形后。

2) 提高带外抑制度

发射机的谐波与杂散抑制度是一项重要的电磁兼容指标,特别是对于大功率发射机来说,这些谐波与杂散发射可能是其他接收机的重要干扰源。

例如,国军标 GJB1128—1991《机载超短波电台通用规范》中要求:发射机的谐波功率输出应至少比工作频率的功率输出低 55dB;偏离工作频率±100kHz 以上的频率,其杂散功率输出应至少比工作频率的功率输出低 60dB。

发射机的杂散辐射的成因往往是因为多级倍频器的非线性及滤波特性的不完善,因此在可能的情况下尽量不用倍频的方法来产生载频。如果用倍频的方法来产生载频,则减少倍频次数或改变倍频顺序,以免显著增加发射机的谐波输出。当然,振荡器供电电源的品质也很关键。

为了限制发射机的杂散输出,可使各发射级所用元件工作在它们各自的特性曲线的线性区域。但是,这样会损害振荡器和调制器的性能,并降低功率放大器的工作效率。

在发射机的各级之间应接入级间滤波器,以削弱它们可能产生的杂散输出成分,尤其要限制末级功率放大器的杂散输出。对于中频级,增加中频信号滤波器,可进一步提升带外抑制指标,提高频谱的利用率,增加与邻道的保护带宽。天线系统也能滤除部分杂散。

3) 扩频技术

采用扩频通信、码分多址等新体制通信技术,使得多种射频设备之间存在体制差异,可提高系统之间的抗干扰能力,并提高抗敌方截获能力。

扩频通信是用地址码对已调载波进行再调制,使其频谱宽度比原来大为扩展。扩频技术可分为直接序列扩频、跳频、跳时等多种方式。现代通信理论表明,扩频系统虽然由于其频谱展宽而占用了较宽的频带,但并不会对带内其他窄带系统造成严重干扰,这是因为频谱扩展后单位带宽的功率密度很低的缘故。

例如,某军用飞机上的 JTIDS 数据链(960~1215MHz)、IFF 敌我识别系统(发射 1090±0.5MHz,接收 1030±0.5MHz)工作在相同频段,工作频点也有交叉重合。JTIDS 和 IFF 都采用直接序列码扩频技术,由于采用各自的加密算法和加密数据,故其产生的扩频码都不相同,接收时利用扩频码的自相关特性,可以使用不同的扩频码来区分两种设备,实现两种设备的同时使用。

2. 接收机电磁兼容控制设计

1) 射频前端电磁加固

接收机需要有足够的邻道衰减能力,以减小邻道干扰信号功率。一般要求接收机邻道抑制应不低于 70dB。但是在武器装备平台上,共址安装的收发设备距离很近,接收机前端的低噪放在遭到干扰信号的情况下易发生饱和、阻塞、甚至损坏。因此为了提高接收机射频前端(输入回路、高频放大器)的选择性,常在接收机输入口增加滤波器、预选器,来抑制邻道干扰、互调干扰,必要时,还要增加抗大功率烧毁的限幅器,以增强抗烧毁能力。与此对应的,发射机激励器端也可以加上后选器,以降低系统输出信号的宽带噪声。这些降低耦合的手段常称为电磁加固。

预选器、后选器是一种通带很窄同时又可方便地改变中心频率的带通滤波器,用于滤除工作频带以外的无用信号。在电磁环境日益恶化和电子战技术发展很快的今天,设置接收机预选器具有重要意义。例如,某舰船上的卫星通信接收机的低噪声放大器(LNA)的接收灵敏度高,容易被来自本舰船的高频电台和雷达的大功率发射信号烧毁,在对舰船上电台和雷达设备除了采用限制辐射角度、匿影等措施外,还应在卫星设备低噪声放大器的前端增加预选滤波器抗烧毁。

2) 提高中频选择性

良好的中频选择性可以有效地衰减其他无用信号的幅度。在接收机关键的中放级之前,不要安排高放大量电路,以保持这些前端电路工作在较低的电平上,使互调等产物得到比有用信号更大的削弱。

3）自适应干扰抑制信号处理技术

采用自适应干扰抑制信号处理技术,可使得无线电系统通过自行调整系统的电磁兼容结构性能,改进自身的抗干扰能力,达到新的电磁兼容动态平衡。自适应干扰抑制信号处理主要通过以下技术予以实现:

（1）自适应天线方向图优化技术,可在干扰方向形成零点,而在信号方向有高增益;

（2）自适应干扰对消技术,可抵消同平台上大功率发射机对接收机的强干扰;

（3）功率自适应技术,根据干扰功率大小,自动改变发射和接收功率,减少干扰影响;

（4）频率自适应技术,自适应改变使用频点、频带或带宽,以避开和减少干扰等;

（5）信号自适应和信道自适应技术等。

下面介绍自适应干扰对消技术。

自适应干扰对消设备通过对共址的同频段发射机端耦合采样,产生一个与干扰信号幅度相等但相位相反的对消信号,在干扰未进入接收机前端之前将干扰信号对消掉。即使干扰信号落在接收机调谐带内,有源对消技术也可以依据采样信号和干扰信号的相关性,有选择的对消掉共址干扰信号而不影响有用信号的接收。对消抗干扰原理如图 3.15 所示。

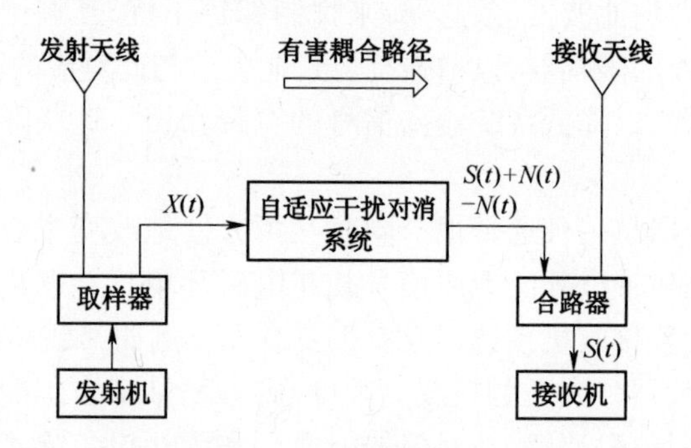

图 3.15　对消干扰原理

例如,美国海军的多功能电磁辐射系统（MERS）封闭式射频综合桅杆,采用自适应干扰对消系统后,在 UHF 频段可获得 30dB 的对消比,可减少共址发射机对同频段高灵敏度接收机的阻塞干扰,在较小信道保护间隔条件下可保障多路

UHF 电台同时工作。

除了用于抵消共址电磁干扰方面，干扰抵消技术还常用于电子战方面。

3. 频域管控

对于收发同频干扰或者落在接收机通带内的杂散干扰，在技术上很难根本性解决和消除。为了解决同频干扰，系统在频率指配基础上要有一个系统频率使用细则，通过动态调整的方式，保证频谱有交叠的多个设备实现瞬时频点错开。

例如，某军用飞机上工作于 960～1215MHz 频段内的重要机载设备包括敌我识别/民用航管系统（IFF/ATC）、塔康、DME 测距机、JTIDS 等，采用频率动态分隔设计，可使这些设备同时使用，解决了同频干扰问题。DME 和 JTIDS 设备在系统设计时，避开了敌我识别/航管系统工作带宽内的频点，并预留了一定的保护频带；塔康系统在实际使用时，也参照 DME 对频段的划分，对敌我识别/航管系统影响的频点限制使用。

4. 时域管控

时域管控是使发射机的发射时间和接收机的接收时间错开，达到避免干扰的目的。

时域管控主要有三种方式：

1）脉冲闭锁

处于相同工作频段的设备之间，如果仅靠天线空间隔离仍然不能满足兼容性要求，可采取闭锁的方法实现分时工作。

采取“硬件闭锁交联电路”设计，通过设备输出或输入闭锁脉冲的方式，自动切换设备间的分时工作，例如处于发射状态的设备在向外发射电磁波时，发出相应的闭锁脉冲对处于接收状态的设备进行闭锁（令接收机此时停止工作）。这种分时方式往往是微秒级或毫秒级的，对设备使用影响不大。在闭锁交联设计时，应考虑设备的优先级，要优先保证级别高的设备不至于因闭锁交联而受到过大的影响。

例如，某型军用飞机上电子设备众多，由于工作频段重叠需要进行时域管控的设备包括预警雷达、IFF/SSR 询问机、IFF 应答机、SSR 应答机、JIDS、塔康、电子侦察（ESM）、通信侦察（CSM）等设备，这些设备相互间的闭锁矩阵见表 3.3。

以 IFF/SSR 询问机的工作为例来说明。当 IFF/SSR 询问机工作时，会同时发出闭锁脉冲给 IFF 应答机、SSR 应答机、塔康和 ESM，令这些设备暂停工作；而当 ESM 工作时，没有任何闭锁其他设备的权限，只能被动地被其他设备闭锁。

表 3.3　设备相互间闭锁矩阵

来端＼去端	(A) 预警雷达	(B) IFF/SSR 询问机	(C) IFF 应答机	(D) SSR 应答机	(E) JIDS	(F) 塔康	(G) ESM	(H) CSM
(A)预警雷达							A→G	A→H
(B)IFF/SSR 询问			B←→C	B←→D	B←E	B←→F	B→G	
(C)IFF 应答机		C←→B		C←D	C←E	C←→F	C→G	
(D)SSR 应答机		D←→B	D→C			D←→F	D→G	
(E)JIDS		E→B	E→C			E→F	E→G	
(F)塔康		F←→B	F←→C	F←→D	F←E		F→G	
(G)ESM	G←A	G←B	G←C	G←D	G←E	G←F		
(H)CSM	H←A							

注:“→”表示输出闭锁;“←”表示输入闭锁;“←→”表示既输出闭锁,也输入闭锁

2) 统一触发

统一触发是指由统一触发系统产生特定时钟周期的雷达同步导前信号,而各相关雷达均按照此周期或此周期的整数倍发射电磁波。这样使得同平台上的多部雷达在一个大周期内的发射起始点一致,发射时间相对集中,可增加电子侦察机的接收时间,并能提高雷达系统的反侦察能力,有效地去除多部雷达间的同频异步干扰(图 3.16)。该方式常用于解决舰船上的多部雷达工作时对电子侦察系统造成的干扰问题。

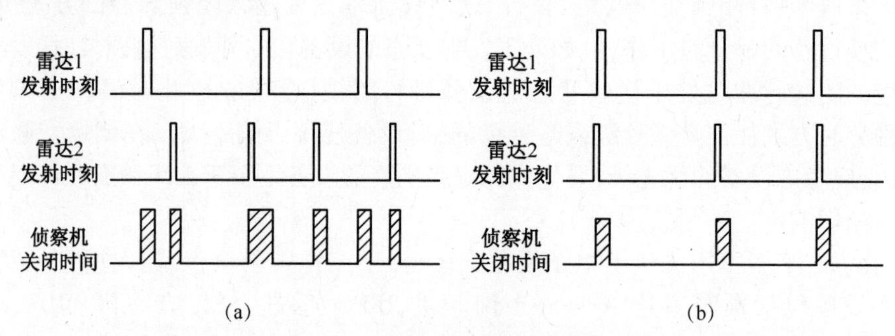

图 3.16　电子战系统侦察时间对比

(a)非统一触发时,侦察机的工作时间;(b) 统一触发时,侦察机的工作时间。

3) 大分时工作

大分时工作对系统的总体作战效能有一定的影响,这也是管理方式中最不推荐的一种方法。例如,1982 年马岛战争中,英国“谢菲尔德”号驱逐舰为了保证卫通系统正常工作而临时关闭雷达系统,结果被阿根廷导弹击沉。

5. 能域管控

能域管控是通过限制发射机的发射功率来解决电磁兼容问题，或者避免电引爆武器弹药发生意外引爆的风险。能域管控可以用来管理功率可调的无线电发射机和电子战干扰设备。例如，飞机在飞行中随着距离的变化，造成了对发射功率需求的变化。采用能域管控技术可以动态控制发射机的输出功率。

6. 互调干扰控制

互调干扰控制与发射机和接收机的数量、布站位置和间距，发射机的功率、频率、调制方式、天线方向性等，接收机的频率、阈值电平和天线方向性等都有关。

除了采用与之前所述的频谱干扰控制方法之外，减少互调干扰的途径还有：

1）控制发射信号的路数

控制无线电发射机（如高频电台）的通路数，可使互调产物数量维持在一个可接受的范围内。但该方式与提高武器装备总体功能的目标不太一致。

2）降低有源器件的高阶非线性效应

当有源器件的高阶非线性效应小到可以忽略不计时，可将器件的非线性效应的最高阶数控制在一个较小的范围内，从而减少互调产物数量。该措施的实现主要取决于有源器件的设计和制造能力。

3）增加信道抗干扰性

发射机的输出端接入高 Q 带通滤波器，来增大发射机间的频率间隔；共用天线系统中，各发射机与天线间插入单向隔离器或高 Q 谐振器。接收机的前端插入高 Q 腔体滤波器，提高输入回路的选择性。

4）增大天线间距

将发射天线与接收天线分区布置，增加二者之间的距离；并加大发射天线之间的水平间距或垂直间距，弱化交互调干扰的效果。但飞机、舰船等武器装备的可用区域狭小，单方面增大天线隔离度的努力往往效果有限。

5）选用相关性较强的发射频率组合

根据互调干扰产生的条件，制定通信预案，选用相关性较强的发射频率组合，只有合理地分配信道频率，才能减少出现互调关系的频率组合。

当多部电台的发射频率相关性较强时，可确保互调产物集中在少数频点上，有利于为己方的电子设备提供干扰相对较少的环境；但由于发射频率间的相关性强，易得到与发射频率相同的互调产物，给通信接收造成不易排除的干扰，因此可采用收发异频的通信方式，即事先制定通信预案，在确定发射频率的前提下计算互调产物的分布情况，然后为通信接收功能选择无互调产物的频点。

3.4 系统天线布局设计

武器装备的天线布局设计属于总体设计的核心内容之一,对整个武器的战术与技术性能有着重大影响。一艘典型的驱逐舰上通常有各种天线 50~100 副,大型军用飞机也有 50~80 副。如此密集的天线布局造成了武器装备自身的电磁环境十分复杂,电磁兼容问题突出。如果在武器装备的设计阶段不进行预测分析,仅凭经验去做天线布局,则可能导致严重的电磁兼容问题,导致武器装备的作战效能大幅度降低。

天线布局的宗旨是按电磁兼容要求,合理设计各天线的性能及安装位置,以获得最佳配置方案。天线布局的判据为天线方向图、输入阻抗、天线耦合度(或称天线隔离度)、近场分布等参数。天线辐射方向图关系着天线的角度覆盖范围;天线输入阻抗与天线调谐器的设计相关,以保证最大功率传输;天线耦合度与设备间电磁干扰有直接关系;而天线近场与对武器、人员、燃油的辐射危害有关。

一般情况下,天线布局是采用理论仿真计算和实测方法相结合进行反复迭代调整的过程。理论仿真计算的内容在第 2 章已经介绍过了。实测方法包括缩比模型测试法和全尺寸测试法。

3.4.1 天线辐射方向图分析

武器装备的载体平台一般都是大型复杂平台。例如,现代舰船平台上安装有复杂的上层建筑,而且还有许多形状、尺寸各异的无源金属构件,当遇到天线辐射出的电磁波时,它们会以各种可能的方式阻挡、传导、反射、散射、绕射和再辐射电磁能,使天线的辐射方向图产生畸变,对通信系统来说,会造成通信距离降低,出现交互调干扰等;对于雷达系统来说,会形成雷达假目标,影响探测、跟踪精度。

对于较低频段的全向通信天线,武器平台对天线的辐射性能影响更大,因为低频段天线辐射的电磁波波长较长,天线近场区的电磁波碰到平台上的金属体,会在金属体表面产生感应电流,电流激发出新的辐射场,反过来再在天线上形成电压,有可能显著影响天线的辐射特性。因此天线设计时,如果脱离载体环境、在理想环境中设计出来的天线在实装环境下可能性能与预期相去甚远。

例如短波/超短波通信天线安装在舰船平台上,天线性能可能出现如下影响:

(1) 在方位面,方向图的不均匀度变坏,出现不希望的零深,有时甚至在视距范围内也无法通信；

（2）在俯仰面，由于遮挡造成的再次辐射会使得低仰角辐射要求被破坏；

（3）在极化方式方面，极化方式可能由原本希望的垂直变为倾斜甚至水平；

（4）对于输入阻抗，在开阔地带匹配良好的天线上舰之后驻波变差，功率难以有效传输。

因此，在对武器平台的天线的研发中，为了经济、快速地获得满意的结果，应该将平台和天线二者进行一体化设计，准确分析天线散射场，选择合适的天线安装位置，将辐射畸变减小到最小程度。并且这种设计必须尽早在平台的设计周期中完成。如果在平台建成以后再进行天线设计，两者之间的不协调可能影响最终的技术指标。

图3.17是一个预警机雷达天线仿真计算的例子，采用的算法为矩量法。飞机机身长度17m，翼展24m。雷达天线频率为400MHz，为双层八木天线阵，工作时需要方位360°扫描。雷达天线底部与机身背部相距2.5m。

图3.18是仿真计算的结果，从仿真计算结果中可以看到，与在自由空间的辐射特性相比，安装在飞机上的雷达天线的辐射特性出现了较大变化：水平面（E面）上，虽然天线方向图具有对称性，但是由于飞机机身、机翼等金属体的散射影响，天线方位面副瓣整体大幅抬高约10dB，而且明显出现了第一副瓣，主波束增益反而有所增大（约1dB）；俯仰面（H面）上，天线上下副瓣区变得不对称，且主波束出现明显锯齿状。总的来说，在机头、机尾、机翼三个方向上，雷达天线的辐射特性恶化最严重。由于预警机雷达在工作时需要不停的水平旋转扫描，因此雷达天线的辐射特性会发生周期性动态变化，这将导致雷达探测性能也在动态变化。

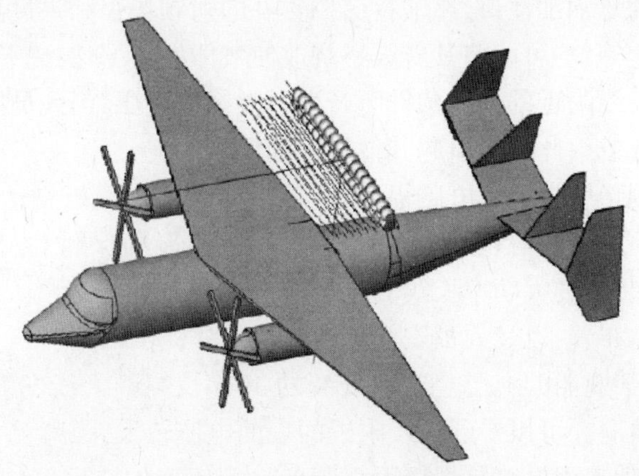

图3.17　预警机模型示意图

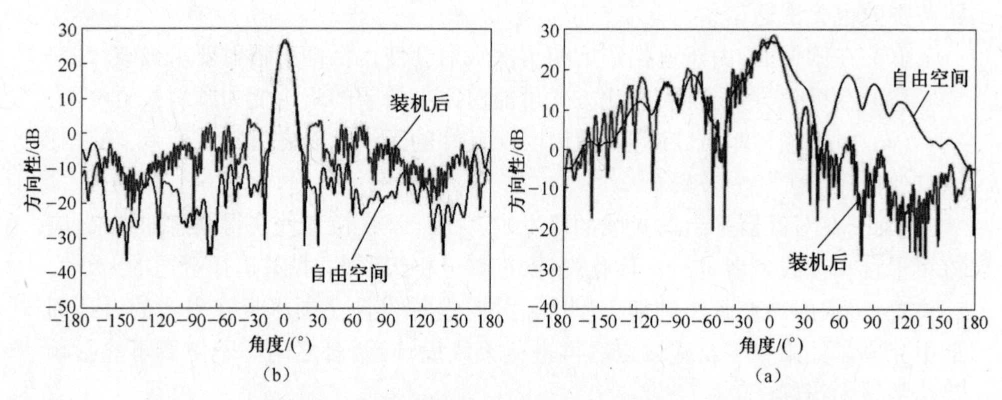

图 3.18　预警雷达天线方向图在自由空间中和装机后对比(见彩图)
(a)方位面;(b)俯仰面。

3.4.2　近场场强与表面电流分析

舰船等武器装备的上层建筑由多个复杂散射体构成,容易构成腔体结构,当自身的大功率发射天线发射时,多个散射体之间会发生相互作用,在它们包围的区域内出现能量累积,有可能形成一些高场强区域,并引发一系列的电磁安全性问题。主要如下:

(1) 舰船上有许多高灵敏度接收设备,如通信接收机、雷达接收机、侦察接收机等,容易受到强电磁场的干扰甚至烧毁;

(2) 舰船上的电引爆武器设备,如导弹、无源干扰弹等,在高功率射频环境下,都存在着误引爆的严重安全隐患;

(3) 舰上的燃油加注口、燃油存储位置处的射频场强如果过高,引起的电弧放电或电磁火花等,均可能使其着火燃烧或使气体发生爆炸;

(4) 发射天线附近的金属构件上产生射频感应电压,当人员接触构件时,能引起击伤、灼伤,或由此可能引起其他严重的后果。

舰船要求测量甲板上的电磁辐射场,就是要保证在靠近雷达和高频发射天线的区域内的辐射场不得超过辐射暴露容许电平,以确保舰上人员的安全。因此,针对舰船等装备的大功率天线的近场辐射进行计算,预测结果可为天线、武备系统等的总体布置,以及人员安全活动区的划分提供依据。

图 3.19 是某舰船的上层建筑上安装的 10m 长高频天线发射时,舰船上的表面电流分布情况。可以看到天线附近的表面电流较大,距离天线越远,电流强度越小,这是因为表面电流是由辐射引起的。舰船上的突出部位以及槽缝等结构对天线的影响较大,尤其是当这些结构与天线波长相当的时候。

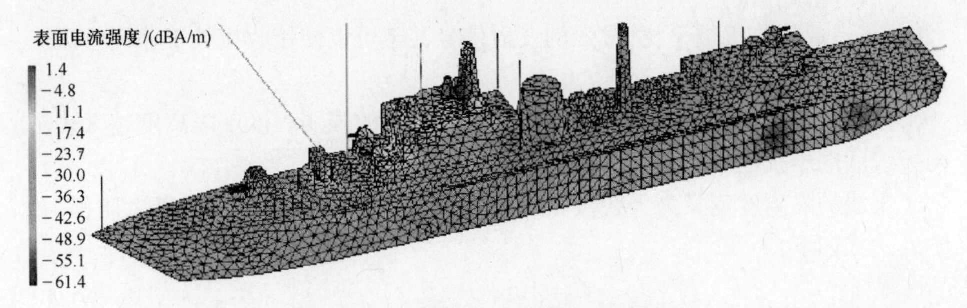

图 3.19　舰船表面电流强度(见彩图)

图 3.20 为高频天线发射时,舰船的近区电场分布。可以看出天线附近产生了很强的电抗近场,天线的电抗近区场强衰减很快,这是因为在近场区,场强与距离的三次方成反比。距离天线越远处的散射场强越小。与波长可比拟的槽缝、小型突出结构附近场强较大。

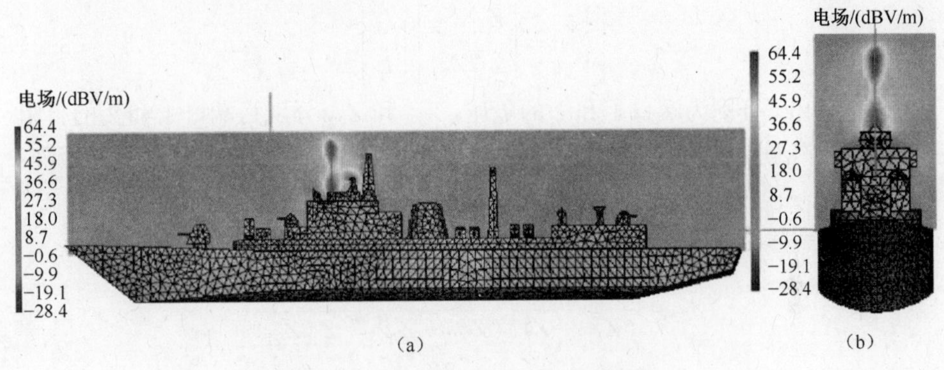

图 3.20　舰船近区电场分布(见彩图)

3.4.3　天线间耦合分析

天线互耦可大致分为两类:发-发天线间耦合,收-发天线间耦合两种。

1. 发-发天线间耦合

当一副天线向外发射信号时,由于互耦作用,将会在附近的其他发射天线上产生一定功率的感应信号,导致其他发射天线驻波比恶化,并且可能产生发射机互调,这种现象称为功率倒灌。例如舰船上两副间距 10m 的高频通信天线,其中一副天线的发信机以功率 60dBmW 工作时,可在另一幅天线上感应出 53dBmW 左右的射频功率。这种强度的倒灌功率,不但能导致天线调谐器无法正常调谐,甚至可能导致设备中电路元件的烧毁。

2. 收-发天线间的耦合

一般所说的天线间耦合,都是指收-发天线间的耦合。收-发天线耦合度过大时，将造成接收机被干扰，过强的发射信号甚至可以使接收机处于非线性区工作，产生交调、互调、减敏等效应。

常用天线隔离度来定量表征天线间相互干扰的强弱程度。隔离度越大表示两天线间的干扰越小。

天线的隔离度定义为天线接收到的功率与发射天线的输入功率之比，其数学表达式如下：

$$C = 10\lg(P_r/P_t) \tag{3.1}$$

式中：C 为天线隔离度；P_r 为接收天线输入功率；P_t 为发射天线输入功率。

要进行计算并得到实际天线的隔离度，运用以上定义公式是不方便的。因此经常采用的是根据微波网络散射参数确定的天线隔离度公式。

表征耦合特性的参数是互阻抗，将两个线天线看成一个双端口网络的系统，端口间的电压、电流关系用阻抗矩阵表述如下：

$$\begin{bmatrix} V_1 \\ V_2 \end{bmatrix} = \begin{bmatrix} Z_{11} Z_{12} \\ Z_{21} Z_{22} \end{bmatrix} \begin{bmatrix} I_1 \\ I_2 \end{bmatrix} \tag{3.2}$$

式中：V_1 和 V_2 分别为端口 1 和 2 的电压；Z_{11} 和 Z_{22} 分别为端口 1 和 2 的自阻抗；Z_{12} 和 Z_{21} 分别为端口 1 和 2 的互阻抗。求出 $\boldsymbol{Z}$ 矩阵后，将其转化为 $\boldsymbol{S}$ 矩阵：

$$S_{11} = \frac{(Z_{11} - Z_L)(Z_{22} + Z_L) - Z_{12}Z_{21}}{(Z_{11} + Z_L)(Z_{22} + Z_L) - Z_{12}Z_{21}} \tag{3.3}$$

$$S_{22} = \frac{(Z_{11} + Z_L)(Z_{22} - Z_L) - Z_{12}Z_{21}}{(Z_{11} + Z_L)(Z_{22} + Z_L) - Z_{12}Z_{21}} \tag{3.4}$$

$$S_{12} = S_{21} = \frac{2Z_{12}Z_L}{(Z_{11} + Z_L)(Z_{22} + Z_L) - Z_{12}Z_{21}} \tag{3.5}$$

其中，Z_L 为天线接的负载，则二端口网络隔离度可用 S 参数表示：

$$C = 20\lg S_{21}\ (\mathrm{dB}) \tag{3.6}$$

当两幅天线相距较近时(10 个波长以内)，天线之间的相互干扰不能忽略近场感应的作用，必须采用上述公式，如舰船、飞机上安装的几幅低频段天线之间。

当两副天线的间距大于 10 个波长以上，我们可以将其近似视为远场耦合，这时还可以采用以下公式来近似估算天线隔离度：

$$C = L_r + L_p - G_T - G_R \tag{3.7}$$

式中：L_r 为 Friis 公式；L_p 为极化损耗，即两副天线极化方式的差异引入的损耗；G_T 为在接收天线方向上发射天线的增益；G_R 为在发射天线方向上接收天线的增益。

上述的估算公式未考虑传播介质、其间物体的吸收或附近物体散射产生的影响。

在系统中,天线间的隔离度必须满足一定的要求,否则会对设备的有用信号产生干扰,从而使系统无法正常工作。例如,国家军用标准 GJB5035—2001《甚高频机载通信设备天线分系统通用规范》中对机载甚高频天线隔离度的要求是:一个子系统的发射天线与另一子系统的接收天线之间的隔离度须大于 45dB。

以某飞机上的 4 副甚高频天线布局为例,如图 3.21(a)所示。

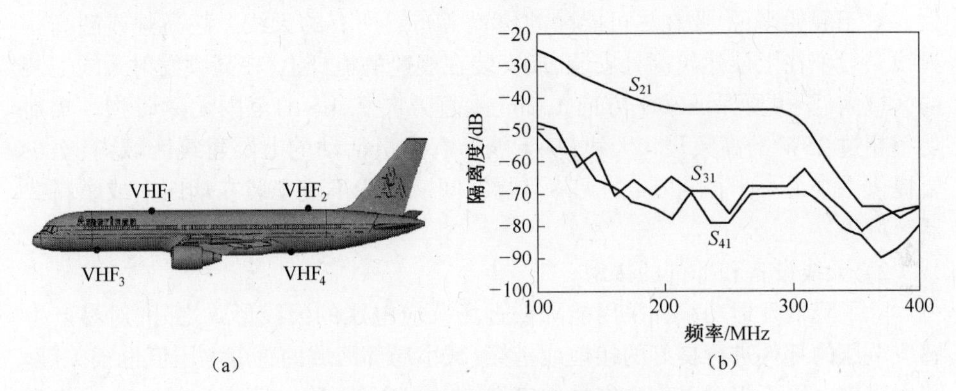

图 3.21　飞机甚高频天线间隔离度

(a)4 副甚高频天线布局;(b) 4 副甚高频天线的隔离度。

图 3.21(b)为 4 副天线的隔离度计算结果。可见,在 V/U 频段,大型飞机的机身能提供 50~70dB 的天线隔离,算上机翼的影响,还能再增加 5~10dB,但是同在机背或同在机腹的两幅天线之间,尽管相互的水平间距并不近,但隔离度只有 40dB 左右,甚至在频率低端只有不足 30dB。

在武器装备的天线布局研究中,天线发射信号中往往不仅有工作频带内的信号,还有高次谐波分量和其他噪声信号,这些信号的频率可能与其他天线的接收频率相同,而对其他天线产生影响,因此考察天线在工作频带外对其他天线的影响也是天线耦合计算的内容之一。以某客机为例,多副不同工作频段天线之间的隔离度矩阵见表 3.4。

表 3.4　某飞机的部分天线隔离度矩阵

	VHF_1	下滑	ATC	DME	GPS	高度表
VHF_1	—	-49.7	-57.6	-52.1	-73.4	—
下滑	-53.2	—	-56.2	-66.5	-82.3	—
ATC	-60.8	-61.2	—	-53.3	-75.5	-102.3
DME	-69.5	-86.3	-72.2	—	-78.2	-99.6
GPS	-80.3	-83.8	-81.7	-74.7	—	-107.0
高度表	—	—	-105.7	84.8	-110.3	—

3.4.4 天线辐射干扰控制技术

1. 近场辐射危害控制

1）利用天线布局减弱近场辐射

近场危害在舰船上最常见，因为舰船上层建筑物对短波等天线的影响非常大。对于舰船来说，要在尽可能高的位置上布置所有的天线。甚高频或超高频天线一般都在上层建筑高处安装，或安装在舰船的桅杆上，在高频发射天线安装的区域内，至少要保证水平方向 1.2m、垂直方向 2.4m 的范围无障碍物。辐射功率超过 25W 的高频鞭状天线，从天线至有人员活动的上层建筑区域内，至少要提供一个最小半径 3.6m 的无障碍物空间。天线不应安装在烟囱上或燃料武器区域等。

2）天线设备和部件的接地

除了降低发射功率和采用能降低近场感应电压的天线形式之外，对易产生感应电压的部件进行良好的接地或搭接、减小局部区域的感应电压值也很关键。减小感应电压不仅对工作区人员的安全有益，还可消除一些寄生的电磁干扰现象如无源互调。

3）简化舱外结构，减少二次辐射

处于强电磁场区域的金属构件，会对电磁场产生无源反射和散射，金属构件越多，二次辐射越复杂，可能会形成雷达假目标，影响探测跟踪精度。要最大限度地减少舱外辐射场中的金属构件数，尽量用非金属构件代替金属构件，改善电磁环境。

2. 天线间耦合干扰控制

1）增大距离和利用平台遮挡

增大天线之间的距离，减小天线耦合度，可有效地降低各种辐射干扰。因此在武器装备总体设计时，尽量将同频段或相邻频段的收、发天线分区。

在天线之间距离不变的情况下，当舱体半径较大，天线频率较高时，舱体遮挡的效果是相当明显的。例如，在 VHF 频段，分别位于大中型飞机机背和机腹的两幅天线的隔离度约 50dB 以上。

假如两副天线必须放置在同一区域，此时我们可以使其中一副天线在垂直方向上比另一副天线高出一段距离，同样可以达到增加隔离度的要求，如果能让发射天线方向图最小点(零点)对准接收天线，则减小干扰的效果更好。例如在舰船上，两个 VHF 天线的垂直落差至少应在 4m 以上；雷达、卫通、电子战的天线在高度上尽量错开，它们之间的天线波束不能相对。

2）提高天线的方向性

通过控制天线口面的幅度、相位分布等提高天线的方向性，降低副瓣。天线之间的耦合系数是与天线增益成正比的，因此可以通过改变天线的增益来减少天线之间的耦合。换言之，改变天线指向，提高发射天线对辐射方向上的增益，减少对邻近接收天线的方向性，从而降低对邻近天线的射频干扰。

3）正交极化隔离

对于工作频率较低的设备，自由空间传输损耗和利用平台的自身遮挡所获得的传输损耗都是有限的。用正交极化来提高天线间隔离度也是一种好方法。

理论上讲，正交极化的隔离度是无穷大，实际隔离度视不同的频段从十几至几十分贝不等。表 3.5 给出了天线极化修正分贝数。

表 3.5　天线极化修正分贝数

发射天线 / 接收天线		水平极化		垂直极化		圆极化
		$G<10$dB	$G\geqslant10$dB	$G<10$dB	$G\geqslant10$dB	
水平极化	$G<10$dB	0	0	−16	−16	−3
	$G\geqslant10$dB	0	0	−16	−20	−3
垂直极化	$G<10$dB	−16	−16	0	0	−3
	$G\geqslant10$dB	−16	−20	0	0	−3
圆极化		−3	−3	−3	−3	0

在高速运动或滚动的物体上，由于圆极化天线不存在线极化天线的极化失配现象，因此圆极化天线具有更好的信号接收性能，而且圆极化电磁波在穿透大气层时不会出现极化旋转现象（法拉第效应）而导致通信质量降低，因此圆极化天线在航天和航空的通信、遥测、遥控、雷达、电子战等方面得到了广泛应用。

例如，某气象卫星上装有 7 副发射天线和 3 副接收天线，均为圆极化天线，工作频率均在 180～1708MHz 之间。星上 10 副天线都安装在卫星的对地面上，形成了一个天线群。但是卫星上的空间有限，难以利用增大间距的手段来提高天线间的隔离度。

对于星上工作频率相近的天线，采用三个措施来提高天线间的隔离度。首先利用圆极化隔离原理，将星上的发射天线极化旋向定为左旋圆极化，星上的接收天线的极化旋向定为右旋圆极化，其次在天线馈电网络的输入或输出端串接高性能的隔离器或滤波器，最后利用卫星有限的空间距离尽量增大衰减。某卫星的天线总体布局如图 3.22 所示。

4）阻挡和吸收隔离

在电磁耦合通道上设置障碍，大致有以下几种方法：

（1）在收发天线之间开扼流槽：在两副相互耦合的天线之间人为地开辟一条隔离槽，这样切断了表面感应电流的通道，使之与原有耦合相互抵消。

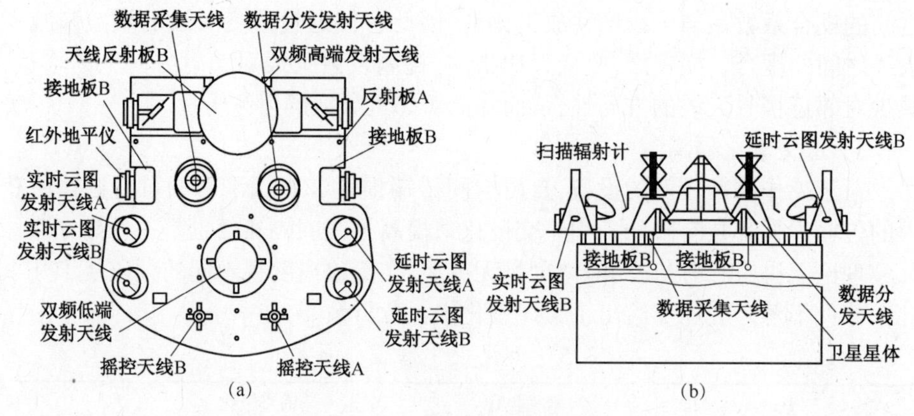

图 3.22　某卫星天线布局

(a)俯视图;(b)侧视图。

(2) 敷设微波吸收材料:舰船上的桅杆、建筑物等都会对天线辐射信号形成强烈的反射,造成收发天线之间的耦合。在舰船桅杆、建筑物表面涂敷吸收材料,减小干扰天线的副瓣和后瓣,可以有效增加天线之间的隔离度。

(3) 在两部相邻天线之间加装金属挡板:对发射天线的侧向辐射进行遮挡,阻断发射天线与相邻接收天线之间的直接传播,隔离效果明显。这种方法在舰船上较为常见。实践表明,设计合理的隔离板可以提供约 20dB 的隔离。但是这种方法对金属挡板绕射波的相位有严格要求,如果金属挡板使用不当,不仅不能抑制干扰,相反会加重干扰。

5) 天线多路耦合技术

通过采用天线多路耦合技术可以减少系统的天线数量,以及降低天线布局对空间的高需求。在图 3.23 中,原先 4 路信道需配置 4 副天线,通过采用多路耦合技术后仅需要 1 副天线即可,减少了 3 副天线。这样就可以在满足对通信信道需求的前提下,更加容易布置天线,同时减少了干扰源。

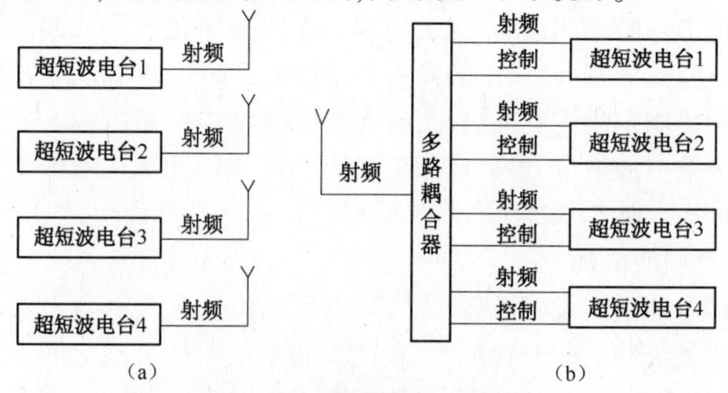

图 3.23　多路耦合技术示意图

(a)原方案;(b)多路耦合方案。

6）天线射频综合

天线与射频综合技术包括多天线共用孔径、宽带射频技术、多路耦合技术、软件无线电等，不仅可以减少共址天线数量、节省安装空间，而且还可有效地防止多部天线间相互干扰。对于飞机、舰船、航天器等空间有限的武器装备解决电磁兼容问题有较大意义。此外天线与射频综合还提高了装备的隐身性。典型的例子有舰船综合桅杆和隐身战斗机的天线综合设计。

例如欧洲泰利斯公司的 I-Mast500 舰用综合桅杆，结构从上到下包括 X/Ku 卫星通信、圆桶形敌我识别天线阵（罩内还包含 ESM 天线）、X 波段 AESA 海上监视雷达、360° IR/EO 监视与告警系统、综合通信天线系统（ICAS）（V/UHF, AIS, Link16 等战术数据链，Iridium 等）、S 波段 AESA 雷达和 UHF 卫星通信等。I- Mast500 解决了传统桅杆结构所固有的电磁冲突和视距障碍，在提高作战性能和降低造船风险方面具有很大优势，例如可将 I-Mast500 当成一个大型模块化组件迅速组装到舰船上，只需要固定好螺栓和连接好信号、电源和冷却系统所需的线缆。I-Mast500 舰用综合桅杆组成如图 3.24 所示。

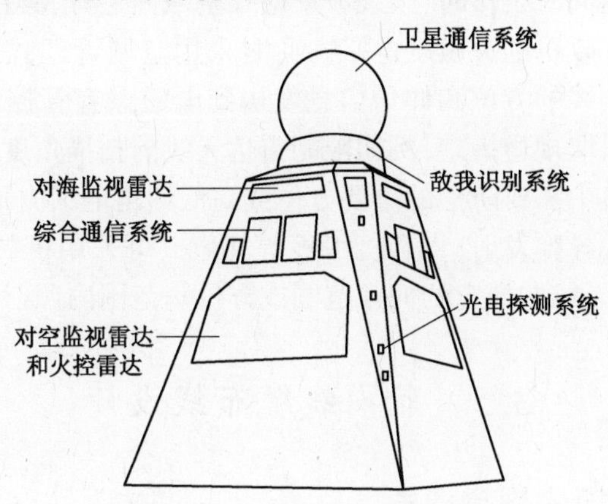

图 3.24　I-Mast500 舰用综合桅杆

7）天线副瓣匿影

副瓣匿影的主要目的是在不影响雷达天线主波束探测性能的前提下，消除从副瓣进入的敌方干扰，当然这个技术也可用于消除同平台上来自其他雷达天线的主瓣或副瓣的强干扰。副瓣匿影的原理框图如图 3.25（a）所示，该技术利用一个低增益的各向同性的辅助天线与主天线同时配合工作，辅助天线的主瓣宽度足以覆盖雷达主天线副瓣照射的整个区域，增益比主天线副瓣的电平稍微高一点，如图 3.25（b）所示。各自天线收到的信号分别馈至各自的接收机，然后比较二者的输出电平幅值，当低增益信道的功率电平较大时，则认为有干扰信号从副瓣进入，这时立即关闭主通道的信号输出，反之则输出，从而抑制了从副瓣进入的干扰,实现了副瓣匿影。

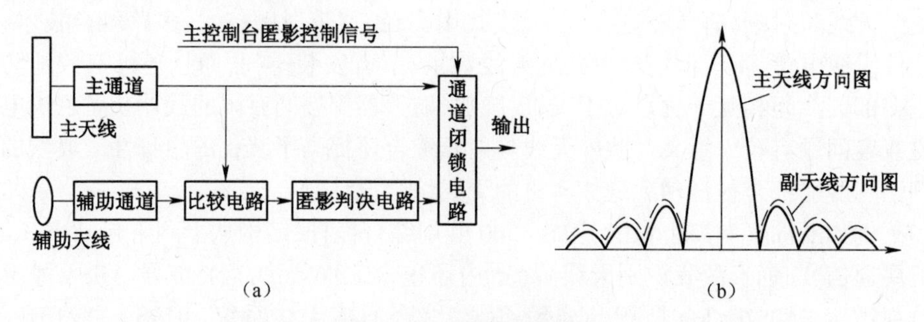

图 3.25　副瓣匿影原理

(a)副瓣匿影技术原理框图;(b)主副天线的方向图。

8) 天线辐射空域管控

为使系统内各天线的覆盖区域在空域范围内合理分配,要绘制一个空域覆盖分布图,提出空域使用细则或空域闭锁准则。空域控制原则如下:

(1) 多部雷达同时工作时,天线波束应在空域内错开,其错开的最小间距应使耦合电平小于接收机的灵敏度电平。此时采用空域管理,需要伺服系统将干扰和被干扰设备天线的方位和仰角信息发送到电磁兼容管控设备,由管控设备进行自动判断并采取规避措施,例如限制雷达天线的扫描角度或信号匿影。

(2) 武器装备中需要防护的重要方位或高低仰角范围内不允许出现强功率照射,如燃油加注、导弹发射,直升机甲板等部位。可采用机械限制和电气限制的方法,使大功率天线在规定的仰角范围或方位角范围内照射。

3.5　舱内线缆布线设计

3.5.1　线缆间电磁耦合现象

武器装备的舱内安装了大量不同种类的电子系统和设备,电线电缆之间的电磁耦合非常普遍。例如,一架“台风”战斗机内有各类互连线缆上千条,线缆总长度为 30km,一架波音 747 客机的线缆总长度达到 274km,而一艘大型航空母舰的线缆总长度则超过 4000km。大量电磁干扰信号是由电线电缆间的电磁耦合来传播的。武器装备舱内的电气电子设备产生的有意或无意的电磁干扰会通过互连线缆直接传输侵入敏感设备,或者一些线缆在某些频率下具有较强的天线效应,能向外辐射干扰信号,或者接收干扰信号,造成舱内电磁干扰。据波音公司的统计资料表明,在飞机系统内发生的所有电磁干扰中有 60%是通过导线耦合的,只有 20%是由电磁辐射激励的,另外 20%是由电源、地线等耦合产生的,见图 3. 26。

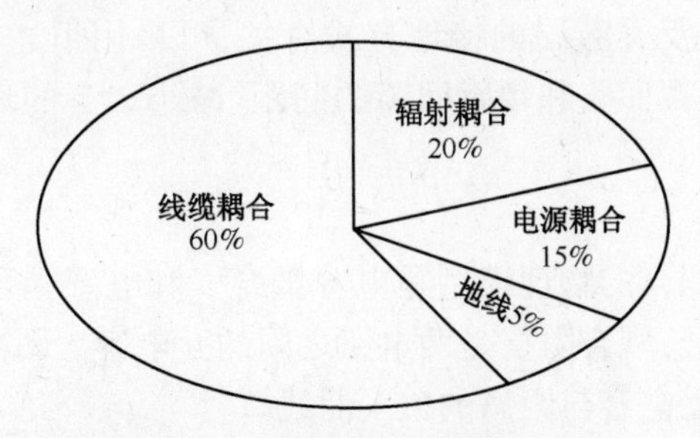

图 3. 26　电磁干扰产生的途径

大多数线缆间的电磁耦合发生在同一线束的电线或电缆之间。这类耦合通常用电路理论来分析。在低频,可用集中参数模型来描述;在高频,需以高频传输线模型描述。

1. 低频耦合

低频耦合指的是耦合长度不大于 1/16 波长的情况。

1) 磁场耦合

当与线缆两端相接的电路工作于低阻抗时,低频磁场耦合引起的干扰是十分明显的。线间低频磁耦合的物理模型是电感耦合。可将电感耦合看作一种互阻抗耦合,耦合阻抗就是两个电路之间的互感,具体原理可参看第 1. 3. 2 节中的传导耦合。图 3. 27 为地面上两根平行线间单位长度互感与平行线间距、高度的关系曲线。可以看出,互感随线间距离增加以及离地面高度降低而减小。当线路出现明显环状时,环路所包含的面积越大,互感也越大。

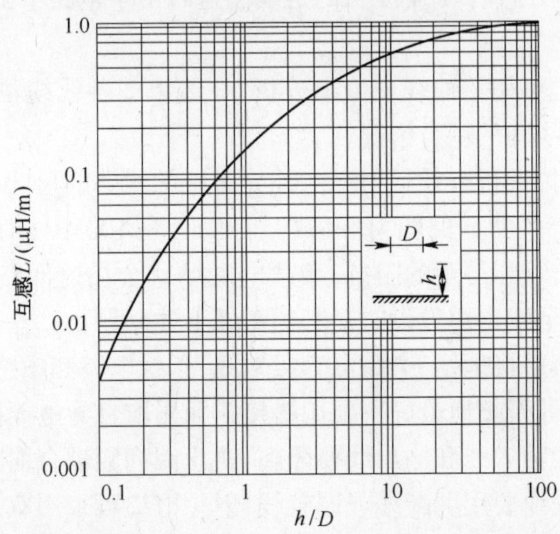

图 3. 27　地面上两平行线间的互感与平行线间距、高度的关系曲线

两线缆之间的电感耦合量与干扰信号频率、电路间距、线缆离地面高度、耦合长度、电路阻抗以及屏蔽层的接地方式有关,可采用下述方法降低低频磁耦合:滤波、屏蔽、增大源回路和敏感回路的间距、减小二者的环路面积、二者正交放置等。

2）电容耦合

线间低频电场耦合的物理模型是电容耦合。和电感耦合一样,电容耦合也可看作是互阻抗耦合,耦合阻抗是两电路之间的互电容。图 3.28 是不同直径的平行线间单位长度互电容与距离的关系曲线。

从图 3.28 可以看出,两电路互容随电路间距增大而减小。电容耦合量与干扰信号频率、电路间距、屏蔽、共模电流等因素有关,降低电耦合可采用滤波、屏蔽、增大源回路和敏感回路的间距、降低输入阻抗、采用平衡线路等方法。

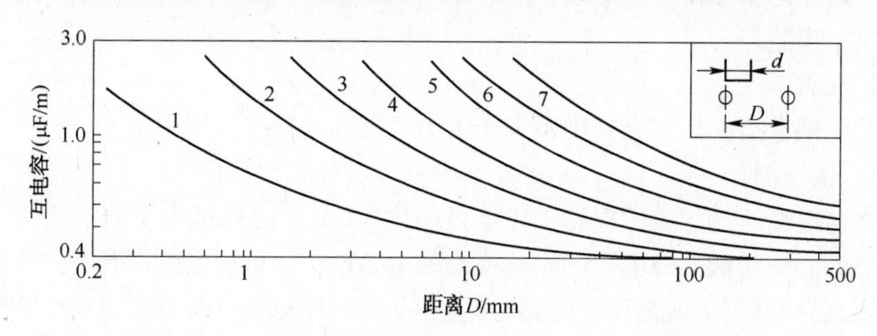

图 3.28　不同直径的平行线单位长度互电容与间距的关系

2. 高频耦合

高频线缆是指不小于 1/4 波长的走线。这时由于电路中出现电压和电流驻波,会使耦合增强。

线间高频耦合可用传输线理论来分析,在线束中各线缆位置随机分布的情况下,可逐对分析线间的耦合情况。

当频率很高时,进行有效辐射或对外界敏感的线路的尺寸可变得很小,即使很短的走线也会产生明显的辐射和感应。例如,在 100MHz 时,25cm 长的电线形成的环路就能有相当可观的阻抗,杂散电磁场就会在这回路内感应出很可观的电压来,所以在电线电缆敷设时还必须考虑下述问题:

（1）线缆屏蔽层接地线、旁路电容接地线、干扰电路和敏感电路接地线要尽可能短而粗,设备外壳接地最好不要用搭接条而采取良导电面接触的方法;

（2）滤波器的输入线和输出线要隔离,防止因高频耦合而降低滤波效果;

（3）长连接线缆要用屏蔽线或同轴线,射频电缆可采用双重屏蔽;

（4）连接器必须保持电磁密封性,连接器的每个连接触点外最好有屏蔽;

(5) 线缆屏蔽层要多点接地,多根线缆屏蔽层间要相互隔离;

(6) 线缆尽量紧靠接地板敷设;

(7) 要注意接到连接器的空插针及开关中开路接点的电线在高频时的天线效应,最好要妥善处理,将连接器的空插针接到地电位。

3.5.2 一般设计要求

1. 线缆的分类

系统布线设计要保证敏感电路和干扰源电路之间充分隔离。传统的做法是根据每根线缆的电磁特性如频率、阻抗、电压、灵敏度和导线类型等把电线电缆分类编排成可兼容的组。把载有差不多相同量级和相同干扰类型电流的导线捆扎在一起,这样会保证在每一根导线上耦合或感应的电平远小于工作电平。

线缆分类的原则如下:

(1) 强电和弱电严格分开;

(2) 交流线路和直流线路严格分开;

(3) 输入和输出线路严格分开;

(4) 不同电压和不同电流等级的线路严格分开;

(5) 按功能划分,消除不同功能线路之间的互相干扰。

下面介绍几种分类方法供参考。

1) 端口分类法

按 GJB151B,根据端口性质,把电线电缆分成以下 5 类。

(1) 主电源线路:包括主电源配电线路。

(2) 二次电源线路:包括低压与照明线路,伺服与同步线路和电压在 5000V 以下的辅助直流电源。

(3) 控制线路:包括接向继电器,或含有开关及其他断续工作器件的线路。

(4) 敏感线路:包括诸如音频、数字数据、模拟控制和解调器输出信号线在内的电路。

(5) 隔离线路:极敏感或电平极高的电路,包括与射频设备和雷达有关的发射机或接收机天线电路,以及电引爆装置、火警报告、油量表线路和主发电机馈线等。

2) 功率电平分类法

线缆的另一种分类法是按线缆终端负载的发射功率和敏感度来分类。例如,表 3.6 将电线电缆分成 6 类,每类所覆盖的功率电平范围为 30dB 左右。各类应分别捆扎,分开敷设,但在采取适当措施,例如屏蔽、扭绞后相邻类可合并在一起。

表 3.6　线缆按功率电平和敏感度分类方法

类别	功率范围/dBm	终端设备
A	大于 40	大功率直流/交流和射频源
B	10~40	小功率直流/交流和射频源
C	-20~10	脉冲和数字电路、视频输入电路
D	-50~-20	音频和传感器敏感电路,视频输入电路
E	-80~-50	射频和中频输入电路、安全保护电路
F	小于-80	天线和射频电路

3）电压、电流容量和频率分类法

按电路电压、电流容量和频率将互连线分类,见表 3.7。这种分类体系包括 9 种线路和 7 个类型,每个电路分到它最接近的一类。

表 3.7　线缆按电压、电流容量和功率分类方法(美国空军)

电路类型		电线分类
直流电源基准电路		Ⅰ
直流基准电路		Ⅱ
交流电源与控制电路	左汇流条	Ⅲ
	右汇流条	Ⅳ
交流基准电路	左汇流条	Ⅲ
	右汇流条	Ⅳ
音频敏感电路		Ⅱ
音频干扰电路	左汇流条	Ⅲ
	右汇流条	Ⅳ
射频敏感电路		Ⅴ
射频干扰电路		Ⅵ
天线电路		Ⅶ

(1) 电源和控制电路(第Ⅰ类)；

- 直流电源电路,使用电流大于 2A 的直流电路;
- 直流控制电路,使用电流小于 2A 的直流电路。

(2) 直流基准电路(第Ⅱ类),具有高精度电压或电流的直流电路。

(3) 交流电路(第Ⅲ类,第Ⅳ类),由交流电源供电的任何电路。

(4) 交流基准电路(第Ⅲ类,第Ⅳ类),使用单相线来提供高精度电压和频率的交流电路。

(5) 音频敏感电路(第Ⅱ类),在附近有音频干扰信号时,这种电路的性能可能会受影响。这些电路的电压或电流有效值一般低于1V或200mA。直流基准电路可认为是音频敏感电路。

(6) 音频干扰电路(第Ⅲ类或第Ⅳ类),这种电路的工作频率在15kHz以下,电压有效值通常大于1V,电流有效值大于200mA。

(7) 射频敏感电路(第Ⅴ类),这种电路的性能在有射频干扰信号时可能会下降。

(8) 射频干扰电路(第Ⅵ类),有如下几种:

① 窄带电路:专指其信号电平在50Ω负载上超过以下值的射频干扰电路。

- 频率150kHz时为-45dBm,每十倍频程降低20dB,至5MHz时为-75dBm。
- 5~25MHz时为-75dBm。
- 5MHz时为-75dBm,每十倍频程升高10dB,至1GHz时为45dBm。
- 在1GHz以上时为-45dBm。

② 宽带电路:指用脉冲方式传递信息或存在瞬变干扰的电路。如继电器和开关通断以及时钟脉冲均会引起瞬时的射频干扰。

(9) 天线电路(第Ⅶ类),指把子系统或设备与天线连接起来的电路。

2. 布线最小间距

布线设计时,拉开各类线束的间距是解决线间电磁耦合最有效、最经济的方法。在布线设计规范中应规定各类线束的最小间距,不同的分类方法有不同的间距要求。“端口分类法”中,要求各类互连线之间至少保持75mm间距。其中第Ⅰ类主电源配电线路要求与其他各类保持150mm间距。第5类隔离线,包括极其敏感的或发射很强的电线或电缆,要求各自单独敷设,不能与其他任何互连线缆一起捆扎或一起走线,本类线之间以及它们和其他类的电线电缆至少要保持75mm距离。发射机和接收机的波导和同轴电缆也属于这一类,但间距处理方法不同。发射机同轴电缆天线传输线和接收机同轴电缆天线传输线要分别编组捆扎,分开敷设,收发信机的同轴电缆和波导要单独敷设,这些电缆的间距要求也是75mm。主发电机的馈电电缆,由于载有很强的电流,离开其他所有电线电缆至少要300mm。

在“电压、电流容量和频率分类法”中的间距要求是在各类互连线按规定正确处理屏蔽、扭绞、屏蔽终端、连接器和接地情况下提出的。在9种电路中,不同类的线路间距不得小于50mm。交流基准电路和音频干扰电路或交流电源电路虽然都属第Ⅲ和第Ⅳ类,但编组时必须慎重,只有在证明相互间没有干扰后,才能捆扎或敷设在一起。

当系统使用两个以上交流电源时,不用交流电源的馈电电缆不能放在一起。

3. 线缆的选用

1) 常见的线缆种类

武器装备上使用的线缆种类很多,而且各自的特点也不相同。只有清楚了解它们的特性才能很好地对线缆敷设进行设计。

术语:

(1) 电线:在电路中传输电流的,实心、绞合或箔式结构的单芯金属导体,但没有金属外罩、护套或屏蔽层。

一般标准中所说的电线是经绝缘的电线。

(2) 电缆:包容在一个公共护套中的两根或多根电线;虽无公共护套,却扭绞或模压在一起的两根或多根电线;具有金属外罩屏蔽层或外导体的一根电线均称为电缆。

(3) 线组:绑扎(卡)在一起并敷设到一项(或一套)设备上去的数根电线、电缆称为线组。

(4) 线束:经整理、排列、并能作为一个组件进行安装或拆卸的若干电线、电缆和线组称为线束。

(5) 组合线束:一起敷设的数根电线和电缆、线组,线束总称为组合线束。

(6) 特殊电线:除单芯绝缘线外的所有线,如屏蔽线、同轴电缆、扭绞屏蔽线等。

(7) 特殊布线:采用特殊电线的所有布线形式都称为特殊布线。

下面介绍几种常用线缆的特性。

(1) 扭绞线:扭绞是电线交叉的一种形式。在武器装备上常采用扭绞所具有的平衡结构来控制线缆敷设引起电磁干扰信号的感性耦合。

如图 3.29 所描述的那样,当用扭绞线来连接电磁干扰源及负载时,因连接导线扭绞,使得邻近小环路产生的磁场方向相反,大小相等。对扭绞线外的某一点 P 来说,各小环路产生的干扰磁场在该点彼此抵消,使得电磁干扰信号对该点的影响大大削弱,达到控制电磁干扰源和负载连接电缆对邻近敏感设备的干扰。

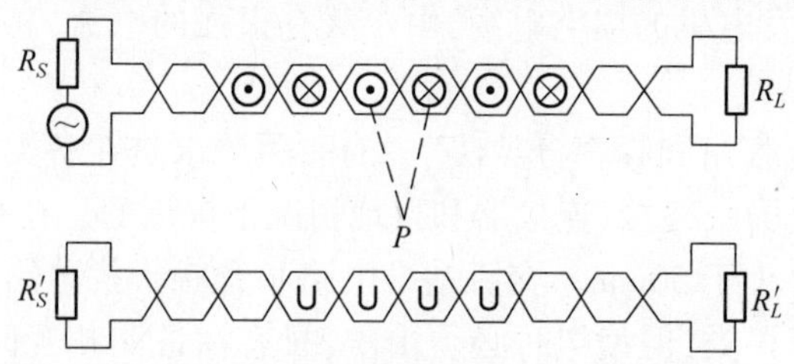

图 3.29 扭绞线抗干扰特性分析

扭绞线加上屏蔽套,就成了屏蔽扭绞线,抵御外界电磁干扰的能力更强。

(2) 屏蔽线:电缆间的耦合主要是近场耦合,电缆屏蔽是减少耦合的一种有效办法。对于感性耦合,屏蔽的机理主要是依靠高导磁材料所具有的小磁阻起磁分路作用,也就是由屏蔽体为磁场提供一条低磁阻通路,使屏蔽层内部空间的磁场大大减弱。因此,可用高导磁材料把干扰源散发的磁通与感应回路隔离开来,并能把部分通向感应回路的交链磁通反射掉。屏蔽可减小线间的耦合电容,并可以增大旁路电容。

对于容性耦合,把电缆中的任一根电线进行屏蔽,都可以减小电线间的耦合电容,并可以增大旁路电容。

金属编织套一般用高导电材料制作,它具有柔软、质量轻等优点,在工程上得到广泛的应用。对辐射场来说,编织材料的屏蔽机理是电磁波入射到金属网上,由于阻抗的突变,一部分能量被反射回来。它的屏蔽效能随编织密度的增加而提高。金属编织套对差模干扰的衰减量与接地方式、电缆长度和频率有关,最多不超过 60dB,如图 3.30 所示。

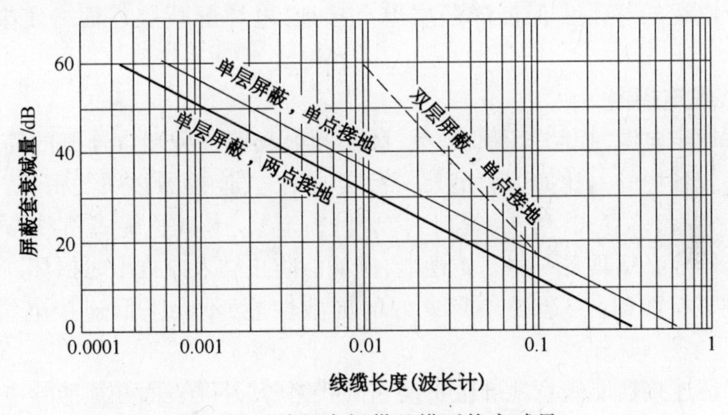

图 3.30 编织套提供差模干扰衰减量

(3) 同轴电缆:它是非平衡电线,具有均匀的特性阻抗和较低的损耗,广泛用于高频信号的传输。其差模干扰可分成两部分:一是场对电缆的干扰,使电缆表层产生干扰电流;二是由于电缆的转移阻抗使表面电流转换为差模电压,作用在放大器或逻辑电路的输入端,经过这一过程使外界的干扰电平得到较大幅度的衰减。

2) 一般选用规则

选用线缆时除了需要考虑电路特性和环境条件,还必须考虑电磁兼容要求。从电磁兼容角度,选用线缆需要考虑的因素是传输信号波形、频率范围、功率电平、电路敏感度以及电磁环境。在设备密集的舱室内布线布缆,分类和最小间距要求往往难以兼顾,此时需要选用特殊线缆,例如屏蔽或扭绞电缆来弥补。下面提出线缆选用的一般规则供参考。

(1) 外部电源线路:对于外部电源线路,如 115/200V 交流(舰上和地面为 220/380V)或 28V 直流供电线,一般可用未屏蔽的电线,但当电源本身产生相当大的电磁干扰时,例如未予适当滤波的变流器、交流发电机或整流器,电线应适当屏蔽起来以防止干扰辐射。电源线对自身应该扭绞。对于高增益放大器的供电电源,例如直流 28V,若放大器没有安装能提供足够衰减的滤波器时,为防止受其他电路影响,最好用屏蔽扭绞线。

(2) 天线电路:这类电路一般选用同轴电缆或波导作信号传输线。

(3) 控制电路和中电平电路:这类电路宜用扭绞线作信号传输线。

(4) 数字电路信号传输线:这类线路的信号为脉冲信号,频带较宽,既易受干扰,又会干扰其他电路,一般选用屏蔽扭绞电缆。

(5) 低频低电平电路:这类电路的信号为低电平的直流或低频信号,对低频电磁场极其敏感,由于"音频整流"现象对高频电磁干扰场也很敏感,所以采用屏蔽扭绞电缆较好。为保证屏蔽层单点接地,电缆屏蔽层外面一定要有绝缘护套。

4. 线缆连接器

为适用于电源、控制、音频、视频、脉冲和射频等各种端口连接的需要,连接器也是各式各样的。比如为满足某一特定的用途,连接器必须气密、防水、防雨蚀。产品类型有:直式、角式、螺口式、卡口锁定式、卡口螺旋式、直插式和推入式。连接器除必须具备一些基本性能,例如能防止插入或拔出时损坏,触点有可靠的低电阻接触以外,还必须有良好的屏蔽性能,不会降低连接电缆的屏蔽性能。

为保证连接器能满意地屏蔽贯通它的线路,其外壳表面必须能导电,并在连接器与电缆结合处屏蔽不能中断,否则干扰场就会从这里进入。连接器连接插针之间的接触电阻必须很小,因而要用高导电率、防锈、防污、抗腐蚀和耐磨的材料镀覆。

图 3.31 所示为射频敏感电路的屏蔽层和连接器连接及屏蔽层接地的方法,通过中间连接器时,可按这种方法获得屏蔽连续性,但最好还是在连接器两侧,从屏蔽层引出接地线,接到信号接地桩上。

5. 屏蔽层接地

1) 低频电缆屏蔽层的接地

(1) 单点接地电路:屏蔽电缆抑制干扰的能力除与屏蔽层本身的质量有关外,还与屏蔽层的接地方式密切相关。即使同一种电缆,由于传输信号的频率不

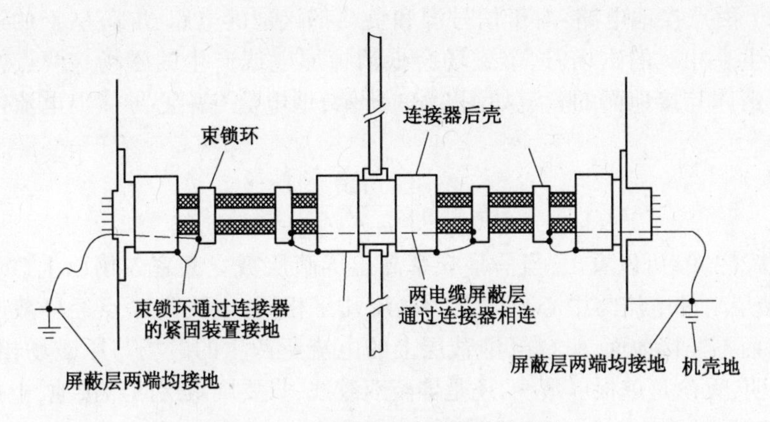

图 3.31　射频电路屏蔽电缆的端接

同,屏蔽层也应用不同的方法接地。

武器装备上有成千上万根电缆,其中大多数是低频电缆。当电路只有一个接地点时,用于传输低于 100kHz 低频信号的电缆屏蔽层应当只在一点接地。如果屏蔽层有一个以上的接地点,则在电缆屏蔽层上将有噪声电流流动。这样,对于屏蔽线来说,屏蔽层中的电流通过电感性耦合产生的不均匀电压,将进入信号电缆而成为干扰源。所以,其接地点应按设备的接地状况,既可选在信号源端,也可选在负载端。但无论哪种情况,都要使通过屏蔽层的电流与内导体的电流大小相等,方向相反。这样,在屏蔽层外围相互抵消,起到对磁场干扰的衰减作用,如图 3.32 所示。

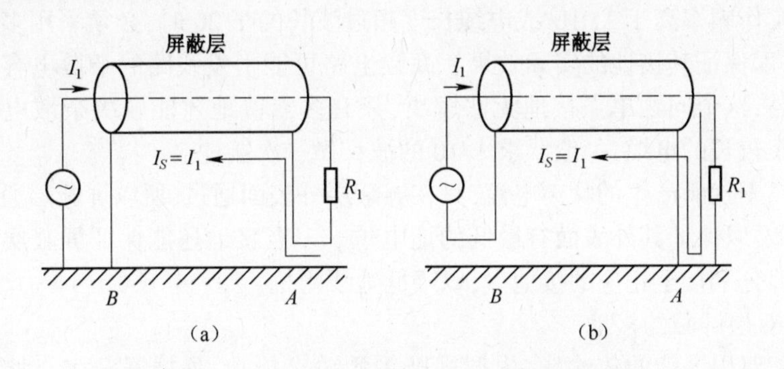

图 3.32　单点接地电路电流皆经屏蔽层返回

(a)信号源端接地;(b)负载端接地。

对于敏感电路,屏蔽的目的是防止外界的干扰信号通过电缆引入,在这种情况下,接地端应选在负载端。

对于只产生干扰而本身不易敏感的电路,接地点应选在信号源端。

(2) 两点接地电路：对于信号源和负载都接地的电路，屏蔽层上的返回电流将产生一相对的磁场，这个磁场会抵消掉原电线产生的磁场。两点接地电路中屏蔽体与接地面的分流如图 3.33 所示，地电流与中心导体上电流的关系如下：

$$I_s = I_1\left[\frac{j\omega}{j\omega + \omega_c}\right] \tag{3.9}$$

从式(3.9)可以看出，当信号频率高出屏蔽层截止频率 5 倍以上($\omega \gg \omega_c$)时，屏蔽层上的电流与中心导体上的电流几乎相同，电流由 A 点经屏蔽层返回到 B 点而不经接地面。这样，屏蔽层上的电流所产生的磁场与原磁场相抵消。试验表明，无论是单根屏蔽线，还是屏蔽双绞线，只要屏蔽层两点接地，干扰信号在 50kHz 可达到 25~30dB 的衰减。

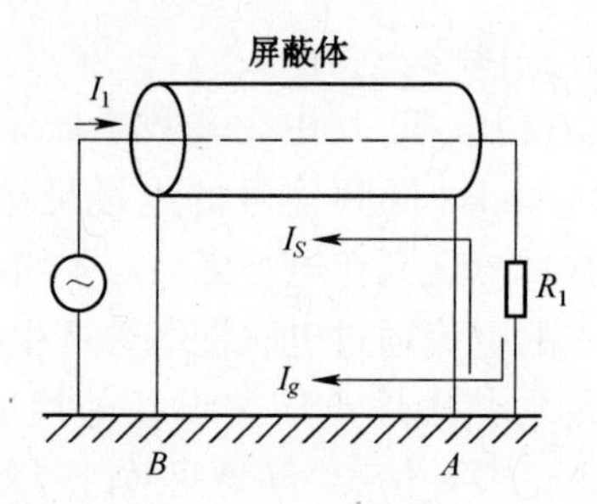

图 3.33　两点接地电路中屏蔽体与接地面的分流

2) 高频电缆屏蔽层的接地

当工作频率高于 1MHz 或电缆长度超过波长的 1/20 时，必须采用多点接地的方式，以保证其接地的实际效果。高频电路可能引发线路的杂散电容而形成接地环路，这个问题单点接地无法解决，只有多点接地才能解决杂散电容的问题。对于较长的电缆，一般要求 1/10 的波长做一次接地。

高频干扰所产生的噪声电流，只在屏蔽层外表面通过，所以屏蔽层通常采用多点接地，以保证其外表面有最低的地电位。多点接地还能保证屏蔽层所用的地线能够分别接至相应的接地点，以降低地线阻抗。

3) 双层屏蔽的接地

对于双层屏蔽的传输线，内层屏蔽采用单点接地，外层屏蔽多点接地。这样，接地点之间的地阻抗值不会太高，对外界的高频磁场的干扰有较好的屏蔽作用。虽然外屏蔽层上有干扰电流，外层屏蔽上的电位对内屏蔽层也将形成电位差，但由于内层屏蔽是单点接地，不会形成干扰电流。这样，便保证里面的传输线不受任何外界电磁场的干扰。

6. 空间布线设计

线缆的空间布局就是根据线缆和线束的必要数据,结合武器装备的舱内空间,进行线缆的合理布局,满足电气、电磁兼容设计的要求。在这个阶段,线缆布线设计工程师将决定每一根线缆、线束的精确长度,决定线缆和线束的精确位置,决定连接器与紧固装置的具体位置。

线缆布线设计工程师,将有关电子、电气系统的线缆和线束的信息,加以分类、整理。线缆应利用适当的代码来标识。该代码应带有线缆类别和线束走向等信息。

线缆空间布局设计必须根据舱内不同信号线缆的干扰特性,在理论计算和试验的基础上,总结舱内不同信号线缆的布局方法,减少相互干扰。

1) 进行线缆和线束的设计

在这个设计过程,要根据线缆和线束的设计原则,明确线缆和线束的各种参数,并对线缆和线束进行拓扑描述,生成线束图,同时,配合电磁兼容等试验,逐步修改、完善设备的线束图,并建立线束图模板。

2) 进行线缆的空间布局设计

根据线缆空间布局设计原则,使用线缆布线软件,生成线缆空间布局图,同时,配合电磁兼容等试验,逐步修改、完善设备的线缆空间布局图,并建立线缆空间布局图模板。

线缆的空间布局设计,工作量比较大,对设计者来说知识面要求比较宽,需要将电气技术、机械技术和制造技术的有关内容结合起来考虑,一般人员短期内很难达到比较高的设计水平。因此,工作人员必须不断扩展知识面,熟悉上述专业的知识,熟练掌握线缆布线软件,全面提高设计水平。

3) 线缆布线设计的沟通

要完成线缆布线设计,线缆布线设计工程师必须做到电气设计、机械设计、制造技术的有效沟通(单/双向),有效的沟通是线缆布线设计的保障。各专业人员的沟通,应以文件和图纸的形式进行沟通,图纸和文件必须采用相同的标准。

通过对线缆布线的合理设计,可以解决绝大部分线缆布线导致的电磁兼容问题。

3.5.3 飞机布线

本节提供飞机布线的一般设计要求。

GJB1014《飞机布线通用要求》提出了飞机电子电气系统的线缆布线要求,适用于飞机上各子系统/设备间交联线缆的线缆分类、标识、选用和敷设。

1. 分类和说明

飞机内互连线可按电路终端端口性质、电路干扰电平和敏感程度分为6类，其中第Ⅲ类不用。

1) 电气负载供电线(Ⅰ类)

本类包括：

(1) 除主电源馈线以外的115/220V,400Hz的单相或三相交流电源供电线；

(2) 28V交流或直流电气负载供电线。

常见的电气负载有交流马达、加热器、同步励磁电路、照明系统、继电器和其他螺线管工作装置。内部装有变压器、用115/220V,400Hz供电的电子设备也归在这一类。

2) 电子负载供电线(Ⅱ类)

本类是指电子设备的28V交流或直流供电线。本类还包括直接通过电阻器或电感器向晶体管或集成电路供电的电源线。

电子仪表负载包括射频设备、内话、自动驾驶仪、计算机告警、防滑系统、自动扰流板等。同步励磁电路划在Ⅰ类，而同步3相电路划在Ⅳ类，28V直流滤波器输出线路也划在本类。

3) 敏感电路(Ⅳ类)

本类系指对电磁干扰敏感信号电路，包括：

(1) 模拟信号电路、音频和视频、灵敏度控制、音量控制等；

(2) 同步信号电路和含桥式电路的设备；

(3) 数字电路；

(4) 解调电路。

4) 隔离线(Ⅴ类)

本类包括极端敏感或电平很高的电路，以及发射机和接收机高频电缆，具体包括如下四种：

(1) 所有与无线电和雷达设备有关的射频传输线、波导和同轴电缆；

(2) 电引爆装置发火电路；

(3) 火警、燃油油量表；

(4) 主发电机输出馈线。

5) 子系统互连线(Ⅵ类)

本类是指一个子系统的各个设备之间的互连线，只能用于密集的布线区。如图3.34所示，第Ⅵ类线束可含有来自一个设备连接器的Ⅰ、Ⅱ、Ⅳ和Ⅴ类互连线，但一起走线长度不得超过0.9m。发电机控制线按Ⅵ类走线。

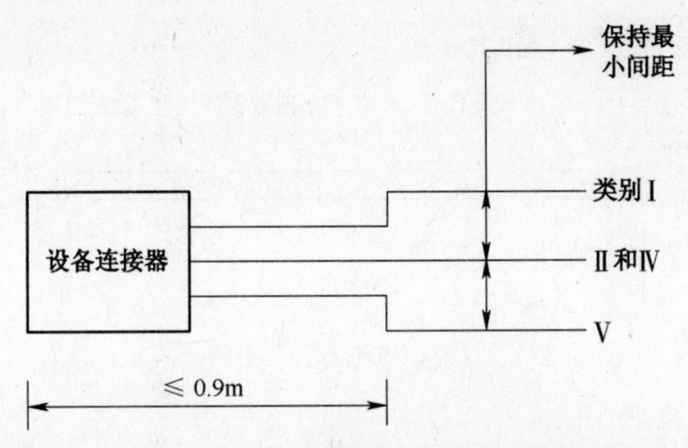

图 3.34　来自一个设备连接器的第Ⅵ类互连线编组方法

2. 线缆标识

1）线缆颜色标识

按 GB2681—1981《电工成套装置中的导线颜色》的规定要求，线缆的种类和颜色标识具体见表 3.8。

表 3.8　线缆种类和颜色标识

线缆种类		颜色
115V 交流电源 400Hz	A 相	黄
	B 相	绿
	C 相	红
	零线或中性线	淡蓝
28V 直流电源	正极	棕
	负极	蓝
接地中线		淡蓝
安全地线		黄和绿双色(每种色宽 15~100mm 交替粘接)
信号线(控制线)		白
信号地线		黑
干扰源地		灰

2）线缆字母标识

为方便在飞机上线缆的敷设、互连和排故，要求在线缆的两端印插头代号“A”“B”，在距插头代号“A”“B”500mm 处印线缆代号“C”，在距线缆代号“C”10mm 处印电磁兼容代号“D”。

每间隔 1m 重复印一次线缆代号“C”和线缆电磁兼容性代号“D”，如图 3.35 所示。

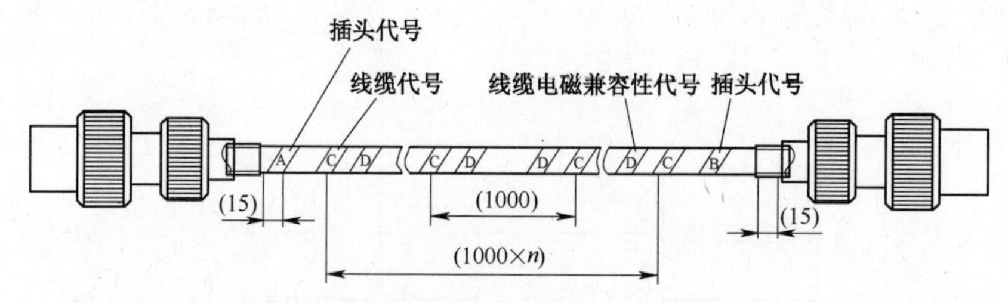

图 3.35 线缆标识方法示意图(单位:mm)

3. 线缆敷设原则

在机上敷设线缆时,由于空间等条件的限制,布线可能无法满足理想的间距要求,但应限制在一定的范围内,以满足电磁兼容的要求。在机上敷设线缆时,需注意以下几点:

(1) 接收设备高频电缆和发射设备高频电缆应在机身顶部和下部相对安装;

(2) 导线组在机身左右侧平行安装;

(3) 电缆通过减轻孔前、后应保持一定的间距;

(4) 电源线不与敏感线和隔离线捆扎在一起;

(5) 连接器最好采用同类电线,隔离线、敏感线不应和电源线、控制线共用连接器;

(6) 信号线和其回线应安置在相邻插针上;

(7) 输入、输出信号线不应捆扎在一起;

(8) 交流供电线和其他电缆、高电平控制线和低电平敏感线应分开固定。

4. 最小间距

各类互连线敷设的最小间距见表 3.9。

表 3.9 飞机各类互连线敷设的最小间距

类别	说明	最小间距/mm
Ⅰ	电气负载	150
Ⅱ	仪表和电子负载	75
Ⅲ	不用	
Ⅳ	敏感电路(音频、视频、同步器、信号电路等)	75
Ⅴ	极其敏感或干扰电路,飞行功能电路	75
Ⅵ	子系统	75

以美国 C5 大型运输机的舱内布线为案例来说明。

C5 飞机共有 1.4 万根导线,总长度合计可达 100 多千米。飞机中的所有导线分为 9 类。飞机中的每根导线都需要有一个导线分类号,这个分类号要成为印刻在导线上的标志码的一部分。布线按照 MIL-W-5088 规范作标志(表 3.10 和图 3.36)。

表 3.10　C5 大型运输机的舱内布线间距　(单位:英寸①)

类别	说明	其他类								
		1	2	3	4	5	6	7	8	9
1	电源线	0	6	3	12	15	·	6	3	12
2	二次电源线	6	0	3	6	9	6	·	3	6
3	控制线	3	3	0	3	6	3	3	·	3
4	敏感导线	12	6	3	0	3	12	6	3	·
5	被隔离的导线	15	9	6	3	·	15	9	6	3
6	特殊电源线	·	6	3	12	15	+	6	3	12
7	特殊二次电源线	5	·	3	6	9	6	·	3	6
8	特殊控制线	3	3	·	3	6	3	3	+	3
9	特殊敏感导线	12	6	3	·	3	12	6	3	+

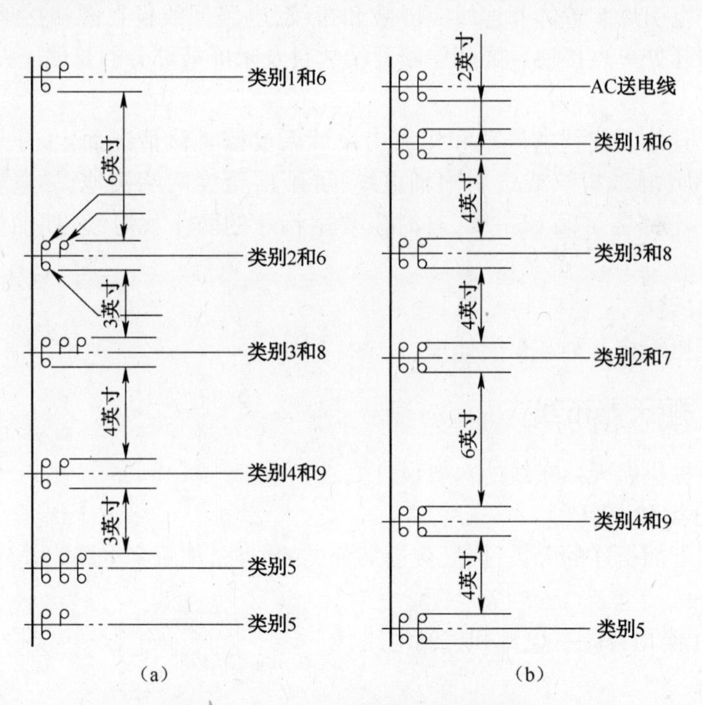

图 3.36　C5 大型运输机的布线间隔

(a)货舱区典型类别的布线间隔;(b) 机翼区典型类别的布线间隔。

① 1 英寸=2.54 厘米。

5. 屏蔽、屏蔽层接地和扭绞要求

1）Ⅰ类

Ⅰ类不屏蔽，应扭绞。

2）Ⅱ类

Ⅱ类通常不需要屏蔽，应扭绞。但如果是为对射频敏感的放大器供电，则需要屏蔽。

3）Ⅳ类

Ⅳ类应屏蔽、扭绞。音频电路屏蔽层单点接地，射频电路和脉冲电路屏蔽层多点接地。

4）Ⅴ类

（1）同轴电缆屏蔽层至少在两端接地，并且屏蔽层应与其终端例如连接器360°接触。

（2）主电源馈线不屏蔽、不扭绞。

（3）电引爆装置的互连线应屏蔽和扭绞，电路回线仅在源端接地。屏蔽应在每一断开处单点接地。屏蔽层断开的数目及未屏蔽部分的长度应控制到最小限度。

（4）其他互连线的屏蔽和扭绞由设计人员按具体情况而定。一般情况是射频电路或屏蔽扭绞或选用同轴电缆，屏蔽层至少两端接地，尽量多点接地；音频敏感电路需屏蔽和扭绞，有时需要用特殊的防干扰电缆，如油量表、火警电路等。

5）Ⅵ类

屏蔽扭绞按Ⅱ类和Ⅳ类处理。

3.5.4 航天器布线

本节提供航天器布线的一般设计要求。

1. 分类和说明

根据下面所述的分类，按最接近某分类的办法，把每个电路归并到特定的分类中去。

1）Ⅰ类电路——电源和控制电路

包括：

（1）电压高于10V的直流电路；

（2）电压低于10V、电流大于5A的直流电路；

（3）电压高于$25V_{rms}$、频率低于100kHz的交流电路；

（4）最高电压超过25V、上升和下降时间大于1μs的脉冲电路。

2）Ⅱ类电路——高电平信号电路

包括：

（1）电压幅度在5~25V、上升和下降时间大于1μs的数字电路；

（2）电压幅度在1~10V、上升和下降时间小于1μs的数字电路；

（3）电压有效值在5~25V，频率低于100kHz的交流电路；

（4）电压有效值在1~10V，频率在100kHz~1MHz之间的交流电路。

3）Ⅲ类电路——低电平信号电路

包括：

（1）电压低于10V、电流小于5A的直流电路；

（2）电压低于1V，频率在100kHz~1MHz之间的交流电路；

（3）电压低于5V，频率低于100kHz的交流电路；

（4）电压幅度低于1V、上升和下降时间小于1μs的数字电路；

（5）电压幅度低于5V、上升和下降时间大于1μs数字电路。

4）Ⅳ类电路——电引爆装置

5）Ⅴ类电路

包括：

（1）频率高于1MHz的所有交流电路；

（2）电压幅度高于10V、上升和下降时间小于1μs的高电平数字电路；

（3）电压有效值高于10V，频率在100kHz~1MHz之间的交流电路。

2. 屏蔽

1）一般屏蔽要求

屏蔽线用于防止产生不必要的辐射，保护导线免受杂散场的影响。所有的屏蔽都要绝缘，以防止自由接地。不同类别电路的互连线有不同的要求。其屏蔽要求见表3.11。

表3.11 航天器互连线屏蔽要求

电路特点	电压或电流/（V或A）	类别	屏蔽要求
直流	<10V，<5A	III_a	按对扭绞，III_a类编为一组后屏蔽，并与其他各类隔离
	<10V，>5A	I_b	按对扭绞，本类线可以不屏蔽
	>10V	I_a	按对扭绞，本类线可以不屏蔽
交流 f<100kHz	<5V_{rms}	III_c	按对扭绞，III_c类编为一组后屏蔽，并与其他各类隔离
	5~25V_{rms}	II_c	按对扭绞并屏蔽，或按对屏蔽
	>25V_{rms}	I_c	按对扭绞，本类线可以不屏蔽

（续）

电路特点	电压或电流/(V或A)	类别	屏蔽要求
交流 f=100kHz~1MHz	$<1V_{rms}$	$Ⅲ_b$	按对扭绞并屏蔽,或按对屏蔽
	$1\sim10V_{rms}$	$Ⅱ_d$	按对扭绞并屏蔽,或按对屏蔽
	>10V	V_c	同轴或平衡屏蔽电缆
交流 f>1MHz	全部	V_a	波导、同轴或平衡屏蔽电缆
脉冲上升或下降时间 >1μs	$<5V_p$	$Ⅲ_e$	按对扭绞并屏蔽,或按对屏蔽
	$5\sim25V_p$	$Ⅱ_a$	按对扭绞并屏蔽,或按对屏蔽
	$>25V_p$	I_d	按对扭绞,本类线可以不屏蔽
脉冲上升或下降时间 <1μs	$<1V_p$	$Ⅲ_d$	按对扭绞并屏蔽,或按对屏蔽
	$1\sim10V_p$	$Ⅱ_b$	按对扭绞并屏蔽,或按对屏蔽
	$>10V_p$	V_b	同轴或平衡屏蔽电缆
电爆器件	全部	Ⅳ	按对扭绞,每对屏蔽

2）加固屏蔽

电路辐射过强,若在电磁脉冲环境下工作时,应加固屏蔽。

3. 屏蔽端接和屏蔽接地

1）端接

（1）电磁脉冲(EMP)环境:各类互连线的屏蔽应沿连接器周围,最好在其后罩壳内焊接。一端设计成不接地的内屏蔽,端接在连接器后罩壳内,使之不磨损。不接地的内屏蔽终端应与连接器的插针孔、后罩壳和相邻电缆屏蔽层绝缘。

（2）Ⅳ类电路:本类互连线屏蔽层应沿连接器周围、最好在其后罩内焊接。直接连接到电引爆装置电路上的火工品测试电路,应采用沿连接器周围、最好在火工品连接点或继电器盒连接器的后罩焊接。测试电路连接器上的屏蔽接地,如果电磁脉冲环境不作要求,可用一引线接到连接器地电位的插针孔上、或直接接到机壳上。

（3）Ⅰ类、Ⅱ类、Ⅲ类和Ⅴ类电路(无电磁脉冲):电路接地线和屏蔽层接地线应按最短走线接至航天器结构件上。屏蔽层和地之间的引线长度应该尽可能短,对于屏蔽线少于20根的线束,其屏蔽层接地线长度不得超过100mm。在连接器后罩壳露出的电缆不屏蔽部分不超过20mm。

屏蔽接地方法的优先次序为:

- 当屏蔽层连接到连接器时,最好在连接器里面提供一条到结构的低阻抗接地通路;

• 用一根引线接到电连接的地电位插针孔上;

• 用一根引线直接接到机壳上。

(4) 不接地屏蔽终端(无电磁脉冲):屏蔽终端应与连接器后罩壳以及相邻屏蔽层绝缘。若可能,将不接地屏蔽层终端接到连接器的空插针上。

2) 接地

(1) 高频电路(f>100kHz)、脉冲上升或下降时间小于 1μs 的数字电路,以及电爆装置发火电路(Ⅳ类)屏蔽线的屏蔽层须多点接地。

(2) 除多层屏蔽用以防止诱导干扰,其外层屏蔽需多点接地外,其他所有电路均应保持屏蔽层单点接地。

(3) 当屏蔽层单点接地以使电路避免诱导辐射时,接地端应选在接收负载端或高阻抗端;相反,当屏蔽层单点接地用以防止电路辐射时,接地端应选信号源端。

4. 电路隔离

1) 最小间距

在满足上述屏蔽要求和屏蔽层终端端接和接地要求的情况下,各类连线以及各类线束之间均应保持 30mm 最小间距,除非采取特殊措施。Ⅲ类低电平互连线中,$Ⅲ_a$类和$Ⅲ_c$类只能分别编组,与Ⅲ类及其他各类分开敷设。

2) 连接器插针分配

当不同类型电路的互连线使用同一个连接器时,应充分利用接地的备用插针,保证各类电路的隔离。

3) 电引爆装置

电引爆装置互连线应与其他各类线严格隔离,走线间距不得小于 30mm,而且不能共用一个连接器。

4) 天线电缆

天线电缆相互分开,并与其他各类布线分开。

3.5.5 舰船布线

本节提供舰船布线的一般设计要求。

1. 分类和说明

舰船上线缆按电磁发射和敏感性要求分为以下五类。

(1) 一类线缆——电磁发射线缆(E):本类包括电源电缆、馈电电缆、非线性负载电缆,大功率开关电路的电缆。

(2) 二类线缆——电磁敏感线缆(S):本类含低电平模拟信号电缆、低频信号电缆、视频信号线、数据传输低频控制线、音频信号线、电话线、同步指示信号线、油表指示线等电缆。

(3) 三类线缆——既有电磁发射又敏感的线缆(ES):本类主要包括脉冲数字信号电缆。

(4) 四类线缆——中性线缆(N):本类电缆既不发射又不敏感,主要包括低电平的阻抗负载线、照明线等电缆。

(5) 五类线缆——专用线缆(X):本类包括通信发射机的馈线、电引爆装置电缆和接收机电缆。

(6) 多芯电缆:多芯电缆以其中电磁发射和敏感性最严重的一根芯线来分,亦照上述情况分为5类。

2. 线缆敷设间距要求

1) 线缆间距一般要求

各类线缆敷设的最小安装距离见表3.12。

表3.12 舰船各类线缆敷设的最小间距 (单位:mm)

EMC分类	一(E)	二(S)	三(ES)	四(N)	五(X)
一(E)	0	150	100	0	200
二(S)	150	0	100	0	150
三(ES)	100	100	0	100	150
四(N)	0	0	100	0	100
五(X)	200	150	150	100	0

2) 特殊线缆敷设间距要求

(1) 天线馈线在露天的长度,如果超过5m,则天线馈线安装时应加大与其他线缆的距离,最小间距建议为200mm。

(2) 大功率发射天线馈线在露天部分尽可能短,一般应单独敷设,与其他所有线缆的距离至少应为200mm。

(3) 低频低电平的声纳接收换能器电缆距其他线缆至少应150mm。声纳发射换能器电缆一般应单独敷设,必要时,应与其他所有低频敏感线缆的距离至少为450mm,距其他类的线缆距离至少为300mm。

(4) 含电爆装置的武备系统的电点火线路电缆应单独敷设。与其他线缆的距离最少为150mm。

(5) 低电平数字信号线缆是极敏感线缆,敷设中应距其他类线缆至少有150mm。高电平脉冲亮带数字电缆与其他类线缆的距离至少为300mm。

(6) 上述特殊线缆在敷设中达不到要求时,在可能条件下适当增加间距或加强屏蔽。

3. 线缆选用

可按电磁发射和敏感特性以及使用环境来选用线缆。表 3.13 可作选用时参考。

表 3.13　舰船线缆选用推荐表

线缆用途	分类	推荐采用线缆
主交流电源到设备(三相)	E	三芯或四芯扭绞不屏蔽电缆
主交流电源到设备(单相)	E	双股不屏蔽扭绞电缆
主直流电源到设备	E	双股不屏蔽扭绞电缆
交流二次电源到设备(三相)	E	三芯或四芯扭绞不屏蔽电缆
配电布线	E	双股扭绞或单股裸线电缆
从设备到电源引线	E	扭绞电缆或屏蔽电缆
大于 5A 加热或阻性负载	N	扭绞不屏蔽电缆
小于 5A 的照明负载	N	单根不屏蔽电缆
小于 5A 的感性负载	E	单根电线或屏蔽电缆
大于 5A 的容性负载	E	屏蔽电缆
数字电路	ES	扭绞屏蔽电缆
脉冲电路	ES	扭绞屏蔽电缆
模拟信号电路	S	扭绞屏蔽电缆
同步机-激励绕组	E	三股或两股不屏蔽电缆
同步机-控制信号	S	双股扭绞屏蔽电缆
伺服直流放大器	S	双股扭绞屏蔽电缆
伺服保护电路	S	双股扭绞屏蔽电缆
低电平信号	S	双股扭绞屏蔽电缆
火警系统	S	双股扭绞屏蔽电缆
燃油油量表电缆	S	同轴电缆
通信天线馈线(接收)	X	同轴电缆
通信发射天线馈线	X	同轴电缆
视频电缆	S	同轴电缆
电话电缆	S	双股扭绞电缆
指示器电缆	S	同轴电缆
雷达发射传输线	X	波导管

4. 线缆布线原则

(1) 舰船线缆布线尽量降低耦合,充分利用现存结构进行隔离,尽量减少屏蔽、滤波措施。

(2) 除三类既发射又敏感线缆和五类专用线缆以外,一般应按类敷设。每类敷设在一起,并与其他线缆按要求的最小距离进行敷设。在空间有限时,第四类中性线缆可以与其他类线缆敷设在一起。

(3) 发射天线馈线、波导管尽可能敷设在上层建筑舱室内或桅杆内。以减少露天部位的长度。

(4) 各类线缆,尽可能按 40dB 原则分类进行敷设,即电平在 40dB 以内的电缆或馈线应成束敷设在一起。

(5) 低频低电平信号线缆与电源电缆和其他干扰电缆,尽量避免平行敷设。

(6) 发射电缆、天线馈线、敏感电缆不能在舱室门、孔、窗边敷设。

(7) 如果按要求在最小间隔上敷设达不到要求时,应在各类线缆之间采取屏蔽措施。

(8) 各类线缆在敷设中应按要求作标记。

5. 线缆屏蔽层接地

线缆屏蔽层按下述规定接地:

(1) 传输 100kHz 以下低频信号的屏蔽电缆,屏蔽层通常在负载端单点接地,另一端绝缘,如果负载端要求不接地,则屏蔽层应在传感器端接地;

(2) 高频电缆长度小于 0.15λ 时,屏蔽层采用单点接地;当高频电缆长度大于 0.15λ 时,则要求以 0.15λ 为间距进行多点接地。当屏蔽层不能实现多点接地时,至少采用两端接地;

(3) 如果一根电缆的屏蔽层既可单点接地,又可采用多点接地,则在不能实现多点接地时就直接采用单点接地,或者用电容器接至接地点,其容量大小依工作频率而定;

(4) 电力电缆屏蔽层尽可能多点接地,至少两点接地;

(5) 短波发射天线附近的屏蔽电缆,其屏蔽层必须要用多点接地,接地间距应小于 1.5m。

3.6 系统接地网络设计

接地(grounding)是指把设备的负载或壳体搭接到基本结构,为设备提供基准电位,也为设备和基本结构之间提供低阻抗通路。

接地设计是电磁兼容最重要的设计内容之一。实践证明在控制电磁传导干扰方面,接地是最容易实现、最有效和最经济的,但它又是较难掌握的一种抑制传导干扰的方法。因为接地不当反而会引发一些电磁干扰,因此武器装备的接地不能仅限于理论上的讨论,更重要的是在具体工程中如何实现。

按接地的作用分为保护性接地和功能性接地。保护性接地包括防电击接地、防雷击接地、防静电接地等,主要目的是让武器装备与大地之间的电位差为零,用于泄放静电或供电泄漏时防止触电事故发生。这种接大地在英文中是“earthing”。

功能性接地是为了处理好系统或设备内部各个电路工作的参考电位,抑制干扰,保证电子电气试验设备正常、稳定和可靠地运行。

搭接(electrical bonding)是指两个金属物体之间通过机械或化学方法实现结构连接,建立一条稳定的低阻抗电气通路的工艺过程。搭接能为电流的流动安排一个均匀的结构面,避免在相互连接的两金属间形成电位差,确保在产生涌流时有大电流低阻抗的回路;并能提供对电击的保护等。电搭接按照其作用分为雷电防护搭接、静电防护搭接、防射频干扰搭接、电流回路搭接、天线搭接、易燃/易爆危险区搭接等,有时一种电搭接可能兼有多种目的。

3.6.1 接地原则

为了保证系统内部设备、人员的安全和系统电磁兼容性,工程上要求武器装备的各个部分,包括舱外的设备和金属构件,舱内的电气、电子设备、机构、结构、热控等都应实现有效的电气搭接,构成一个完整的接地网络,接地网络一般以武器装备的金属舱体(壳)结构作为主参考地。

武器装备的接地网络设计是一个复杂的系统工程,这是因为系统上安装的设备和子系统多且分布广;工作频段从直流到几十吉赫;电磁环境恶劣和复杂。为了简化问题,将整个接地系统分成若干个子系统,如小信号地系统、大信号地系统、电流地系统和机壳地系统等。各地系统的基准接地点,可根据系统内设备布置的情况分区段选取,同时还要防止各区段之间的相互干扰。

系统接地设计的基本原则:

(1) 整个系统平台应具有相同的基准电位(以直流为参考);这个往往是通过系统的接地网络来实现;

(2) 舱外所有设备的框架、底座、结构,以及其他大的金属部件都应采用熔焊(电弧焊)或经过低阻搭接到舱体上,以保证与舱体相同的接地基准电位;金属活动部件应与其附近舱体有很好的电搭接;

(3) 当设备频率低于1MHz或接地线的长度小于信号波长的1/20时采用单点接地,以减小因接地回路中感应电流对设备的干扰,当设备频率高于1MHz或接地线的长度大于信号波长的1/20时采用多点接地,接地线应尽可能短,以减小接地线上的感应电压对设备的干扰;

(4) 将设备和线缆按其功能和电特性进行分类以形成分类子接地系统,各系统的设备应在互不干扰的原则下分区段接地,如图3.37所示;

(5) 系统内所有的数字设备应设置专用的数字接地系统;

（6）所有电子、电气设备接地或搭接直流电阻要尽量小，例如小于10mΩ。

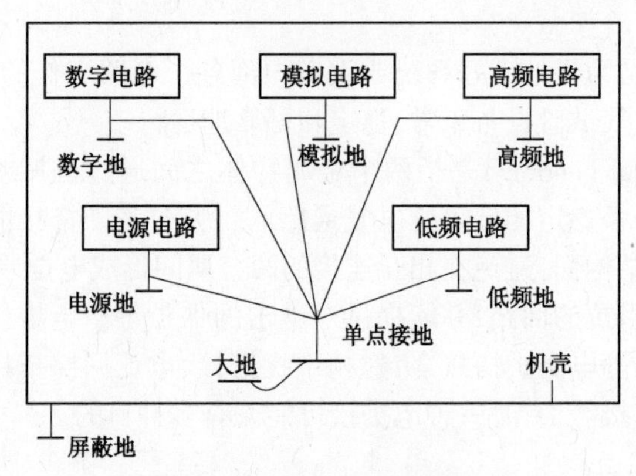

图3.37　分类接地示意图

3.6.2　飞机系统接地网络

飞机的接地面采用的是悬浮接地系统，因此飞机的金属机身和主体框架除了作为承力结构外，还做为整个系统的参考地，为机载电子、电气设备提供基准电位，并实现静电、雷电、强电磁辐射防护。

飞机上需要提供几个系统接地点，即分组建立零电位，将小信号电路地、大信号电路地以及干扰源噪声地等分别设置，然后再连接到一个接地体上，以避免相互干扰。

近年来复合材料在飞机结构中得到了大量的应用。但复合材料的射频阻抗大、导电性差，给飞机电磁兼容设计带来了诸多麻烦。

复合材料飞机电搭接/接地设计面临以下难题：

（1）在缺乏金属机体作为电搭接基本结构的情况下，如何设置搭接点和接地点。

（2）复合材料机体本身绝缘或电导性较差，如何采取措施，保证机体结构件之间的电导通。

（3）如何规定电搭接/接地的合格电阻值。

（4）如何对电搭接/接地的效果进行测试检查。

复合材料制造的机身，要在复合材料机身结构内安装接地网络，以代替传统的铝合金结构的电气搭接、接地及雷电防护的功能。复合材料飞机系统的接地网一般采用如下的结构形式：多个导电能力强的金属搭接组件沿着飞机复合材料机身布置，提供飞机纵向的电气传导路径；在飞机横向上提供多个金属搭接组件，沿飞机横向扩展构成飞机横向的电气传导路径，同时将横向的金属搭接组件与纵向的金属搭接件连接,保证当特定风险发生时,一些纵向金属搭接件发生失效,仍能有部分纵向金属搭接件实现电气传导的功能。图 3.38(a)是接地网的结构简图,图 3.38(b)是对应的电气原理图。

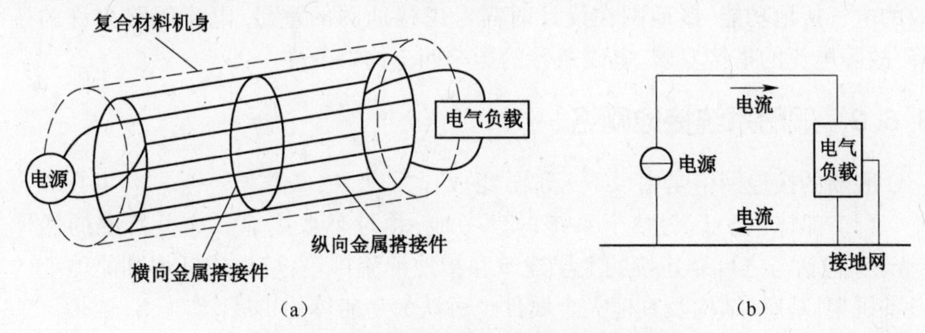

图 3.38 飞机机身接地网结构原理简图

(a)接地网结构简图;(b)接地网电气原理图。

以空中客车公司的 A350 飞机为例,该飞机机身和机翼主要采用复合材料。A350 在机身内部用金属结构框架、金属件和电搭接线构建电气结构网络(Electrical Structure Network,ESN);在机翼、尾翼等区域用专门设计的搭接用金属零部件构建金属搭接网络(Metallic Bonding Network,MBN)。金属搭接网络在翼身对接处等位置,与电气结构网络相连导通,如图 3.39 所示。

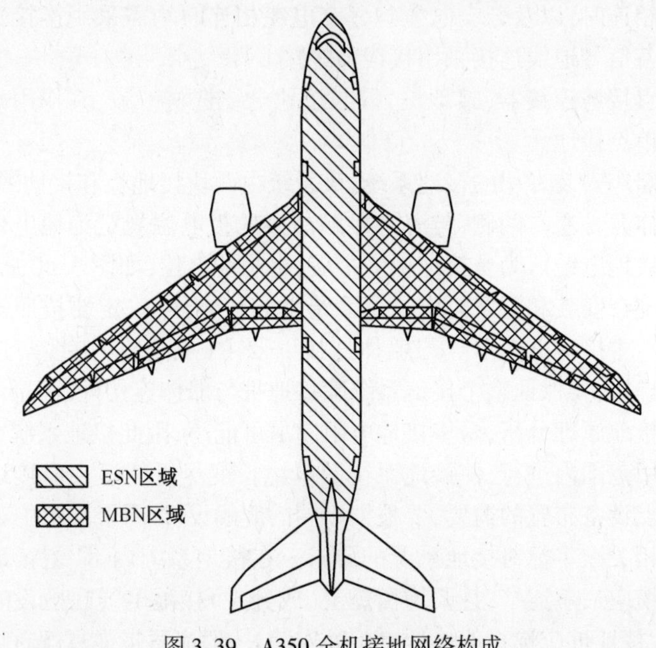

图 3.39 A350 全机接地网络构成

目前,空客、波音、庞巴迪等公司的多种飞机都采用了这类接地网,在复合材料机身内形成了与金属结构等效的接地平面。

但接地网的使用不可避免地会带来额外的重量。为实现与传统金属机身等效的电气接地功能,接地网在设计时需考虑接地网的重量、电流回路允许的压降、故障电流的搭接要求、电磁兼容的影响四个约束条件。

3.6.3 舰船系统接地网络

舰船的接地网络是由以下五部分组成:

(1) 船体(壳)。为整个系统的参考地,并与海水接地。这里所说的船体(壳)还包括与之可靠连接的上层建筑和接地汇流排等,熔焊或钎焊到船体上的设备机架、基座、结构及其他大金属件也可认为是船体的扩展。

(2) 主接地电缆。采用 CEFR 单芯电力电缆,横截面积为 $240\mathrm{mm}^2$,外有绝缘层和护套。该电缆贯穿主要数字设备,并只在一处与船体(壳)焊接固定(即单点接地)。该电缆的走向布置应使与其相连的分支电缆最短。

(3) 分支接地电缆。电缆型号与主接地电缆相同,横截面面积为 $25\mathrm{mm}^2$,它的作用是将数字设备中的信号地与主接地电缆连接起来,分支接地电缆与船体应绝缘。

(4) 连接器。用铜材加工制成,当主接地电缆须断开后再连接、分支电缆与主接地电缆相连时,以及分支电缆与分支电缆相连时均需采用连接器连接。分支电缆与设备信号地线连接采用接线鼻螺接。

(5) 单点接地连接器(接地桩)。与接地电缆选材一致,其作用是将主接地电缆与船体单点接地。

非金属船应安装专用的接地系统,该系统由两块接地板和接地缆组成,接地板安装在船体龙骨左右两侧,与海水接触的接地板电位规定为地电位。与接地板相连接的接地电缆认为是接地板的扩展,也是地电位,如图 3.40 所示。

接地系统在安装和配置时应注意系统性和科学性,一定要按照安装工艺指导文件操作。主接地电缆单点与船体连接以及主(或分支)电缆与连接器连接时都应采取焊接,要保证整个接地系统除接地桩与船体连接外,其余部分均与船体绝缘。从接地原理分析,希望接地电阻应尽可能小,因此接地系统在配置时应在最小的实用范围内进行,使接地系统的电缆长度尽可能短。但接地系统的布置应满足舰上设备布置的需要,要根据不同的舰船设计不同结构的接地系统,而且还要满足相关国军标对接地系统的要求。在接地系统内部,主接地电缆与各分支接地电缆应最短连接,且要均衡。主(或分支)接地电缆在敷设时应尽量远离电源电缆,接地桩应选择船体低电位处安装,一般应尽量靠近舰首区域。因为

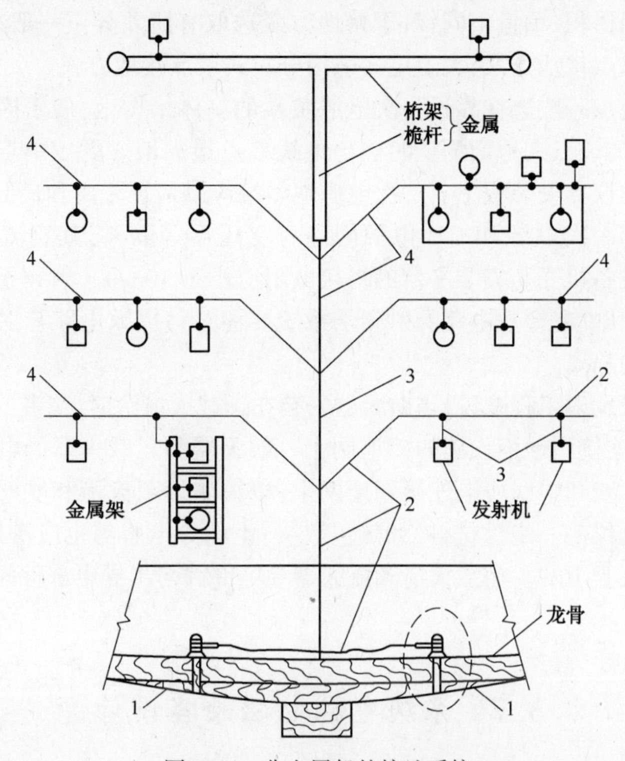

图 3.40　非金属船的接地系统

1—接地板；2—互连电缆；主接地电缆，发射机主接地电缆横截面为 $70mm^2$；

3—发射机机箱接地电缆；4—分支接地电缆。

舰上的大功率电源系统和发射设备大部分布置在舰尾。另外，数字系统的辅助设备和外围设备（如高速行式打印机、绘图机、输入输出控制台等）在不影响性能的前提下，可以不与接地系统连接而就近接地。

3.6.4　航天器系统接地网络

航天器接地也要形成等电位，为全航天器各个系统中的电子设备电路提供统一的“参考地”。航天器金属结构主体电容量较大，可为各电气系统提供参考零电位，因此是航天器结构接地系统的主要组成部分。

以卫星为例，卫星接地平面是卫星的金属主体结构，包括所有铝蜂窝夹层、铝表板、铝箔带、连接导线以及运载火箭的接口环等。接地平面为系统内各设备和线缆提供一个等电位面及统一的零电位参考基准，减小整星的传导耦合干扰，避免或降低卫星不同部位之间的电弧放电，使卫星免受电磁干扰的影响。

航天器因体积、重量不同,对于接地方式选取有所差异。一般来说,小卫星多采用单一单点接地方式,大卫星多采用分布式单点接地方式。

整星接地点一般选在靠近一次电源负端的星体结构上,便于固定各类接地线及星外操作,该点在地面测试时引出地线单点接大地。区域单点接地点应位于每块独立的仪器安装板上。一次电源地线端应以最短距离和最低阻抗搭接到接地参考点。一次电源和二次电源间应有变压器等隔离,其直流电阻应大于1MΩ。星载设备机壳与安装平台的搭接电阻应小于10mΩ。射频子系统采用多点接地方式,其中有模数电路的射频子系统要注意将模数电路与射频部分进行物理的和电的隔离。

对于航天发射工程来说,当航天器安装在运载火箭上时,二者的接地网需要连接,并进而连接到地面设施的接地网上。航天器和运载火箭的电源子系统相互绝缘的各回线和中线应电连接到地网上,以控制运载火箭和航天器电路与金属部件间的电位差。绝缘材料(如热包敷层)上的导电膜等也应搭接到地网上,其电阻应不大于10Ω。运载火箭和航天器导电部件与半导电部件间的搭接电阻应小于1Ω。

3.7 系统电源电磁兼容设计

武器装备的电源是系统安全平稳运行的基础。

电源系统是指在武器装备上产生电能的装置。电源系统再加上配电系统(分配与传输至用电设备端的部分)被称为供电系统。

按能量转换方式,电源可分为一次电源和二次电源。二次电源里的开关电源是武器装备上很常用的部件,用于将某种形式的电能转换为其他形式的电能,例如将交流转换为直流的变压整流器,或直流转换为交流的变流器。

电源电磁兼容性是电源系统及其部件在总的电磁环境下按规定要求完成其功能的能力。必须防止供电系统中的干扰信号影响用电设备的运行,同时也要抑制用电设备产生的干扰影响供电系统的工作。

3.7.1 电源的质量指标

武器装备电源系统的质量指标除了功率特性的全部指标应符合一定的技术要求之外,还应包括在所有正常工作条件下的供电可靠性、战斗或事故条件下的供电完整性(不间断性)、保护和转换装置的快速性和准确性、系统的电磁兼容性等。下面是电源的几项特性指标。

1. 直流供电系统的电能质量

直流供电系统的电能质量主要由稳态电压极限、电压脉动和电压瞬变三个指标衡量。稳态电压极限是指稳态时用电设备端电压的最大变化范围,它决定于电源的调压精度和馈线压降大小。电源的调压精度与它的电压调节器密切相关。

电压脉动通常由传动装置转速脉动、有刷发电机换向和电压调节器工作等因素导致,电压脉动量也必须限定在允许范围内。

电压瞬变是在发电机转速变化或负载突变时电压超出稳态极限,并在一定时间内回到稳态极限的状态,常用电压最大变化量和恢复时间表示。电压瞬变有两类,一为电压浪涌,另一为电压尖峰。电压浪涌是供电系统在外干扰作用下引起,并通过内部调节作用抑制电压的变化,持续时间较长,一般自数毫秒至数十毫秒。电压尖峰是由电路转换引起,持续时间为数微秒。国家航空供电标准对电压瞬变有明确的要求。例如,图 3. 41 为 GJB181B—2012《飞机供电特性》中的 28V 直流电源正常瞬变电压包络线限值。

2. 交流供电系统的电能质量

交流供电系统的电能质量包括电压和频率两个方面。

电压质量指标有稳态电压极限、电压波形、三相电压对称性、电压调制和电压瞬变 5 个方面。交流电压波形应为正弦波,但实际上有所偏离,常用波峰系数(相电压波形峰值与有效值之比,正弦波为 1. 414)、总谐波含量、单次谐波含量和偏离系数(电压波形与其基波波形对应点的偏差)来衡量。电压调制是供电系统稳态运行时,电压在其峰值的平均值附近周期性或随机的变化或两者兼有的变化,常用调制幅值和调制频率来衡量。

频率指标有稳态频率极限、频率漂移、频率调制和频率瞬变四个方面。频率质量指标的一些定义与电压指标类似。图 3. 42 为 GJB181B—2012《飞机供电特性》中的 400Hz 交流电源正常瞬变频率包络线限值。

3. 7. 2 电源的质量要求

武器装备中的大功率用电设备的起动和停止易引起电网电压波动,产生较大的浪涌或尖峰,影响一些对电源品质要求较高的设备正常工作;二次电源对系统内电源系统的电源品质影响很大,其影响随着电源功率的增大而增加,易影响敏感设备的正常工作;常用的接触器等控制器件的触点机械转换也可能影响敏感设备的正常工作。

下面是 GJB3590—1999《航天系统电磁兼容性要求》中对航天器的交流和直流电源子系统的电源品质要求。其他武器装备的电源品质要求可参考

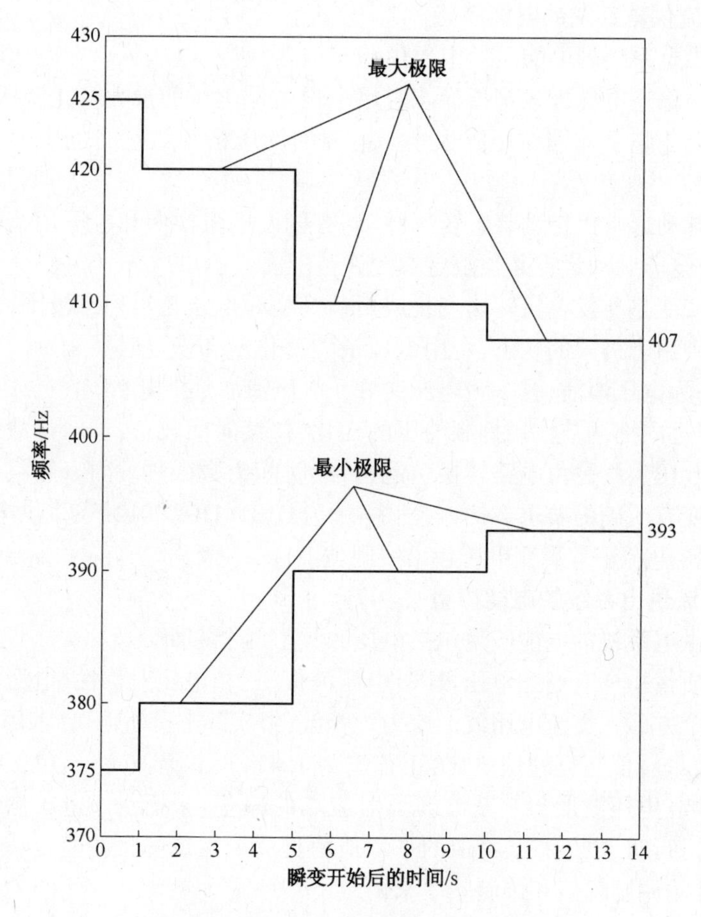

图 3.41　28V 直流正常瞬变电压包络线

GJB1389A、GJB181B 等相关标准中的相应规定。

1. 电压纹波

在直流电源子系统的任何配电点用时域测量时，由电源产生的和负载引起的纹波总值的峰峰值、包括重复性的尖峰，都应不大 500mV。

2. 电压尖峰

短持续时间（50μs 内）非周期性瞬态和长持续时间非周期性瞬态中的短持续时间分量，其峰值应小于额定负载电压的 3 倍，脉冲强度小于0.14×10^{-3}V · s。

3. 浪涌电压

（1）正、负浪涌电压应分别在小于 5ms 和 100ms 的时间内衰减到稳态限制值以下。

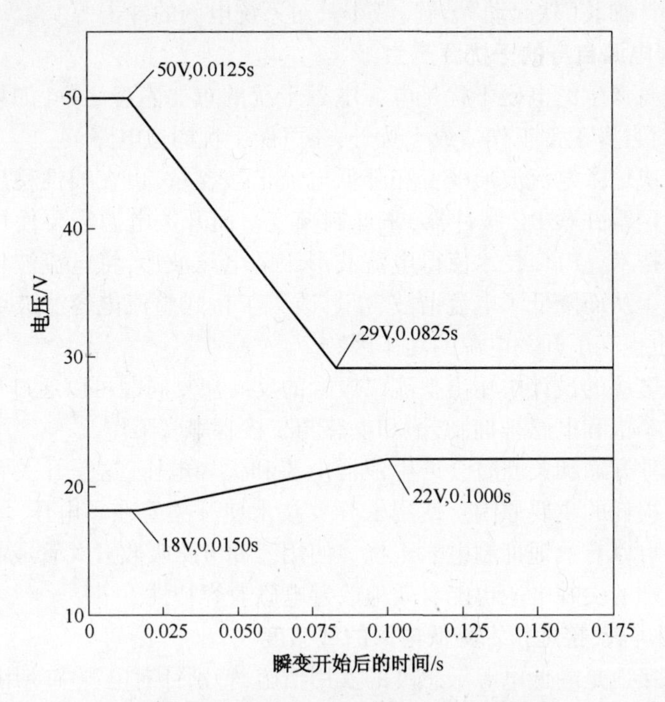

图 3.42 400Hz 交流正常瞬变频率包络线

（2）负载切换和负载故障引起的浪涌电压：除尖峰外，由于负载切换和排除所连接的负载内的故障，在主配电点上所产生的瞬时浪涌电压幅值应保持在额定负载电压的65%～130%之间，在给两个或多个负载供电的分路的输出点，由于排除其中某个负载的故障所产生的瞬时浪涌电压幅值应保持在零和额定负载电压的175%之间。

（3）电源子系统故障引起的浪涌电压：除尖峰外，由于电源故障在任一配电点产生的瞬时浪涌电压幅值应保持在零和额定负载电压的175%之间。

3.7.3 电源电磁兼容设计

根据电源在工业环境中面临的常见干扰源，通常可以采取以下几种抑制技术：抑制电源自身产生的各类电磁干扰源、使用屏蔽技术降低电源中敏感设备的敏感度、使用滤波技术切断电磁干扰的传输途径。

此外，在武器装备的电源系统总体设计时，也要采用一些设计技巧。例如采用多电源分组供电，避免大功率干扰源设备与敏感设备共用电源；尽量为各个功能部件采用单独电源供电，减少电路之间的公共阻抗耦合。工作时，按照“先大后小”的顺序分时起动，避免因大功率用电设备的起动影响其他设备；为大功率用电设备设计加装“软起动”装置,减小其对系统电网的冲击等。

1. 抑制电源自身的干扰源产生

电源自身产生的电磁干扰是电源电磁干扰的重要隐患之一,如果不能正确抑制它,除对自身正常工作造成干扰外,还可能干扰周边电路。

为了解决输入电流波形畸变和降低电流谐波含量,可在线性稳压电源中的整流二极管两端并联 RC 缓冲器,来抑制畸变。而开关电源需要使用功率因数校正(PFC)技术。PFC 技术使得电流波形跟随电压波形,将电流波形校正成近似的正弦波。从而降低了电流谐波含量,改善了桥式整流电容滤波电路的输入特性,同时也提高了开关电源的功率因数。

在开关电源的设计中输出整流二极管的反向恢复问题可以通过在输出整流管上串联一个饱和电感来抑制,饱和电感与二极管串联工作。

开关器件开通和关断时会产生浪涌电流和尖峰电压,这是开关管产生电磁干扰及开关损耗的主要原因。使用软开关技术使开关管在零电压、零电流时进行开关转换可以有效地抑制电磁干扰。使用缓冲电路吸收开关管或高频变压器初级线圈两端的尖峰电压也能有效地改善电磁兼容特性。

2. 使用屏蔽、接地技术降低电源的敏感度

屏蔽和接地是降低电源敏感度的实用措施,特别针对电源中使用的变压器。

交流电网中存在着大量的谐波、雷击浪涌、高频干扰等噪声。交流电源变压器的初级绕组与次级绕组间存在较大的分布电容,故串入电源变压器初级绕组的高频干扰信号可以通过分布电容耦合至电源变压器的次级线圈中,进而影响到电气设备的正常工作。在电源变压器初、次级线圈之间安装静电屏蔽装置并将其接地,可以将高频干扰信号通过新形成的分布电容旁路入地,如图 3.43 所示。

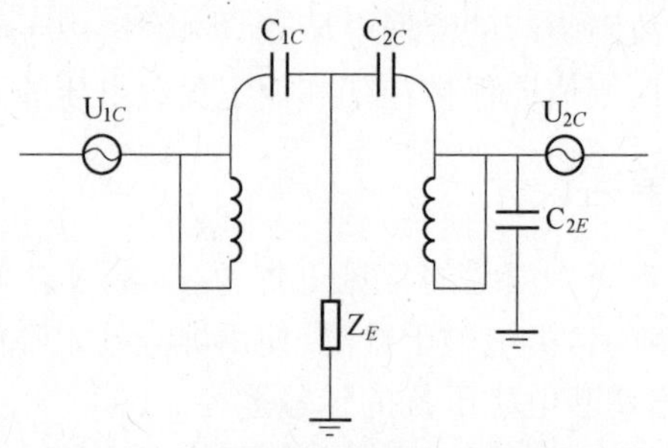

图 3.43　带屏蔽层的隔离变压器示意图

而变压器绕组的接地抽头也是降低电源敏感度的一个重要手段。当接地抽头良好接地时,可以为变压器中的干扰提供一个回路通道。

为了防止变压器的磁场泄漏,使变压器初次级耦合良好,可以利用闭合磁环形成磁屏蔽,如罐型磁芯的漏磁通就明显比E形的小很多。还可在变压器的绕组线包外面包一层铜皮作为漏磁通的短路环,或将变压器完全装在铁制屏蔽盒内。

除了变压器之外,电源的连接线也要使用具有屏蔽层的导线并将屏蔽层可靠接地,尽量防止外部干扰耦合到电路中。通过上述措施保证电源既不受外部电磁环境的干扰也不会对外部电子设备产生干扰。

对于开关电源来说,其电路中的高频信号会导致辐射噪声,抑制辐射噪声的有效方法就是屏蔽。可以用导电性能良好的材料对电场进行屏蔽,用磁导率高的材料对磁场进行屏蔽。而开关电源的外壳也需要有良好的屏蔽特性,接缝处要符合电磁兼容规定的屏蔽要求。

3. 使用滤波技术切断电磁干扰传输途径

电磁干扰一方面以辐射方式在空间传播,另一方面以传导方式在线缆间传递,克服传导的方法是采用滤波器,它既可以抑制干扰源的发射,又可以抑制干扰信号对敏感设备的影响。

电源线干扰滤波器与信号线干扰滤波器的共同特点是两者都有对电磁干扰有足够大的抑制,区别在于信号线滤波器不能对工作信号有严重的影响,不能造成信号的失真,电源线滤波器除了要保证满足滤波的要求外,还要注意当负载电流较大时,电路中的电感不能发生饱和(导致滤波器性能下降)。

1) 交流电源的滤波

在武器装备中,交流供电和配电系统是多台设备所公用的。交流电源本身的内阻及馈线阻抗构成了各设备的公共耦合阻抗,各设备负载电流的变化就形成了干扰电压。为了消除、抑制这种干扰,必须在各设备的电源线上安装交流电源滤波器。由于当前市场上电源滤波器的种类繁多,选型时一定要特别注意,应根据设备所用的交流电源的频率、电压及负载电流等技术要求,选用相应型号规格的滤波器。安装交流电源滤波器时,应注意以下事项:

(1) 尽量将滤波器安装在靠近机箱的电源入口处;

(2) 要确保滤波器的外壳与金属机箱可靠的电气连接;

(3) 滤波器的输入线和输出线应尽量远离,最好选用屏蔽线。

2) 直流电源的滤波

直流电源的干扰主要来自:直流电源内阻和馈线电阻在负载电流变化时所引起的干扰电压;馈线特性阻抗引起瞬态干扰电压;杂散场在馈线上感应的干扰电压。减小馈线回路的面积,可以有效地减小干扰电压,如在印制板布线和机箱电装时尽量使电源线短、粗、直;另外,选用内阻小的直流稳压电源,也可以减小干扰电压。

直流电源的去耦滤波方法：

(1) 在直流电源的输出端并接一个大容量的低频滤波电容器和一个小容量的高频滤波电容器,这样可以有效地改善自谐振频率特性；

(2) 在每块印制板的电源引入端,均应并接上述两种电容器；

(3) 对模拟信号放大电路,应在最接近放大电路的电源端与地之间加去耦滤波电容器；

(4) 对数字电路,要分组加去耦滤波电容器。

3) 开关电源的滤波

开关电源由于其开关频率、负载的变化,是一个强电磁干扰源。

开关稳压电源的噪声主要有三种形式：一是返回式噪声,即返回电网去的噪声,它往往通过电源变压器传播到电网中去,对附近电网上工作的电子设备形成强烈干扰；二是辐射噪声,即高频噪声以电磁波方式辐射干扰其他电路或开关电源内部的电路；三是输出噪声,分为共模输出噪声和差模输出噪声,抑制重点为共模输出噪声。

在使用中要采用有双向滤波功能的滤波器,在滤除电源模块对外界传导发射的同时,也抑制外界电源对模块的传导干扰(含共模干扰、差模干扰)。

第4章　系统间电磁兼容设计

4.1　概　　述

随着现代作战样式越来越复杂,往往需要多个武器装备实体共同构成一个更大尺度的武器系统(如航空母舰系统、舰船编队、战斗机群、坦克集群等),系统中的武器装备种类繁多,需要尽量避免相互间干扰,实现协同作战。这些多系统实体之间的电磁兼容设计,称为多系统间电磁兼容。

多系统间电磁兼容所需要考虑的问题与单个武器的舱外电磁兼容问题类似,主要有几方面:频率管理分配、工作时间分配、相对位置安排、功率限制和天线发射接收指向安排。当然,系统间的电磁兼容,不但应该考虑静态时多系统体系内的相互兼容,还应该考虑动态时的相互兼容。

要从根本上解决大系统的电磁兼容问题,就要从顶层设计抓起,也就是应该从以往着眼单系统、单任务、单性能的设计转向大系统、高集成、多层次和全寿命的综合信息系统电磁兼容设计,才能从源头上解决未来联合作战中可能出现的电磁干扰问题。

本章以航空母舰与舰载机间的电磁兼容、舰船编队电磁兼容、航天发射工程电磁兼容为例来说明多系统间电磁兼容分析与设计的方法。

4.2　航空母舰电磁兼容

4.2.1　航空母舰上的电磁环境

现代舰船的作战性能与舰载机密切相关,常规的驱逐舰和护卫舰大都配装了舰载直升机,航空母舰上更是载有大量各种型号的舰载机。

在20世纪50年代以前,各国对航空母舰的电磁兼容并没有足够重视,航空母舰与舰载机的电磁兼容设计基本上是分离的。其中,舰载机的电磁兼容考核试验主要限于机载天线产生的电磁环境效应,并没有重视航空母舰平台上的复杂电磁环境,结果舰载机的易损性与航空母舰上复杂恶劣的电磁环境形成很大的反差,并由此引发了一些灾难性事故。例如 1967 年 7 月,美国航空母舰“福莱斯特”号的一架舰载机在着舰时,由于受到航空母舰上大功率雷达的照射导致机载武器误发射,引发大爆炸,造成 134 名人员死亡,32 架飞机损毁。

舰载机在飞行过程中,当受到舰船的强烈电磁干扰时也容易产生事故。据国外文献报道,舰载飞机在飞行时许多设备或仪表容易受到海面舰船的电磁干扰,出现控制翼面错误变动、操纵控制系统不稳定、航向指示器出错、导航雷达显示出错以及发动机转速发生变化等威胁飞行安全的电磁干扰现象。例如 20 世纪 80 年代初,美国一艘导弹驱逐舰上的舰载直升机准备着舰时,由于受舰上大功率天线的辐射致使直升机的桨叶伺服机构失灵而坠毁。

与普通水面舰船相比,航空母舰的电磁环境更加复杂,这个问题很大程度上与飞机上舰相关。航空母舰电磁兼容设计主要考虑三个方面:本舰射频设备间的电磁干扰、舰面电磁环境预测及电磁安全性设计、舰机间电磁兼容设计。对于前两个问题,属于单平台系统级电磁兼容设计,可以用本书之前介绍的方法来分析解决。舰机间电磁兼容设计是多平台的系统间电磁兼容设计。

航空母舰上电子设备数量多,频谱资源十分紧张。航空母舰是舰队的作战指挥中心,上面配备了大量用于探测、通信和指挥控制的设备,更重要的是,航空母舰是作战飞机的作业平台,与飞机航管相关的地面无线电导航设备也要装备在舰船有限空间的平台上,例如美军航空母舰的舰岛上安装有“塔康”空中战术导航系统、空中交通管制雷达、进场引导雷达、精确着舰助降雷达、测速雷达、菲涅尔透镜光学助降系统等。因此航空母舰舰面及周围的电磁频谱十分复杂,在同一个频段往往有几种不同的射频设备在同时工作,这些设备相互之间有可能发生干扰。

通过对国外相关文献资料分析,航空母舰上主要有以下几种干扰现象:

(1) 舰上高频(HF)发射天线产生的电磁场对舰上 TACAN(战术空中导航系统)产生电磁干扰。当场强值>300V/m 时就会对各种雷达系统的伺服机构产生干扰,影响对飞机着舰的引导。

(2) 舰上电子战系统发射电磁波对舰上的舰载机引导雷达和通信设备产生电磁干扰。目前在国内外舰船上,普遍存在电子战系统与舰载雷达系统(包括舰载机引导雷达)、卫通之间的电磁干扰。电子战系统还会对舰载机的自动着舰系统产生干扰,影响舰载机着舰时航空母舰和飞机之间的引导指示。

(3) 舰载对空搜索雷达与舰载航管雷达之间存在波瓣耦合干扰。这两种雷达都是以空中目标为探测对象,其主波束都是指向空间,工作频率相近,且都以机械转动方式实现全方位对空搜索,因此,两者在随机转动时会产生波瓣间耦合干扰,会降低引导雷达性能,威胁到舰载机的起降飞行。

另外，航空母舰存放着大量易燃物品（航空燃油等）、易爆物品（使用电爆器件引爆的武器等）、微波易损系统（各类无线电接收系统的接收端口），以及数千名在航空母舰上工作的人员，这些人员、物品和系统设备都不能承受大的电磁辐射。

4.2.2 航空母舰与舰载机间的电磁兼容

由于航空母舰尺寸的限制，多数雷达、导航等大功率设备的天线都布置在舰岛的上层，这样舰载机在起降和停放的过程中，距离这些设备的天线往往只有几十米，舰载机需要频繁的进出雷达主波束，或停留在主波束内，需要承受的电磁环境远比陆基飞机恶劣。

GJB1389A 已经明确指出了舰载机相对于其他类飞机的不同，直接给出了不同用途的飞机对于电磁环境需要承受的能力水平的不同。该标准中，表 4.1 规定的是航空母舰上可能进入主波束的飞机的外部电磁环境承受要求，而表 4.2规定的是一般固定翼飞机需要承受的外部电磁环境，二者的量值差别巨大。可以看出，表 4.1 对舰载飞机规定的场强标准在有的频段已经达到了27460V/m，而表 4.2 对非舰载飞机规定的场强标准最高只有 7200V/m。

表 4.1 在舰船上发射机主波束下工作时的外部电磁环境

频　率	电场/(V/m)	
	峰值	平均值
10kHz~2MHz	—	—
2~30MHz	200	200
30~150MHz	20	20
150~225MHz	10	10
225~400MHz	25	25
400~700MHz	1940	260
700~790MHz	15	15
790~1GHz	2160	410
1~2GHz	2600	460
2~2.7GHz	6	6
2.7~3.6GHz	27460	2620
3.6~4GHz	9710	310

(续)

频　率	电场/(V/m)	
	峰值	平均值
4~5.4GHz	160	160
5.4~5.9GHz	3500	160
5.9~6GHz	310	310
6~7.9GHz	390	390
7.9~8GHz	860	860
8~8.4GHz	860	860
8.4~8.5GHz	390	390
8.5~11GHz	13380	1760
11~14GHz	2800	390
14~18GHz	2800	310
18~40GHz	7060	140
40~45GHz	570	570
注:本表中数据是指在各种舰船上发射机主波束15.25m(50英尺)处的场强		

表4.2　固定机翼飞机(不包括舰船上工作)的外部电磁环境

频　率	电场/(V/m)	
	峰值	平均值
10~100kHz	50	50
100~500kHz	60	60
50~2MHz	70	70
2~30MHz	200	200
30~100MHz	30	30
100~200MHz	90	30
200~400MHz	70	70
400~700MHz	730	80
1~2GHz	3300	160
2~4GHz	4500	490
4~6GHz	7200	300
6~8GHz	1100	170
8~12GHz	2600	1050

（续）

频　率	电场(V/m)	
	峰值	平均值
12～18GHz	2000	330
18～40GHz	1000	420
40～45GHz	—	—

GJB72—2002《电磁干扰和电磁兼容性术语》定义的系统间电磁兼容性是指任何系统不因其他系统中的干扰源而产生明显降级的状态，所以舰机电磁兼容就可以定义为舰载机不因航空母舰的干扰源而产生明显降级的状态，同时航空母舰也不因舰载机的干扰源而产生明显降级的状态。

但是两者的设计难度不一样，一般是前者难于后者。这是因为航空母舰系统射频设备的功率远大于舰载机上的机载设备，而且舰载机是在航空母舰舰面上和附近空域运动的，舰载机会面临航空母舰上各种复杂的电磁环境变化，威胁舰载机的电磁安全性。因此除了采用第3章所述的频谱规划、动态管理等技术措施实现航空母舰与舰载机的电磁兼容之外，舰载机的电磁安全性设计也是一个需要重视问题。

4.2.3 舰载机的电磁安全性设计

与陆上的飞机相比，舰载飞机除了需满足陆基飞机的设计要求外，还必须满足因航空母舰这个特殊使用环境而产生的特殊要求，因此技术上更复杂。

在GJB151B标准中，对于舰载机系统的设备敏感度要求相对于其他飞机都有所提高，比如该标准中设备级的电磁兼容要求中的CS114、CS116、RS103等。飞机适应高强电磁环境技术要求的提高也需要各个子系统和设备分担。

正是由于对舰载机严格的电磁安全性要求，使得飞机设计难度增加。舰载机与航空母舰之间的相互关系是停留、起降和飞行，在这三种不同状态中舰载机所处的电磁环境不相同，会出现不同的干扰现象。以这三种不同的状态，来分析如何通过设计来提升舰载机电磁安全性。

1. 停留状态

舰载机停留在航空母舰甲板上时，机上的电子设备通常处于“静态”，不会产生舰机间电磁干扰，但此时要注意的电磁安全性问题是，在加（放）油、维修、装卸弹等过程中由于静电放电（ESD）对飞机的危害，或凝聚物静电危害。

有文献报道，由于座舱盖与飞行员头盔之间的ESD，使飞行员受到了轻微电击；在拆卸机上闪光分流器时，座舱盖缝隙出现充电和放电现象。舰船的运动颠簸,使舰上的人员、飞机都可能产生静电电压。有试验数据证明,人体的典型静电电压是6~10kV,高时可达15~25kV,其放电时可在近区产生4~6kV/m的高场强。另外,在舰上大功率天线辐射下,会使舰载机机身产生较强的感应电压。舰上的工作人员在与舰载机近距离接触时,易产生人机静电放电,如果在装卸弹药时发生静电放电将是非常危险的。另外,静电放电对航空燃油是最大的威胁。油体内的静电是燃油在输送过程中与管道摩擦产生的,电荷不断积累并储存在油体内,如果不采取措施,油体的电位可达几十千伏(比人体电压还高),如果在这个状态下进行加油极易产生静电放电而导致火灾。

要增加舰载机着舰时的快速接地装置,用于机上设备的安全接地和静电放电。快速接地装置一般可分为维护接地插座、武器接地插座和加油接地插座等。图4.1为飞机在舰船上加油/放油时的接地和搭接图。

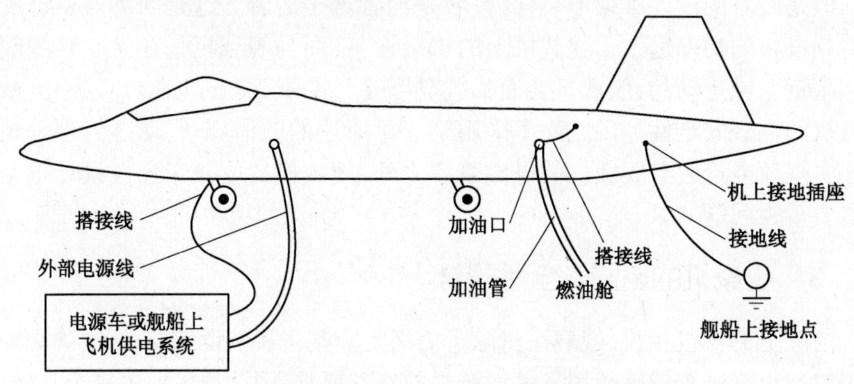

图4.1　飞机在舰船上加油/放油时的接地和搭接图

2. 起降状态

舰载机在起降过程中是最敏感的时期,容易出现电磁安全问题,原因如下:

(1) 舰上和机上的电子设备都处于工作状态,彼此之间有复杂的指令传递;

(2) 飞机在起飞(或降落)前几分钟可能处于舰上强电磁环境中;

(3) 飞机的起落架处于放下状态,飞机的整体屏蔽性能下降;

(4) 起降期间,飞行员和地勤人员处于高度紧张状态,任何一项误操作,都会对飞机的安全性产生威胁。

许多事例证明,舰载机起降过程中会受到多种电磁干扰因素的影响。此时舰、机上的许多电子设备往往都处于近场工作状态,受到的干扰种类和方式多,干扰幅度大。现代舰船雷达的辐射功率可在舰面空间产生超过10000V/m的峰值场强,当飞机经过该场强区时,可在机身和机翼上感应出高电压和大电流,并很容易通过多种方式(如孔洞、天线、缝隙、线缆、连接处等)耦合到飞机的线缆和设备中而产生电磁干扰。舰船的电磁环境不仅幅值强,而且射频频谱非常宽,基本涵盖了舰载机的工作频率范围,因此对舰载机的干扰具有幅值强、频段宽的特征。另外,高场强会产生高能量效应。例如,使飞机的飞行控制报警灯发亮;高能量耦合到飞机平衡齿轮上,使飞机的防滑能力下降。军用飞机在关键的飞行系统中大量采用数字式飞行控制设备,对脉冲(或峰值)信号形式的干扰更加敏感。因此,现代飞机的飞行安全性与电磁环境密切相关,一些高敏感性的设备和线缆对电磁环境提出了更高的要求。电磁环境安全性在整个飞行期间都是重要的,因此,各国非常重视对舰载机起降时的电磁环境的控制,确保舰载机绝对的安全。

舰载机在设计时,首先需要注重飞机蒙皮(包括飞行员座舱盖、窗户)的屏蔽效能设计,以提供对系统的初始电磁防护。屏蔽主要采用金属机体来屏蔽电磁波,但是在机体的接缝处、黏接点、孔洞等有间隙部位,屏蔽效果欠佳。因此飞机电磁屏蔽的重点是对这些部位进行密封。其次需要注重对机载射频设备的屏蔽,特别是一些与飞行安全密切相关的设备和仪表的屏蔽。飞机线缆需要提供相对于陆基飞机更为严格的屏蔽或其他电磁防护。机上的接收机需要有抗强信号烧毁的能力,着舰引导设备需要具备较强的抗干扰能力。

舰载机长期在潮湿和盐雾的海洋环境下工作,许多搭接部位容易遭到腐蚀,搭接电阻升高,引起电磁兼容问题。在设计上对天线、设备搭接线、电缆屏蔽和信号地等都要设法做腐蚀防护,在维护上需要检查腐蚀对搭接电阻的影响。

以美国 F/A-18 飞机为例,说明舰载机的电磁防护密封技术。在 F/A-18 飞机的机背铝大梁及复合材料口盖之间的腔体内,安装有许多对电磁辐射敏感的电子系统。该腔体要求采用电磁屏蔽,同时对环境进行密封。这就要求电磁屏蔽材料有好的耐腐蚀性,而且对大梁及其口盖无磨损。F/A-18 飞机的机背铝大梁的密封,采用一种以硅酮橡胶或氟硅酮橡胶为主,填充了铝包银或铝包镍填料的密封材料。这种材料导电性能好,密度小,腐蚀电位为-740mV,而铝的腐蚀电位为-730mV,两者很接近,不易产生电偶腐蚀。关于电磁防护更详细的内容请参看第 5 章“系统电磁防护设计”中的内容。

但是舰载机的重量限制,会影响机上设备屏蔽加固措施的有效实施。舰载机的电磁屏蔽加固主要是针对其起降电磁环境而言的,改善舰面电磁环境,特别是改善飞机起降航道区域的电磁环境是提升舰机电磁适配性的另一有效措施。控制舰面电磁环境可以在一定程度上减轻舰载机电磁兼容性的设计压力。

3. 飞行状态

当舰载机远离舰船处于飞行状态时,舰上的电磁环境对其影响很小,应该考虑其他外界的电磁干扰因素。这些因素主要包括雷电、静电,以及高强辐射场

(HIRF)。其中,HIRF是指在单位面积的辐射能量比较高的一种电磁辐射,主要是指雷达、无线电、电视台和其他地面、水面、空中射频发射机辐射的强信号通过飞机材料、搭接、缝隙、开口等在飞机内部耦合形成的电磁干扰。另外,对舰载机的威胁还应包括核电磁脉冲(EMP)和高功率微波(HPM)武器,在舰载机电磁兼容设计时必须充分重视。

4.3 舰船编队电磁兼容

4.3.1 舰船编队中的主要电磁干扰

编队是海军舰船完成作战任务的主要组织形式,目的是充分发挥和兼顾编队中各舰的功能,提高整体海上作战的能力,因此编队在海军战术中具有重要意义。为了实现这一目标,编队中各舰的通信、雷达、导航和电子战等各个系统需要在相互兼容的条件下正常工作和传递信息。由于舰船编队中各舰按队形要求布置,各舰之间的相对位置多变,加之战时恶劣的电磁环境,使得舰船编队的电磁兼容问题远比单舰复杂——不仅要考虑本舰电磁干扰问题,而且还要考虑编队中由于其他舰船而产生的电磁干扰。从电磁兼容层面来说,整个舰船编队可视为一个动态变化的复杂电子系统,采用何种方法和技术来分析研究编队电磁兼容是一个重要问题。

由于舰船编队中各舰按队形要求布置,舰舰间的距离相对较大,各舰上的传感器(或辐射源)具有远场耦合特征,各舰间可能产生干扰的最大因素是舰载大功率高频通信电台和雷达。此外舰船编队之间的电子战系统也会存在干扰。

1. 雷达干扰

雷达发射机功率大,频谱宽于所需频谱,是最重要的射频污染源。而且舰船编队时,由于同型号军舰上都安装的是同型号雷达,雷达同频干扰成了舰队中最常见的电磁干扰。

同频干扰是指编队中多艘舰船上的同型号雷达同时工作时,因雷达载频、重复周期等技术参数相同而造成的相互干扰。根据雷达重复周期的差异,同频干扰又可分为同频同步干扰和同频异步干扰。同频同步干扰反映在雷达显示屏上的干扰画面为占有一定宽度的同心圆,如图4.2(a)所示,同一时刻开机的雷达数量越多,同心圆就越多;同频异步干扰在雷达显示器上的画面为向外扩展的螺旋线,如图4.2(b)所示。随着编队中同时开机雷达数量的增加,同频同步干扰或同频异步干扰显示的花瓣数量也增加。

雷达天线是定向辐射天线,编队中雷达间产生干扰需要满足下面四个条件:

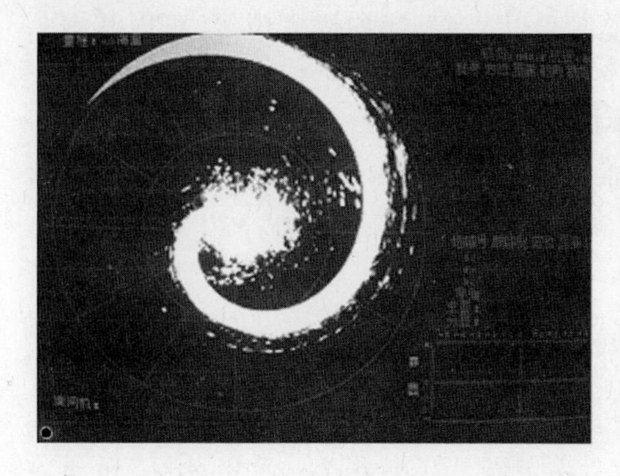

(a)

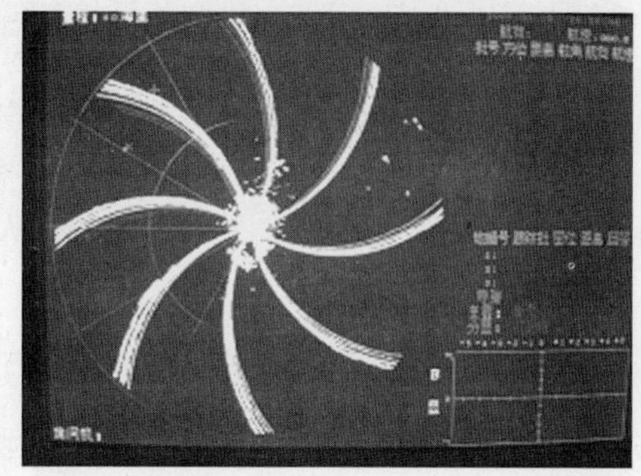

(b)

图 4.2　某舰船上对海搜索雷达受到的同频干扰

(a)同频同步干扰;(b) 同频异步干扰。

(1) 空域对准:也称为波束对准,即雷达波束有交叠的部分。

(2) 时域对准:存在干扰的两部雷达处于同时工作的状态。

(3) 频域对准:两部雷达工作频带有重合的部分或干扰雷达的谐波落在了被干扰雷达的工作频带内。

(4) 功率条件:两部雷达即使满足了前三个条件也不一定存在干扰。只有干扰雷达发射信号的功率电平超过了被干扰雷达的接收机灵敏度阈值并被其接收才会引起干扰。

按照干扰程度的不同,雷达 A 对雷达 B 的干扰可分为以下三种情况:

(1) 干扰信号功率足够大,超过了雷达 B 接收机高频前端电路的烧毁阈值,使接收机硬件损坏,导致雷达 B 无法工作。

(2) 干扰信号功率没达到雷达 B 接收机的烧毁阈值,但超过低噪声放大器的 1dB 压缩点,使其过载,增益下降,信噪比降低,严重时使接收机饱和,影响回波信号的正常检测或使被跟踪目标丢失。

(3) 干扰信号功率超过雷达 B 接收机检测阈值且在正常接收范围内,与目标信号一同进入雷达 B 的接收机,造成假目标。

2. 通信干扰

除雷达间相互干扰之外,编队中的通信系统间的相互干扰也很常见。

水面舰船的对外通信主要依靠高频(HF)、甚/特高频(V/UHF)和卫星通信等无线电通信系统。甚/特高频通信主要用于对水面舰船的近距离通信和对空通信,天线尺寸小,功率不大,便于在桅杆上安装,对编队之间的电磁兼容基本不构成太大危害;有些卫星通信系统采用 C 波段,与舰上的 C 波段雷达容易产生干扰,采取滤波、合理安排安装部位、改变频点、限制天线扫描方位等,可以基本避免相互干扰;高频电台是舰船主要的超视距通信设备之一,频段一般在2~30MHz,工作频带较窄,高频天线如笼形天线、双鞭天线、钢索天线等都是全向辐射天线,而且舰上一般安装多部各种型号的高频电台,需要同时开通的信道多,发射功率最高可达上千瓦,因此编队间的高频电台之间很容易产生相互电磁干扰。

4.3.2 舰船编队电磁干扰控制方法

在进行编队电磁干扰预测时的步骤与第2章所述的系统内"发射-接收干扰对"分析方法相同,首先应确定每艘舰上的主要干扰源和敏感器的个数,再逐对考虑其干扰情况。步骤如下:

(1) 选择一个发射-接收设备对,从数据库中调出此设备对的数据载入相应的数学模型。

(2) 根据天线类型、频率、增益、布局等参数,调用传播模型,计算传播损耗。

(3) 逐级进行幅度筛选计算、频率筛选计算和详细预测计算。

(4) 根据计算结果判定设备对之间的电磁兼容性,若不兼容,则进行兼容设计,如采取增大舰间距、队形变换、频谱管理、调整天线参数等相关措施。

舰船列装组成编队后,通过舰体设计和设备布局等技术手段解决兼容性问题已不可能,因此消除或抑制电磁干扰的措施少了许多。

以舰船编队中最常见的雷达同频干扰来说,主要的电磁干扰控制方法有:

1. 避免或降低进入雷达接收机的同频干扰能量

在频域上、空域上和时域上通过改变雷达的发射频率、采用低副瓣天线或副瓣对消、拉开编队舰船之间的距离、错开同型雷达的工作时间等方法尽量降低进入雷达接收机的同频干扰能量,但上述方法有时与战术使用矛盾。

同一时间内使用同型雷达的数量取决于编队的规模和编队面临的威胁。驱护舰编队的规模为2~10艘舰船,航空母舰编队的规模一般为8~10艘舰。编队在威胁较低时,编队可以使用1~2部雷达;但考虑到防空反导等作战样式的需要,编队中所有同型雷达应当具备同时工作的能力,也即同型雷达在使用时间上错开或闭锁往往与战术要求是相矛盾的。

改变雷达频率就是将同型雷达的工作频率错开,使得一部雷达的频率落到另一部雷达接收机的频带之外,就能避免同频干扰发生。但由此会牵涉到雷达频率的管理问题,为了防止敌方可能的侦察,平时雷达只能使用一个特定的频率。

降低雷达天线的副瓣电平或采用副瓣对消技术是消除同频干扰的有效方

法,但技术较复杂,成本高。

通过增加编队内各舰之间的距离可以降低同频干扰信号的功率。目前驱护舰编队间隔一般是 5~10 链,考虑到编队防空反导作战需要,舰船间的最佳距离应当在 50 链左右,这个间隔能够降低同频干扰的影响,但也无法完全消除。

图 4.3 为两艘舰船组成横队队形的示意图,以其中某发射-响应对为例,天线间距为 0.8km,接收机频率比干扰信号频率高 9%。经系统计算,基波干扰余量(FIM)为 11dB,并最终进入中频,抬高系统灵敏度,降低信噪比,对接收机产生干扰。

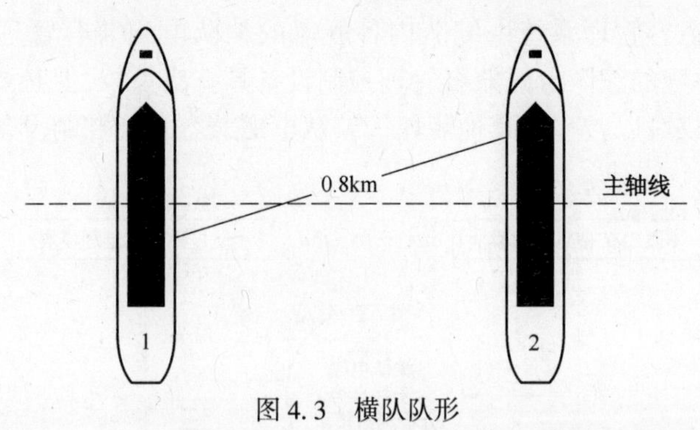

图 4.3　横队队形

在舰船编队中,可通过转换编队队形来消除电磁干扰,将横队转换成纵队,改变舰载电子设备的相对位置,利用舰体阻挡,降低进入接收机的干扰有效功率,消除电磁干扰。

但对于高频短波电台干扰而言,转换编队队形、增大舰距消除电磁干扰的效果有限,实用性不强,不如增大电台间的频率间隔来消除干扰。

2. 根据目标回波和同频干扰的不同特点,用信号处理消除进入雷达接收机的同频干扰

由于干扰连续出现在同一距离单元上,目前在技术上尚无法解决同频同步干扰,但是可以通过使编队内同型雷达的脉冲重复频率互不相同,使同频同步干扰变为同频异步干扰,然后利用异步干扰不同周期出现在不同的距离单元上的特点,采用多脉冲相关的办法加以消除。由于编队内同型雷达的数量较多,而且脉冲重复周期间的间隔至少要大于雷达的脉冲宽度,所以脉冲重复周期需要作较大范围的调整和变化,才能使反异步干扰取得较好的效果。改变雷达的脉冲重复周期,会造成发射机占空比的变化,在发射机峰值功率不变的情况下,会对发射机的平均功率造成影响,在一定程度上会影响雷达的探测距离。

对相参雷达可以考虑增加信号的调制形式,如采用不同的调频斜率或采用不同的编码,这时只有本雷达的回波信号能进行相关处理,获得高增益,来自其他雷达的信号因不相关而被抑制。这种方法的技术改动较大,成本较高。

4.3.3 舰船编队电磁频谱管理系统

舰船编队中包含了大量射频设备,为了保证编队的作战效能,需要在作战中对编队中的各种射频设备进行电磁频谱管理。编队电磁频谱管理系统根据当前作战态势为每艘舰船分配频谱资源,在分配频谱资源过程中根据一定的算法实施电磁频谱管理,保证编队的频谱资源不能同时分配给存在频谱冲突的两部射频设备,从而在实现作战过程中的编队电磁兼容。

编队电磁兼容管理系统由编队内各舰船的编队电磁兼容管理控制设备组成,编队中指挥舰的编队电磁兼容管理控制设备具有决策权,但必要时编队电磁兼容管理决策权可以转移至其他舰船。编队电磁兼容管理控制设备的主要组成如图 4.4 所示。

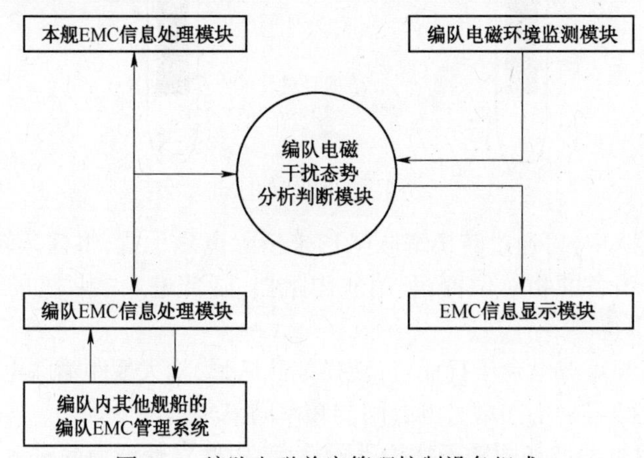

图 4.4 编队电磁兼容管理控制设备组成

编队电磁兼容管理控制设备主要由 5 个模块组成:本舰电磁兼容信息处理模块(以下简称“本舰模块”)、编队电磁兼容信息处理模块(以下简称“编队模块”)、编队电磁环境监测模块(以下简称“监测模块”)、电磁兼容信息显示模块(以下简称“显示模块”)、编队电磁干扰态势分析判断模块(以下简称“判断模块”)。各模块功能如下:

(1) 本舰模块:该模块分别与本舰雷达、通信、电子战、导航、指控、编指以及单舰电磁兼容管理控制设备连接,负责收集和处理本舰射频设备的电磁兼容信息,并发送给判断模块。

(2) 编队模块:该模块与判断模块以及编队内其他舰船的编队电磁兼容管理控制设备连接,负责收集本舰以及编队的电磁兼容信息,并发送给判断模块。

(3) 监测模块:该模块用来监测干扰源产生的电磁环境,将监测到的未知干扰源的信息发送给判断模块。

(4) 显示模块:将编队内电磁环境以及监测模块监测到的电磁环境通过显示模块进行显示,显示内容包括干扰源位置、干扰信号频率特征、脉冲形式等。

(5) 判断模块:连接其他模块,自动判断编队内设备之间是否存在相互干扰,制定相应的编队电磁兼容管理控制措施,并向本舰模块发出电磁干扰控制指令。

编队电磁兼容管理控制系统工作流程如图 4.5 所示。

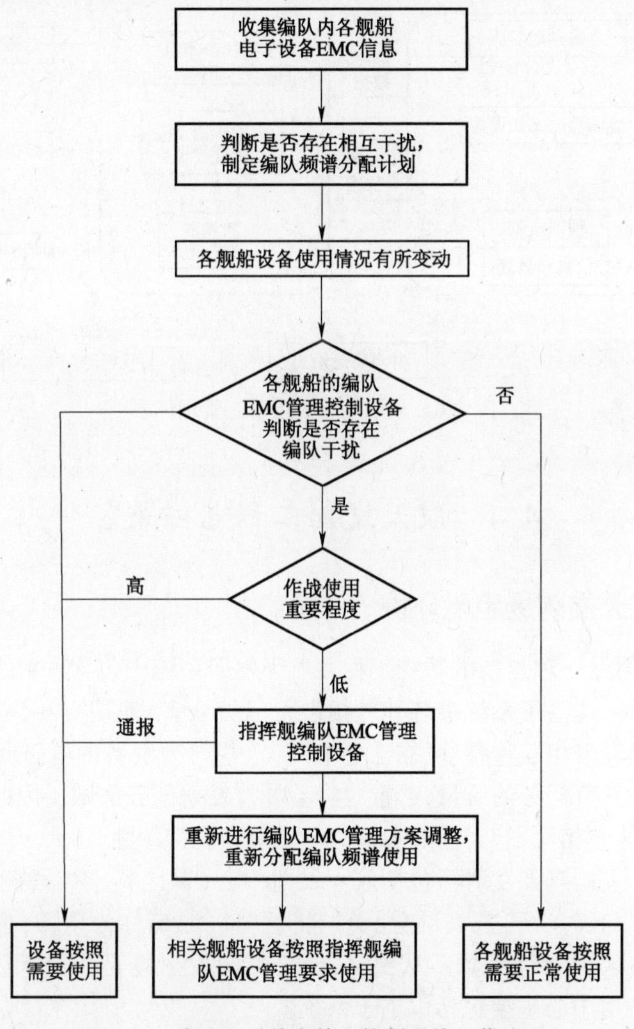

图 4.5　编队电磁兼容管理控制系统工作流程

针对难以通过技术手段规避的电磁干扰问题,需要根据当前作战使命任务,分析各设备的重要程度,提出作战使用建议,经指控或编指,由编队指挥员或者舰长人工决策。

编队电磁兼容管理系统进一步扩展,就是战场电磁兼容管理系统,如图 4.6 所示。

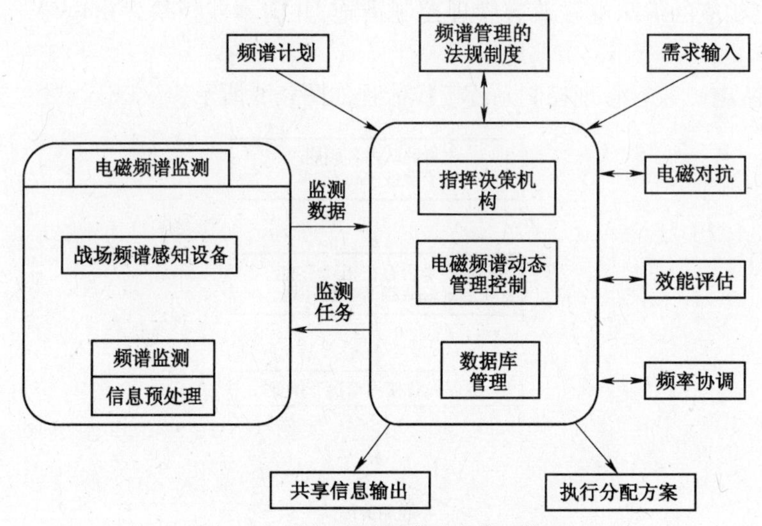

图 4.6 战场电磁频谱动态管理体系

4.4 航天发射工程电磁兼容

4.4.1 航天发射场电磁环境

航天发射是一项复杂的系统工程。航天发射系统中包含发射、测控、航天器等多个子系统,这些子系统中各种射频设备门类众多、地理空间分布广、辐射功率不同、电磁频带相互重叠、可靠性要求高,这些射频设备的电磁频谱如果不兼容,将会影响发射任务的质量,严重时将会导致发射任务失败。因此与一般武器装备的电磁兼容相比,航天发射工程的电磁兼容有特殊性。

从广义上讲,航天发射场包括航天发射中心(首区)、初始段测控区(航区)和航天器回收区(落区)三大部分,美国将这些区域统称为靶场,首区称为上靶场,航区和落区称为下靶场。从狭义上讲,航天发射场是指航天发射中心(首区)。航天发射中心主要包括以下子系统:

(1) 测试发射子系统。测试发射子系统形成的电磁环境主要指地面测试设备形成的静电和电磁辐射。在火箭的测试过程中，测试厂房的电子设备种类较多，如果这些电子设备连线不规范、接地不良将会导致设备静电电荷的积累，同时，如果工作人员着装不合格也会导致人体静电电荷的积累，这些静电积累到一定程度时将会超过静电放电的阈值，以弧光、电晕放电的形式向外发射电磁脉冲，从而影响周围电子设备的测量精度，严重时会导致电子设备功能紊乱，甚至引爆火箭上的电火工品而造成事故。

(2) 测量控制子系统。测量控制子系统形成的电磁环境主要指各种雷达设备、遥测设备、光学设备在工作时向空间发射各个频段的电磁波。这些电磁波在空间交汇、反射会影响各测控设备的测控精度，严重时会导致测控设备不能正常工作，甚至瘫痪。

(3) 通信子系统。通信子系统形成的电磁环境主要指分布在发射场周边的卫星通信、长短波通信、光纤通信设备在工作时向外辐射的电磁频谱。这些电磁频谱相互干扰，将会导致其他通信设备不能正常工作，甚至会影响测控设备正常工作。

(4) 气象保障子系统。气象保障子系统形成的电磁环境主要指分布在发射场周边的各类气象雷达工作时向发射场空间发射的不同频段的电磁波，这些电磁波如果监管不利，将会对测控设备、通信设备、星箭系统的正常工作构成威胁。

(5) 勤务保障子系统。勤务保障子系统形成的电磁环境主要有：卫星、火箭在吊装过程中形成的静电；安装在勤务塔上的各类发射台、发射脐带系统在任务中发射的上下行无线链路信号；任务合练时，各类测控设备、通信设备、测发设备向勤务保障子系统发射的无线射频信号。这些电磁波会造成勤务保障子系统周边的电磁环境更加复杂，信道拥挤，信号之间不兼容。

(6) 卫星火箭子系统。卫星在发射场测试厂房进行测试时，卫星蓄电池的安装、低频电缆网的移植、卫星运输车的搬运等环节均会产生静电，这些静电如果泄漏不及时而产生瞬时放电，将会对星上设备构成危害。火箭在发射场测试时，箭上火工品的安装、燃料加注等过程都会产生静电，这些静电的放电过程会对火箭上的各种应答机构成危害。

此外，发射场还面临来自民用设备、大气环流、宇宙空间等的各种电磁干扰。

图 4.7 所示为美国空军某航天发射场的环境，还特别标出了运载火箭上发射机和接收机的大致位置。

航天工程的电磁兼容工作必须作为一项系统工程来抓。从方案论证到飞行任务执行，电磁兼容工作应贯串到工程建设和应用的整个过程。在方案论证阶段，做好频率规划和设计工作；在方案设计阶段，做好电磁兼容预测分析工作；在工程研制阶段，做好子系统和设备的电磁兼容测试验收工作，以及运载火箭、卫

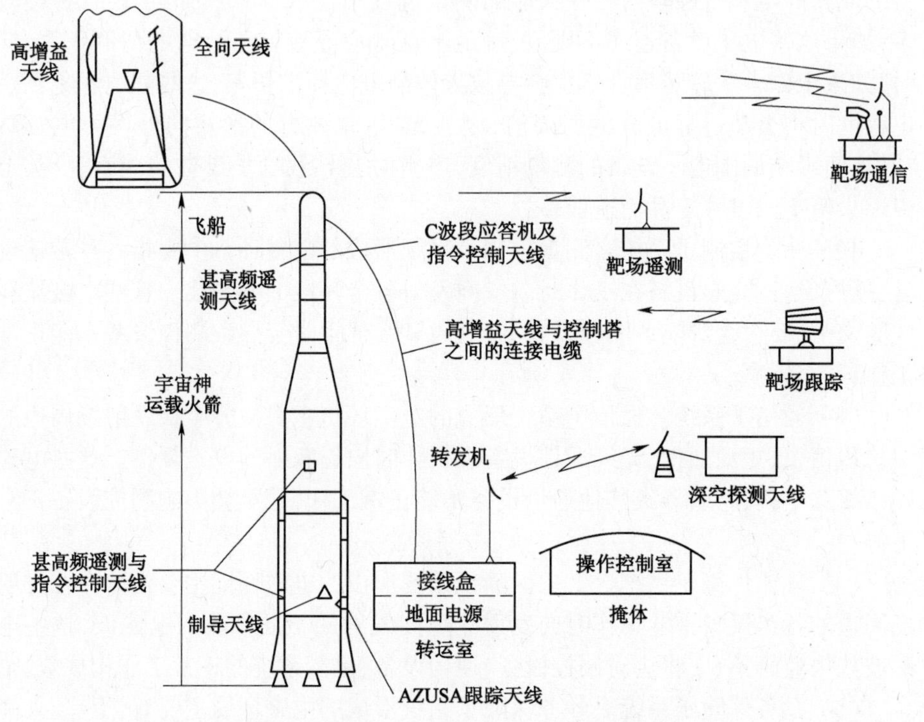

图 4.7　美国空军某航天发射场的电磁环境

星和地面设备等的单系统级电磁兼容试验；在发射场合练阶段，做好系统级电磁兼容综合测试工作；在飞行试验任务阶段，做好电磁环境监测工作。

4.4.2　航天器与运载火箭间的电磁兼容

航天器在检测、发射、轨道飞行及再入阶段都将遇到各种电磁环境。

航天器系统的电磁兼容包括航天器自身的电磁兼容（内部的子系统/设备之间的电磁兼容），航天器与发射火箭、发射场环境、空间轨道电磁环境之间的电磁兼容，航天器的运行能力不应因其内部、外部的任何电磁干扰影响而降低。

以卫星为例来说明航天器与运载火箭间的电磁兼容。

在国军标 GJB2999—1997《卫星与运载火箭匹配试验要求》里，这部分内容被称作“星箭匹配试验”，就是卫星与运载火箭之间的机械接口和电气接口匹配试验及电磁兼容试验。

所有星箭匹配试验应在初样研制阶段完成（试验室环境下）。如果确有必要，应在卫星和运载火箭正式发射前进行补充合练（发射场环境下）。

星箭机械接口匹配试验主要验证星箭接口尺寸、对接方式的正确性,验证星箭连接、解锁、分离方式的正确性、可靠性等,以及星箭匹配力学特性参数。

星箭电气接口匹配试验和电磁兼容试验,主要验证星箭设备之间以及星箭地面设备之间各种电气接口的正确性、可靠性和协调性;星箭设备在工作状态下对电磁环境的适应性;包括整个脐带电缆系统在内的星箭供电电源、信号和接地状态的正确性、可靠性和协调性。

试验时,要求星箭的机械状态和电气状态等尽量模拟真实状态。星箭电气接口和电磁兼容试验的试验件可以用真实产品或模拟件。星上电气设备和箭上电气设备的安装位置和接地方式尽量模拟真实状态,卫星地基准点和运载火箭仪器舱地基准点之间的电阻值(包括卫星支架体的电阻以及星与支架的接触电阻)一般不大于 10mΩ。

电气接口匹配试验内容:

(1) 检查和测量电连接器型号、种类、安装位置;

(2) 检查和测量接点分配、某些部件的输入输出阻抗、接点之间及对地的绝缘性能;

(3) 检查和测量供电电压,分离指令参数和遥测参数。

电磁兼容试验内容:

(1) 星箭对接面的接触电阻;

(2) 星箭对接后的接地电阻;

(3) 星上设备开机对箭上设备工作的影响;

(4) 箭上设备开机对星上设备工作的影响;

(5) 星箭无线设备工作状态下的频谱图;

(6) 星箭火工装置对电磁干扰环境的抗干扰能力;

(7) 按专用技术条件要求验证星箭同时工作时的相互干扰情况。

作为承担卫星研制的有关部门有义务向承担火箭研制的有关部门提供卫星在星箭界面上的辐射发射频谱及电磁场分布,包括有用发射和不希望有的发射。同样,承担火箭研制的有关部门有义务向承担卫星研制的有关部门提供火箭在星箭界面上的辐射发射频谱及电磁场分布,包括有用发射和不希望有的发射。一般应在火箭接收通带和寄生带给出更详细的数据,以便火箭系统研制方认真分析星箭间的电磁兼容问题。同理,根据卫星系统的接收敏感度阈值要求,折算到星箭界面,对火箭系统的辐射发射提出限制,以确保星箭间的电磁兼容。

如果星箭间有线缆传递信号,则必须对双向(火箭向卫星、卫星向火箭)传输信号的质量提出要求,防止瞬态干扰伴随信号,进入对方的敏感电路。

4.4.3 航天器发射场合练

星箭在发射场的匹配试验通常在合练中进行。

发射场合练是指在卫星发射前,部分或全部模拟包括卫星、运载火箭和发射场设施在内的发射场实施程序的演练。发射场合练分为三类。

(1) 机械合练:只进行卫星、运载火箭、发射场设施(如厂房、发射塔架等)之间的机械对接和协调的合练。

(2) 电性合练:只进行卫星、运载火箭、发射场设施之间的电气接口检查、电磁兼容测试和卫星电性能测试的合练。

(3) 综合合练:机械合练和电性合练的综合。

发射场合练是航天发射准备工作的一个重要阶段,在合练期间不仅要对运载火箭、航天器本身的性能进行测试,还要进行星-箭-地系统间电磁兼容检验,对系统联试中出现的电磁干扰问题进行分析,特别要针对出现未知电磁信号或突发电磁干扰情况研究应对策略和处置措施,增强复杂电磁环境下的试验生存能力,保障发射任务的成功。

以某宇宙飞船的发射场合练内容为例来说明。

1. 第一次发射场合练电磁兼容试验

运载火箭无线电和电子电气设备基本全部参加;飞船为结构船,仅安装二组天线,船上无线发射用模拟源代替;地面测控通信设备部分参加。完成了箭对船辐射场强测试、地对箭(船)辐射场强测试、船对载的干扰测试、箭上供电电源特性测试、箭体搭接电阻测试、箭体表面静电电压测试、箭(船)对地辐射场强测试、整流罩透波窗口性能检测、箭地系统综合试验等。测试中发现了一些存在的问题,比如运载火箭一个接收机受干扰、脉冲雷达收不到应答机信号等。

2. 第一次飞行试验任务电磁兼容试验

在第一次飞行试验任务中,进行了第二次发射场合练电磁兼容试验。本次电磁兼容试验,船、箭、地有关设备全部参加,完成了船对箭辐射环境界面场强测试,箭对船辐射环境界面场强测试,地对船、箭辐射环境界面场强测试,船、箭对地辐射环境界面场强测试,船、箭、地系统间电磁兼容综合试验,发射场周围电磁环境监测,发射场电源特性测量等。

通过船、箭、地界面辐射场强测试,表明在船、箭、地无线设备接收通带内无明显干扰信号,相互不会产生干扰;通过对周围电磁环境监测,在船、箭、地无线设备接收通带内未发现明显干扰信号;经电磁兼容综合试验,表明在规定的发射程序和设备状态及背景电磁环境得到控制下,船、箭、地参试射频设备无明显干扰现象,船、箭、地系统间电磁兼容,满足任务发射条件。

3. 第二次飞行试验任务电磁兼容试验

由于船、箭、地系统级电磁兼容经过两次发射场合练和第一次飞行试验，已得到了较为充分的验证，第二次飞行试验的电磁兼容试验主要结合模飞进行，模飞期间没有发现干扰问题。

4. 第三次飞行试验任务电磁兼容试验

在第二次飞行试验任务后，第三次飞行试验前，对发射塔架进行防风处理。封闭后的发射塔架，电波透波能力和电磁环境会有一定的变化。为此，这次任务中，又进行了专项电磁兼容试验，主要是检查塔架封闭后，给船、箭、地各系统带来的影响，经测试表明，各系统电磁兼容，一切工作正常。

发射场周围电磁环境复杂，如果在测试过程中或者发射程序实施过程中遭遇有意干扰，可能会使测控终端的正常信号失真、迟滞或者临界，破坏发射条件。如果在起飞后遭遇干扰信号，可能导致安全系统发送错误的安全自毁指令，酿成严重事故。因此在发射场合练和发射任务期间，除进行必要的无线电频谱管制外，还要对周围电磁环境进行实时监视，一旦发现有威胁航天器、运载火箭和地面射频设备工作的信号，及时通报。在监视的同时，还要对外来信号进行记录，以便在合练期间发现问题时进行分析。

监测的频率范围一般在 30kHz~18GHz 之间，对接收机工作频带内的信号和一些敏感频率点要进行重点监测。

进行监测的仪器仪表是高灵敏度接收机或高性能频谱分析仪，还有一些配套设备，如测试天线、配套电缆、低噪声放大器、自动测试控制设备、自动记录设备、电磁兼容测试车等。

航天发射场的地检设备、供电设备、地面测控设备、通信设备等电磁环境数据都应及早提供给航天器研制单位，以便在航天器系统电磁兼容设计中参考。

第5章　系统电磁防护设计

5.1　概　　述

电磁环境和自然环境一样，是必须时刻面对的一种客观存在。战场复杂电磁环境的危害源主要包括静电、雷电等自然危害源，以及民用、军用的射频设备和战场上敌对双方设置的人为电磁干扰等。

由于舰船、飞机等武器装备是大尺度的复杂金属结构体，外露的不同形状、不同尺寸的结构部件对强电磁脉冲能量具有较强的耦合能力，甚至会产生谐振、聚积等复杂的效应，加剧对敏感系统的危害。舱(壳)体上有许多观察窗口、通风孔、门、缝隙、外露线缆等，造成复杂多样的耦合途径，在复杂电磁干扰环境下工作时，可能会导致信号接收机等敏感设备性能的降低或失效，在遇到强电磁干扰时，甚至会烧毁或击穿设备内部的元器件，造成武器装备损坏。

在武器装备系统中广泛使用电引爆火工品装置(Electro-Explosive Devices, EED)，简称电爆装置。例如，战斗机上的电爆装置包括弹射座椅的弹射弹、发动机灭火的灭火弹、弹射发射架中的抛放弹、以及各种武器的点火装置等。据统计，有些军用飞机上使用的电爆装置在100个以上，美国土星运载火箭上大约使用了150个电爆装置。常用的电爆装置主要是热桥丝型电爆装置。桥丝为几欧的直流电阻丝，其表面涂有一层引爆药(常用氮化铅)，当桥丝通过足够大的电流时，就会导致桥丝温度升高引燃火药。电爆装置对静电、雷电和电磁辐射非常敏感，当受到外界的电磁辐射时，桥丝会像天线一样产生感应电流，从而可能导致意外引爆、瞎火或性能下降，影响整个武器装备的战术性能的发挥，甚至导致整个装备的损毁。图5.1所示为热桥丝型电引爆装置典型结构。

随着复合材料在飞机、舰船、航天器等武器装备上的大量使用，导致系统电磁防护设计又面临新的问题。复合材料是由两种或两种以上不同性质的材料，通过物理或化学方法在宏观尺度上组成的具有新性能的材料，具有重量轻、比强度高、耐腐蚀、热膨胀系数近于零、加工成型方便等独特优点，被广泛应用于武器装备的制造中，已经成为装备制造的主要材料之一。在先进军用飞机、大型客机上，复合材料用量比例占到30%~50%。例如，波音787和空客A350全机中复合材料占比均超过50%。在直升机、无人机上则达到70%甚至更高。图5.2为A380复合材料分布示意图。复合材料广泛应用于海军中小型舰船壳体的制造,甚至不久的将来可能出现100m以上长度的大中型复合材料军舰。航天器对轻量化要求极高,因此复合材料大量应用于航天器的整体结构、外表面防热材料、天线、太阳能电池板,火箭发动机壳体等。制造武器装备的传统材料如钢、铝合金等金属是良导体,具有良好的电磁屏蔽能力。但复合材料是一种非金属材料,导电性能比金属材料要差得多,因此传统的金属材料的电磁防护技术无法照搬使用,使得电磁兼容设计难度增加不少,具体包括雷电和静电防护、电磁屏蔽效能、天线地网、搭接电阻及接地回路等方面。

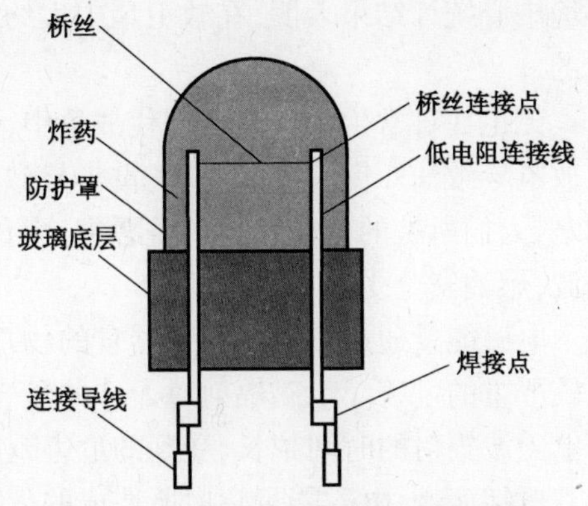

图5.1　热桥丝型电引爆装置典型结构

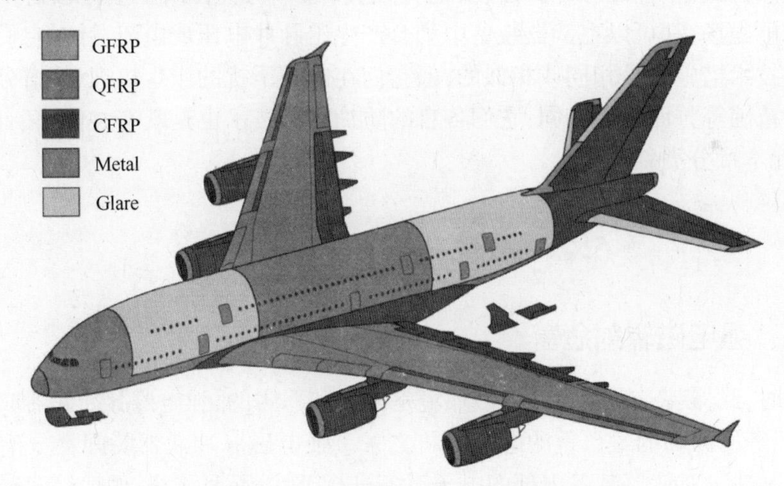

图5.2　A380复合材料分布(见彩图)

GFRP—玻璃纤维增强复合塑料; QFRP—石英纤维增强塑料;
CFRP—碳纤维增强复合塑料;Metal—金属;Glare—玻璃增强铝层压板。

对于在轨道运行的航天器来说,还将面临太空环境中特殊的电磁干扰,例如太阳电磁辐射、空间等离子体、空间磁层亚暴、中性大气地球电离层、空间碎片与微流星体、空间带电粒子辐射等。这些空间要素可在航天器材料和电子元器件上产生各种空间环境效应,进而对航天器的安全运行产生影响。例如,美国空间环境中心统计结果表明,在轨卫星中大约33%的故障是由于变化的空间环境造成的。

无论在日常生活还是在现代战争中,燃油堪称为武器装备的“血液”。因静电放电导致油库燃油爆炸起火、雷击导致飞机油箱爆炸的事故时有发生。与此同时,人们所处的电磁环境日益恶劣,大量雷达、通信设备等向外辐射高强度电磁波,燃油安全受到严重威胁。

电磁能量通过对人体组织器官的物理及化学作用会产生有害生理效应,造成较严重的危害。电磁辐射对人体的危害表现为热效应和非热效应两个方面。受电磁波辐射的时间越长,受到的危害越严重。

概括而言,电磁能量辐射所造成的危害包括以下四类:

(1) 破坏或降低电子设备的工作性能,影响作战效能;

(2) 可能引起易燃易爆物的起火和爆炸,如储油罐起火爆炸等;

(3) 可能造成武器装备如电爆管的失灵,给武器自身安全带来威胁;

(4) 可对人体组织器官造成伤害,危及人类的身体健康。

虽然核武器、电磁脉冲武器、雷电、静电放电等均会在周围空间辐射出快速变化的电磁场,都可以在武器装备中耦合产生出脉冲电压或电流,针对它们的许多防护技术措施也是相同或相似的,但它们在电磁干扰的产生机理、频谱分布以及影响范围等方面各不相同,它们各自的防护设计技术也是既有共性,又有特殊性,因此本章分类叙述。

5.2 系统强电磁辐射防护

5.2.1 强电磁辐射危害

战时,武器装备所经历的电磁环境是复杂和恶劣的,强电磁脉冲武器成为飞机、舰船等所面临的最严重的电磁威胁之一。强电磁脉冲武器瞬间释放的高功率电磁脉冲可对武器装备内部的电子设备进行破坏,而且飞机、舰船等武器装备是大尺度的复杂金属结构体,对强电磁干扰能量具有较强的耦合能力,加剧了这种危害。

强电磁脉冲环境可分为自然产生的电磁脉冲和人造的电磁脉冲,如雷电电磁脉冲和静电电磁脉冲属于自然界本来就有的电磁脉冲、高空核爆电磁脉冲、高功率微波和超宽带电磁脉冲属于人造的电磁脉冲。人造电磁脉冲又分为核电磁脉冲和非核电磁脉冲,高功率微波和超宽带电磁脉冲就属于非核电磁脉冲。

传统意义上的电磁脉冲是核爆炸的产物。核电磁脉冲是由多脉冲构成,可以分为 E1(早期)、E2(中期)和 E3(晚期)三个分量。E1 是一种高上升速率的脉冲信号,是核爆炸 γ 射线的副产品,瞬态场强可以达到几十千伏每米以上,脉冲宽度在几十纳秒的范围,可以对计算机和通信设备造成损害。对于这样的威胁,一般的雷电防护设备响应时间不足,难以提供防护;E2 分量的特点在强度和时间特性上类似于雷电形成的电磁脉冲,是比较容易防护的一种分量;E3 分量是一种慢速脉冲,持续几十到几百秒,它的特性和太阳风暴比较接近。

核爆电磁脉冲的时域波形如图 5.3 所示。

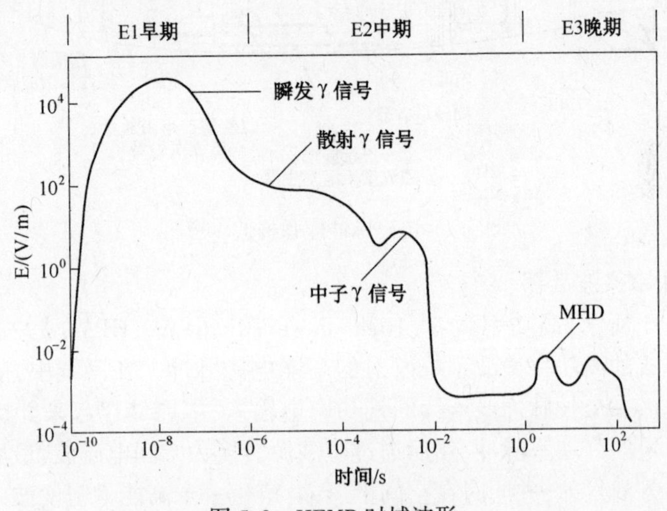

图 5.3 HEMP 时域波形

由于核爆炸产生电磁脉冲的同时还伴随着其他方面的巨大破坏,从而导致以核爆为动力产生的核电磁脉冲的研制在国内外受到了很大的限制。

非核电磁脉冲是由电子手段或者非核爆炸的方式产生能量,通过微波器件产生脉冲,由定向天线发射。由于其方向性,可以对特定的军事电子电气设备或系统进行破坏,而对建筑物以及人员损坏较少,世界各国对非核电磁脉冲的研究更加青睐。非核电磁脉冲武器通常分为两类:高功率电磁脉冲炸弹和高功率微波武器。

1. 高功率电磁脉冲炸弹

这是一种重要的微波武器,通常采用空投。图 5.4 所示为美国设计的 MK84 高功率电磁脉冲弹,其质量 900kg、长 3.84m、直径 0.46m,它的初级电源向电容器组并联式充电,为了提高脉冲功率,采用两级爆炸激励磁通量压缩发生器,经脉冲形成网络产生高功率脉冲,用此脉冲激励虚阴极振动器产生高功率微波脉冲振荡,再经由多线状锥形螺旋天线聚束发射出去。目前电磁脉冲武器特点是以炸弹形式出现,为了提高杀伤能力,通常都以适当的运载工具将其投放到目标区域或制导目标区,在一个有利的高度(如离目标几百米)上爆炸,发挥电磁脉冲弹的强大杀伤能力。

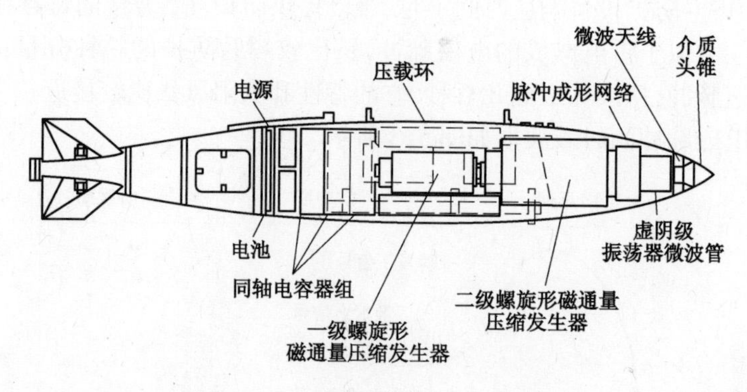

图 5.4　电磁脉冲炸弹构造示意图

2. 高功率微波武器

如图 5.5 所示,高功率微波(High-Power Microwave,HPM)是一种由电源、微波源等组成的高功率微波系统发射的高能电磁脉冲。在系统中,前级电源首先为系统提供一个长脉冲或连续的低功率电输入,电能储存起来并被转变为持续时间非常短的高功率脉冲,然后通过微波源转换为空间电磁波,最后天线将电磁波向指定方向发射,并同时在空间上压缩,产生一个高能量密度波束。

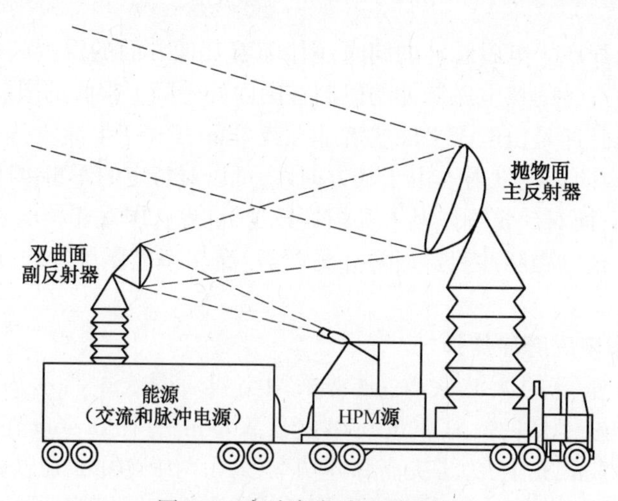

图 5.5　高功率微波武器系统

HPM 的功率密度和能量密度都相当高,能对未加防护的电子设备或系统产生干扰致使状态翻转乃至永久损坏。根据美国军用标准 MIL-STD-464B 规定，HPM 的峰值功率在 100MW 以上，一般工作在 100MHz ~ 300GHz 之间，单次脉冲输出的能量达 100J 以上。此外脉冲源能够以单次脉冲、重复脉冲、调制脉冲或连续波形式发射高功率微波。从杀伤机理上看，HPM 不仅能对各类电子系统产生致命打击，还能通过热效应、病效应杀伤人员，兼具软硬杀伤能力。

图 5.6 所示为电磁脉冲作用于飞机机体的过程。从上图中可以看到，电磁脉冲从 $t=0$ns 作用于飞机机翼的翼尖，到作用于整个飞机机身，机身上感应出的高电压值随时间剧烈变化。

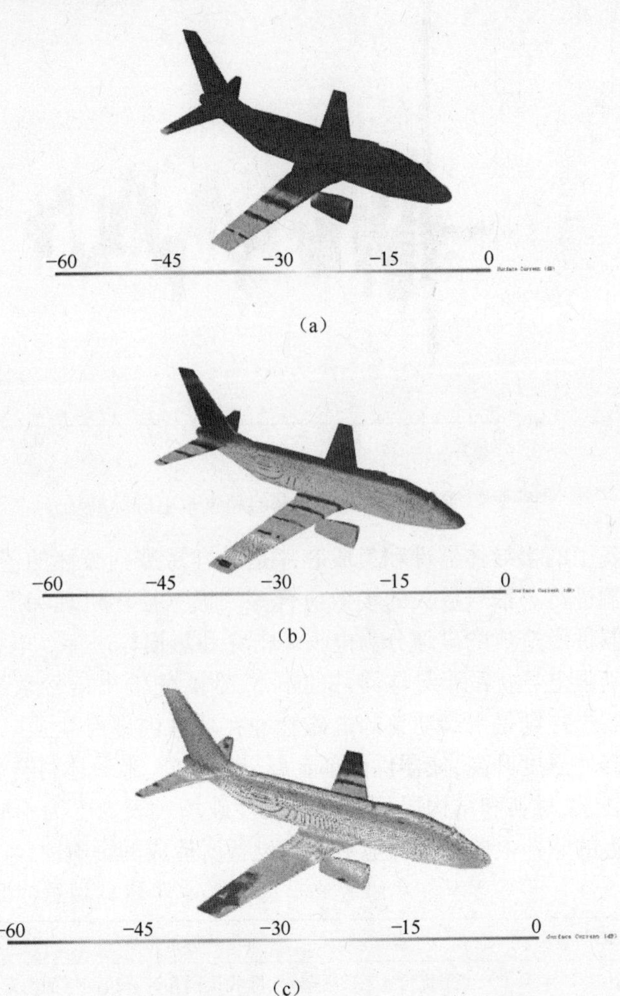

(c)

图 5.6　电磁脉冲作用于飞机机体的过程(见彩图)

(a) $t=0$ns；(b) $t=19.96$ns；(c) $t=61.986$ns。

电磁脉冲主要以电磁波能量的形式影响武器装备内部的电子电气设备的正常工作。按耦合途径分类，主要可分为天线耦合、线缆耦合和孔缝耦合三种耦合方式。

图5.7所示为当峰值场强为9400V/m的超宽带电磁脉冲辐射场对舰船舱室进行辐照，在水密门处于完全关闭状态时，实测舱室内部电磁脉冲场的时域波形，其脉冲峰值场强达到680V/m，由于舱室内部金属壁的多次反射和振荡，使得舱室内部达到超过200V/m的场强，持续时间长于0.1μs。

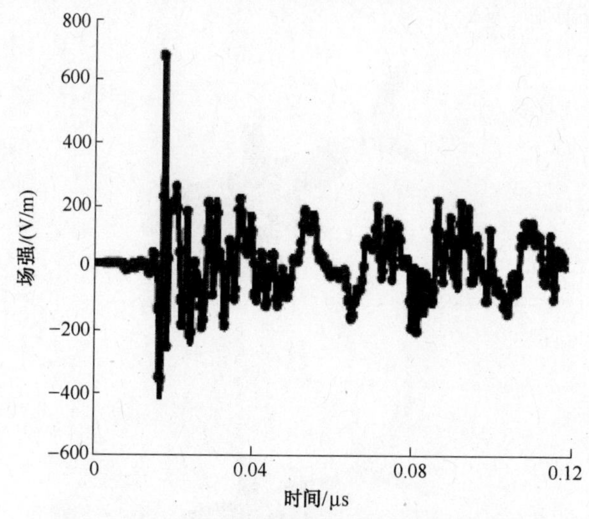

图5.7　舰船舱室内部泄漏的超宽带电磁脉冲场

电子设备中的半导体器件和集成芯片是最容易遭到破坏的器件，尤其是位于接收机前端进行小信号放大的场效应管等。根据损坏机理和严重程度，可将电磁攻击对器件所造成的破坏分为电损坏击穿和热损坏击穿。电损坏击穿是电磁脉冲通过其强电场扰乱半导体器件的正常工作，使输出信号紊乱甚至无输出信号。热损坏击穿则是由高功率的电磁脉冲在器件内部产生强电流，进而产生热量使整个器件温度升高，使器件内部金属导体熔断、半导体材料熔化或由于热应力作用断裂，在材料和结构层面形成永久性破坏。表5.1为不同功率密度的微波辐射产生的非核电磁脉冲效应对电子设备所造成的影响。

表5.1　不同功率密度的微波辐射产生的非核电磁脉冲效应

辐射强度/(W/cm)	电磁脉冲效应
10^{-8}～10^{-6}	可干扰雷达、通信、导航、敌我识别和计算机网络的正常工作
0.01～1	可使雷达、通信、导航、敌我识别和计算机网络的器件性能降低或失效，尤其会损伤或烧毁小型计算机芯片

（续）

辐射强度/(W/cm)	电磁脉冲效应
10~100	在金属表面产生强大的感应电流，通过天线、金属开口或缝隙进入设备内部，可直接烧毁各种电子器件、计算机芯片和集成电路
1000~10000	可瞬间引爆导弹、炸弹、炮弹弹头或燃料库，从而破坏整个武器装备

高强度辐射场(HIRF)电磁环境有三个特点：频率覆盖范围广(10kHz~40GHz)、电场强度高(可达3000V/m)、作用时间长。在民用航空领域，民用飞机HIRF防护是关系到飞机适航性的一项重要工作，例如美国联邦航空局(FAA)颁布的《运输类飞机适航标准》(FAR25)中就有相关条款。因为民航客机在起飞降落时，容易受到机场附近的大功率雷达等设备的HIRF危害，如起落架和机轮刹车控制系统容易出现故障，飞行人员身体健康受到辐射危害等。美国航空无线电委员会(RTCA)制定的DO-160G《机载设备环境条件和测试程序》是民用航空电子设备电磁兼容性要求的世界通用标准，HIRF试验是其中的重点试验项目之一。中国民用航空规章中对CCAR-25《运输类飞机适航标准》也增加了高强度辐射场的要求。

国军标GJB1389A—2005《系统电磁兼容性要求》中也对军用飞机的外部电磁环境提出了射频场强(峰值和平均值)的定量要求。

电磁辐射对人员的危害程度取决于诸如发射频率、功率密度或电磁场强度、距辐射源的距离和辐照时间等因素。电磁波被人体吸收会导致对人员的生理和健康产生危害。为避免电磁辐射对驾驶员和操作人员的身体伤害，驾驶员和操作人员所处区域的电磁环境不能超过GJB5313—2004《电磁辐射暴露限值和测量方法》规定的限值。

5.2.2 强电磁辐射防护设计

1. 确定系统抗电磁辐射干扰的分层

在系统开始设计时就要将电磁防护纳入考虑范围，系统设计人员应根据系统的工作环境、功能和战术要求，提出设计方案，并利用数据分析和测试等方法来确定该方案对给定的电磁环境是否敏感，并且着手进行消除敏感的抗干扰设计。

一个暴露在电磁辐射环境中的系统，电磁能量首先会耦合到外壳上，激发出表面电流，并激励外壳的孔隙，随之能量渗透到内部的导线和电缆，最后耦合到灵敏的子系统、电路和元件中。

对于系统抗电磁辐射干扰来说，分层抗扰设计是一个经济有效的方法，因为它利用了系统和子系统外壳固有的屏蔽,并层层切断干扰的耦合路径,当某一层的抗扰度得到改善时,对其余层的抗扰度要求就降低了。图 5.8 为系统分层电磁屏蔽设计的示意图。

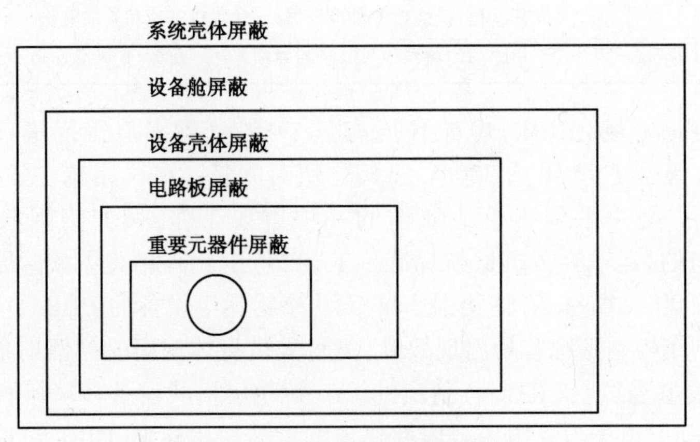

图 5.8　系统分层电磁屏蔽设计

2. 舱体外壳电磁防护

武器装备的舱体一般由封闭的金属舱体外壳构成。舱体可以把武器装备内外的电磁干扰隔开,例如飞机的机身金属蒙皮的典型屏蔽效能在 40~80dB 之间,如图 5.9 所示。但是由于舱体上不可避免地开有舷窗、通风孔、加油口等孔洞,破坏了舱体的金属连续性,也就给外部的电磁干扰进入舱体内部提供了途径。孔隙的电磁泄漏程度与孔隙的直线尺寸、孔的数量以及波长密切相关。随着频率的增高,孔隙的泄漏越来越严重。在面积相同的情况下,缝隙的泄漏比孔洞严重。当缝隙的长度与工作波长相比拟时,缝隙就犹如天线了。因此一般要

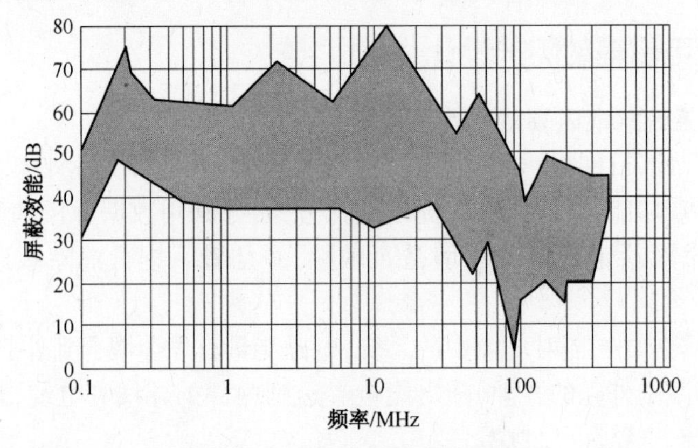

图 5.9　金属飞机的屏蔽效能特性

求孔洞的直径应小于1/5波长,缝隙长度应小于1/10波长。但在微波波段实现上述要求是很困难的,带孔的金属板、金属网等也就往往不具备屏蔽效能了。

系统抗电磁干扰的第一步是减小通过舱体孔洞、缝隙等进入点的耦合,尽量保持武器装备的整个外壳为一个完整的"法拉第笼"屏蔽体。法拉第笼的定义是一个能导电的、内部电位为零的空心体,电荷均匀分布在壳体表面,壳体内部是没有电场的。在系统总体设计时,尽量将舱体上孔洞的数量减至最小,并尽量减小每一个孔洞的尺寸。对那些不能取消的孔洞和缝隙,必须采取屏蔽措施封闭入射能量的进入点。

1)舱体孔洞的处理

孔洞的屏蔽材料类型主要有金属薄膜类、金属丝网类、发泡微孔类三种。

舱体的观察窗口屏蔽,通常采用高性能的屏蔽玻璃。主要有两种技术:一是在玻璃表面镀制一层导电金属膜层(银或氧化铜铟),制成导电玻璃;二是将铜网、镍网或不锈钢网等夹于两层玻璃之间,利用金属丝网的导电性实现屏蔽功能。许多飞机驾驶舱的风挡玻璃组件就采用了此技术。这两种方法各有利弊(表5.2)。由于透光要求的原因,膜层的厚度受到限制,因此镀膜玻璃的屏蔽效能比较低,且裸露在空气中的膜层容易氧化和大面积脱落。玻璃层夹金属丝网的屏蔽性能优于镀膜玻璃。通过屏蔽丝网的外延部分与机体可靠连接,实现电磁屏蔽。

表5.2 金属丝网与导电玻璃屏蔽效能比较

频率/MHz	金属丝网/dB	导电玻璃/dB
1	98	74~95
10	93	52~72
100	82	28~46
1000	60	4~21

对于屏蔽要求不高且大面积的通风散热孔洞,可采用覆盖金属丝网,具有成本低、结构简单,通风量大的优点。但金属丝网不适用于数百兆以上的高频情况。而且金属丝网的柔性网丝交叉点还容易存在接触电阻不稳定的问题,导致屏蔽性能不稳定,最好金属网各网丝的相交点能熔焊。

需要屏蔽的频率较高时,可用截止波导通风孔,如图5.10所示。由波导理论可知,当电磁波频率低于截止波导频率时,电磁波在传输中将产生很大衰减,利用波导传输这一特性制成的截止波导式通风孔,能有效地抑制截止频率以下的电磁波泄漏。截止波导通风孔的工作频带宽,即使在微波波段仍有较高屏蔽效果,主要用于屏蔽效能要求高,或者屏蔽性能与散热的矛盾不可调和的场合。

截止波导通风孔对空气的阻力小，风压损失小，机械强度高且工作稳定可靠，但其缺点是制造工艺复杂，体积大，制造成本高。

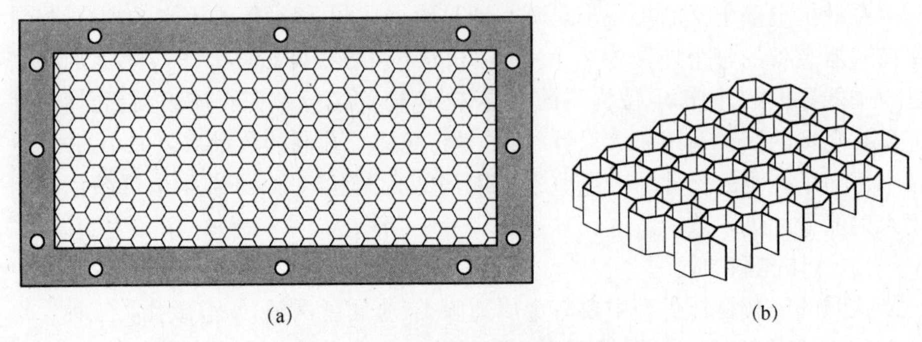

图 5.10　蜂窝状波导通风板示意图

(a)正面；(b) 内部结构。

发泡金属通风窗是所有屏蔽通风部件中，达到一定屏蔽效能所需厚度最薄且同时具有通风、防尘和屏蔽等最佳综合性能的屏蔽通风部件。发泡金属是由金属骨架和连通的空洞组成的多孔材料或是在有机发泡物或海绵体的表面、内孔进行金属导电化处理，主要材料是发泡金属镍和发泡金属铜镍等，其结构上的特点是使电磁波在空洞中发生多次反射与吸收损耗，因此在厚度很薄的情况下仍可达到很高的屏蔽效能。

2）舱体缝隙的处理

飞机、舰船、航天器等舱体上的缝隙构成了电磁干扰的耦合途径。缝隙或孔洞是否会泄漏电磁波，取决于缝隙或孔洞相对于电磁波波长的尺寸。当波长远大于开口尺寸时，并不会产生明显的泄漏。当干扰的频率较高时（>10MHz），这时波长较短，就不能忽视电磁泄漏了。

舱体缝隙主要处理方法有增加缝隙深度、提高缝隙结合面精度、加装电磁密封衬垫、缝隙处涂导电涂料、调整紧固钉间距、增加接缝处重叠尺寸等。

常用的导电化合物主要分为喷涂类和填充类，喷涂类主要是导电涂料（导电漆），填充类主要是导电胶、导电脂和导电腻子。

电磁密封衬垫是一种夹衬在两层结合端面处的导电材料，它富有弹性，易于变形。通过压紧变形能够填满缝隙，使两个配合表面有良好的电气接触。电磁密封衬垫要有很高的导电率和机械弹性，要耐腐蚀、耐高温、耐老化。

选择使用什么种类的电磁密封衬垫时要考虑四个因素：屏蔽效能要求、有无环境密封要求、安装结构要求、成本要求。常见衬垫材料的特点比较，见表 5.3。

表 5.3　常见衬垫材料的特点比较

衬垫种类	优点	缺点	适用场合
导电橡胶	同时具有环境密封和电磁密封作用,高频屏蔽效能高	需要的压力大,价格高	需要环境密封和较高屏蔽效能的场合
金属丝网条	成本低,不易损坏	高频屏蔽效能低,不适合频率较高的场合,没有环境密封作用	干扰频率为 1GHz 以下的场合
指形簧片	屏蔽效能高,允许滑动接触,形变范围大	价格高,没有环境密封作用	有滑动接触的场合,屏蔽性能要求较高的场合
导电布衬垫	柔软,需要压力小,价格低	湿热环境中容易损坏	不能提供较大压力的场合
螺旋管	屏蔽效能高,价格低,复合型能同时提供环境密封和电磁密封	过量压缩时容易损坏	屏蔽性能要求高的场合,有良好压缩限位的场合,需要环境密封和很高屏蔽效能的场合

3. 天线和射频通道电磁防护

如前所述,电磁脉冲、雷电、静电放电、电路中负载的通断等都会在电路上产生很强的瞬态干扰,统称为浪涌电压(电流)。比如,核电磁脉冲的电场强度可达 105V/m,直接雷击的电流可达 20kA 以上,静电放电的电压可达 90kV,所以加于电子设备上的浪涌电压往往可高达数千伏,浪涌电流达 1kA 以上。一般半导体器件承受冲击电压的能力仅为 30~100V,承受冲击电流的能力为 0.1~1A。浪涌电压(电流)如进入设备,不仅会引起干扰,还会导致设备中的器件、部件和电路严重损坏。天线和射频通道的电磁脉冲防护可采用浪涌抑制器件,进行限幅钳位或旁路分流。当浪涌电压超过某一阈值,立即把电位限幅钳位,让电流从旁路分流泄放掉。

浪涌抑制器按其工作原理分为开关元件类、限压元件类、防过流和防过热保护元件类。常用的浪涌抑制器件有火花隙、气体放电管、金属氧化物压敏电阻(MOV)、电压钳位型瞬态抑制二极管(TVS)等。另外还有固体放电管、晶闸管型防护器件等(包括控制栅极型双向三端器件和控制维持电流型双向两端器件)。

这些元器件的原理基本上是将输入的瞬态电压进行钳位或关断,以保护设备接口电路。例如 TVS 的原理是在规定的反向应用条件下,当承受一个高能量的瞬时过压脉冲时,其工作阻抗立即降至很低的导通值,并将电位钳位至预定水平。TVS 的响应时间最快可达皮秒(ps)级,它的缺点是额定电流小(10/1000μs 的波峰值电流在几安至几百安之间)。TVS 适用于需要控制精密钳位电压的电子电路。图 5.11 为 TVS 功能图与原理图。

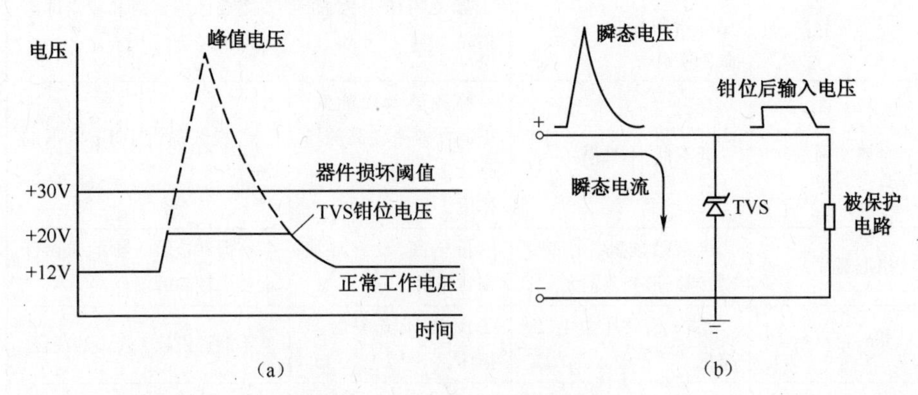

图 5.11 TVS 功能图与原理图

(a)功能图;(b)原理图。

浪涌抑制器件的关键指标是响应时间和通流容量。对上升时间为纳秒级和皮秒级的核电磁脉冲、超宽带电磁脉冲,响应时间为微秒量级的普通雷电保护器几乎不起作用。因此,对电子信息系统的电磁脉冲防护,需要选用响应时间快、电容量小的皮秒级瞬态电磁脉冲防护器件。表 5.4 为常见过电压防护器件性能对比。

表 5.4 常见过电压防护器件性能对比

器件名称	响应速度	保护水平	通流量	稳定性	开关或钳位电压
火花隙	慢(ms)	差	大	差	高(数百伏以上)
气体放电管	较快(ns)	一般	大	一般	较高(几十伏以上)
MOV	快(ns)	好	大	一般	低(几伏以上)
TVS	极快(ps)	好	小	好	低(几伏以上)

考虑到强电磁脉冲防护的复杂性以及不同元件的反应速度、抑制电流和电压能力、可重复使用程度的不同,可以根据实际需要采取两个或者多个防护元件和滤波电路相结合的方法,实行多级防护,如图 5.12 所示。注意一般能量较高的器件应靠近瞬态浪涌进入的端口,能量较低的器件靠近敏感设备处,且两者之间需要相距一定的距离或者串联电阻,以保证第一级的高能保护器件能够导通。因为高能器件通常响应时间较长,钳位性能也不如后者稳定。

4. 舱内电磁防护

武器装备的舱内电磁干扰防护设计,要结合系统舱内设备总体布局设计一

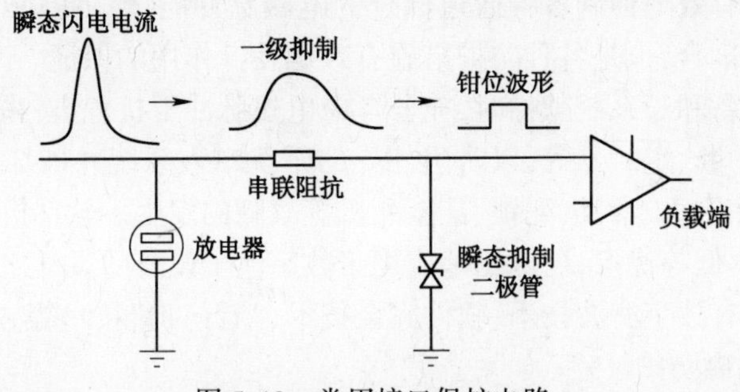

图 5.12　常用接口保护电路

起开展。

系统舱内设备总体布局原则如下：

(1) 舱内部设备依据功能和电磁特性分类,按照模拟、数字、射频设备不同区域安装的方式,进行合理布置。

(2) 按照各设备/子系统电磁发射和电磁敏感性要求,电磁发射设备应与电磁敏感设备分舱布置。比如,机舱内部的强电设备如逆变器、发电机等以及雷达、通信等发射机等要尽量远离通信电台、计算机等弱电设备。易敏感设备的安装位置应尽量避开机舱的门窗和孔口。

(3) 同一子系统的设备应相对集中,设备间互连线比较多的设备应该尽量布置在一起,这样可以减少互连线的长度。例如,通信电台的布置应尽量靠近天线以缩短馈线的长度。

(4) 有数字信息接口的设备之间应设置接地系统。计算机、微机、数字信息传输设备布置的范围应小,以减少接地系统的敷设量。

(5) 高敏感设备舱室,如舰船的接收机室、译电室、作战指挥室等应设在弱场区,宜采用内通道开门或套间,如果环境电平比较高,宜采用屏蔽室结构形式。屏蔽舱室尽量少开门、窗、通风口,必须设置门、窗及开孔时,应尽量面向弱场区方向或在内通道上。穿舱管路、穿舱电缆、通风管道等会破坏舱室的电磁屏蔽性能,其他舱室设备的射频辐射可能沿着这些部位传播。可对这些地方采用电磁屏蔽填料函进行舱室防护,并对进出管路、电缆、导线在贯通处进行良好的接地。

5. 设备电磁防护

设备机箱要进行良好的屏蔽设计,进一步减少进入设备内部的电磁能量,使其降到元器件毁伤阈值之下。

在选择关键电路的元器件时,如采用不敏感的器件可以完成电路的功能,尽量不要采用敏感的器件,针对易受电磁脉冲威胁至损坏的电路,一定要在电路的前端设保护电路,阻止强电磁脉冲到达易损伤的敏感模块。

滤波可以有效地抑制各种通道耦合的电磁脉冲能量。良好的接地,可以减小电磁脉冲的耦合,也是各种防护措施有效地发挥作用的保证。

在设计设备和子系统软件时,充分考虑电磁脉冲干扰危害,采用软件容错技术,谨慎使用中断、定时器等,以防当外界的干扰窜入系统并破坏程序的正常运行时,导致程序跑飞、紊乱、死锁、甚至死机等故障的发生。软件抗干扰技术具有设计灵活、成本低等优点,已广泛地应用于数字电子设备的设计之中。常用的软件抗干扰技术有数字滤波技术、软件冗余技术、"看门狗"技术等。

6. 电缆电磁防护

由于强电磁脉冲、雷电等电磁干扰具有很强的电场、磁场分量及很高的电场、磁场变化率,在总体布局设计中应尽量减小对于外界强电磁辐射的感应回路,如降低电缆的离地高度、减小电缆的长度、将电缆紧靠舱壁或甲板布置,将电子设备和传输弱信号的敏感电缆尽量远离舱室门洞、窗口、通风开孔等,采用抗共模、差模的纽绞双层屏蔽电缆等,可以很好地减小电磁脉冲的危害。

电缆电气引入点的电磁脉冲防护一般采用气体放电管作为第一级防护,抵御高能电磁脉冲;瞬态抑制二极管作为第二级防护,抵御纳秒级瞬态响应电磁脉冲。

连接设备的电缆两端应将电缆外屏蔽套接地,当电缆插头带有尾部附件时,则用金属卡环箍紧电缆的金属屏蔽护套;对于不带尾部附件的电缆插头,可将端头金属屏蔽护套拆开编辫,连接固定在插头的接地螺栓上。

采用法兰连接的管路,在螺栓连接处搭接接地铜带。管路穿过敏感舱室和甲板处,就近用接地平铜片与舱壁和甲板螺柱连接。法兰端面应采用导电密封垫片,穿舱壁和甲板处采用电磁屏蔽填料函。

光纤具有良好的抗干扰性能,其本身也不会产生电磁辐射。可以用光纤替代线缆,来减少耦合到电缆和电线上的干扰能量,也可以通过采取适当的滤波技术来阻止耦合能量传递给灵敏的子系统和元件。

7. 人员的电磁防护

舰船上高频通信天线、雷达天线等发射的高强度电磁辐射能量可能覆盖舰船表面,在舰船甲板上天线附近的舰船结构、装置、设备和其他金属构件上产生射频感应电压。除了保持安全距离外,还应采取下列防护措施:

(1) 使用连锁、限位机构或其他适当的方法,限制定向辐射天线的辐照区域;

(2) 安装适当的屏蔽网,给人员提供一个可以通过或工作的安全区;

(3) 在超过限值的区域设置围栏或圈索等以防止人员进入;

(4) 设置辐射危害警告标志或声光信号装置,以提醒工作人员不要进入超

过限值的区域;

(5) 尽量用非金属材料代替辐射场中的金属构件;

(6) 对电磁环境电平超过电磁辐射危害允许电平的区域中的工作人员应采取防护服、防护眼镜,防护帽等保护措施。

8. 燃油系统的电磁防护

舰船、飞机上的金属材料燃油箱的箱体在防电磁辐射方面有天然优势,只要确保箱体导电连续性以及与输入输出金属油管之间搭接良好,就可以达到很好的防护性能。对于复合材料燃油箱的电磁防护技术参见本章第 5.3.2 节“燃油系统的雷电防护”的内容。

对于来自自身平台上的电磁辐射,燃油电磁防护的设计思路有三个方面:一是保持安全距离;二是形成严格的燃油操作程序,尤其对加油作业应制定加油作业规程;三是要抑制电磁辐射产生电弧火花的条件。

(1) 在加注燃油期间应关闭有关的发射机;

(2) 限制燃油在射频场里散放;

(3) 操作和保存供油设备不应使燃油溢出;

(4) 辐射设备的安装位置(包括旋转和扫描天线)应保证在工作过程中,避开对加油区的照射;

(5) 在加油嘴和靠近油罐及通风口的区域,用非金属部件代替金属部件,如截断通路的塑料油盖、木制的油位标记杆等;

(6) 燃油加油装置,如加油喷嘴、加油孔等均应设置接地线或接地搭接线。

9. 电爆武器电磁辐射防护

在包括运输、储存、装卸、装料、卸料、弹药补给、在平台上安装、发射等整个电引爆武器寿命期内,都必须对所处的电磁环境进行分析或测试,满足相应要求。对武器的电磁辐射抗扰度或敏感度阈值进行测试或分析,以确定它们符合指标要求,方便工作时的操作。必要时使用标牌警告电磁辐射对武器的危害。为了减少电磁辐射对武器危害的风险,应注意:

(1) 武器在拆装保险期间,附近的大功率发射设备必须关机;

(2) 发射天线与所有武器之间的距离至少保持在 3m 以上;

(3) 为使电爆装置暴露在射频环境中的时间最短,武器的各种操作必须事先计划好,在拆装部件内部的电线和发火线路时,决不允许暴露在射频环境中;

(4) 武器加载时,电子触点、雷管电极及撞针绝不允许与能够传导射频能量的任一物体相接触。

5.3 系统雷电防护

5.3.1 雷电危害

雷电是一种自然放电现象,当带不同静电的云层之间或云层对地之间的电场强度达到约 1000kV/m 量级时,大气就会被电离,形成导电的等离子体气流,从而产生泄放电荷或中和电荷的等离子体导电通道,该通道可长达数千米以上,通道上电流巨大,使通道上的气体瞬间膨胀,产生明亮耀眼的闪电和震耳欲聋的雷鸣,雷电放电产生的电磁脉冲能量可达数百兆焦耳,雷电电流的变化率可达 105A/μs 量级。

图 5.13 所示为积雨云累积起大量的空间电荷,在云中形成分离的正、负点中心,形成极高的场强。飞机在飞行过程中,机体不断累积电荷。此时机体处于静电平衡状态,可以看作一个等势体,其内部场强处处为零,电荷分布在壳体表面,但机头、翼尖等曲率半径大的地方的电荷密度大。随着飞机静电的不断积累,机头、翼尖等尖端部位的面电荷密度越来越大,附近的场强不断增强,加剧了大气等电位面的畸变程度,于是这些区域会最先达到空气的击穿场强,使空气电离引发放电。此时,云层中的电荷会顺着电离通道不断流到飞机上,飞机成为正、负两个电荷中心之间导电路径的一部分,这就是雷电的先导放电。

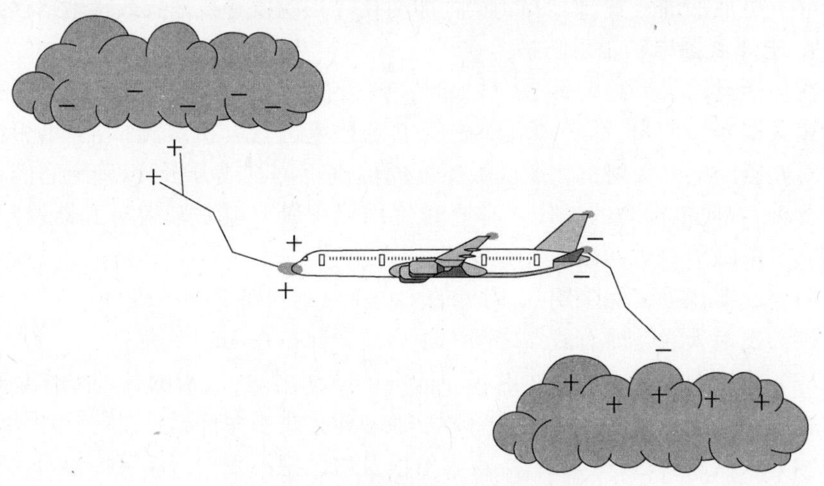

图 5.13　飞机遭遇雷击过程示意图

雷电对于飞机、舰船、运载火箭等武器装备的危害很大。飞机、导弹等飞行物容易被云间和云地间的雷电击中而引发事故。统计表明,一架固定航线的飞机,平均每年要遭到一次雷击。一架军用飞机,在其全寿命周期内,平均要遭到两次雷击。

在开阔海面上航行的舰船,由于其高高耸立的桅杆和各类突出的天线,是海面上最易受雷电袭击的目标。雷电对船体桅杆、避雷针结构放电时,往往会引起电子设备的损坏,甚至造成人员的伤亡。

当火箭竖立在发射架上时,若不采取避雷、消雷措施,雷雨天很容易被雷电击中。当火箭点火升空后,从发动机喷口喷射出的高速炽热的锥形烟云粒子流若与雷暴云接触,便会构成理想的闪电通道,诱发雷击。例如 1969 年,美国运载"阿波罗"12 号宇宙飞船的"土星"5 号火箭在点火升空后,当火箭的飞行高度在 1920m 和 4300m 时,分别两次遭遇雷击。

雷电对武器装备的危害效应包括直接效应和间接效应。直接效应即直接由雷击产生的物理效应,表现为燃烧、侵蚀、爆炸、结构变形、高压冲击波、强电流形成的磁场,以及雷电沿避雷装置引下线向大地(海面)泄放时所形成的足以致命的接触电压和跨步电压等。间接效应即雷电流引起的电磁辐射效应,也就是伴随着雷电流在机体上流动,雷电流虽未直接接触飞机的电子电气设备,但是它将在线路中产生感应电压和电流浪涌,从而对系统造成扰动或损坏。

在现代武器装备设计中,雷电防护性能指标已作为必须的常规设计指标,需满足相关标准和规范的要求。武器装备的雷电防护设计,需要从总体和设备两个层面上综合考虑。总体层面需要考虑全系统对直击雷的防护,优化总体布局,减小雷电感应,并采用严格的工艺和相关的防护措施,阻止雷电脉冲进入系统内部;设备层面上需要在器件的选型、机箱的屏蔽、与外部连接端口的处理上,考虑雷电脉冲的辐射与传导危害防护。雷电间接效应的防护可借鉴强电磁脉冲防护技术方法。

我国目前采用的军用飞机雷电防护标准,主要有国家军用标准 GJB2639—1996《军用飞机雷电防护》、GJB3567—1999《军用飞机雷电防护鉴定试验方法》和航空工业标准 HB6129—1987《飞机雷电防护要求及试验方法》等。

民航方面,由于雷击对飞机有很大的安全隐患,因而欧洲和美国的适航当局先后颁布了针对运输机的适航条例,如 FAR25 部和 EASA25 部。其中明确规定了飞机雷电防护是在飞机设计中所必须考虑的附加因素之一。我国也参照欧、美飞机雷电防护体系,颁布了相应的适航条例,如 CCAR25. 581 闪电防护,25. 954 燃油系统的闪电防护,25. 1309 设备、系统及安装,25. 1316 系统闪电防护等。只有按这些要求进行设计、制造,并满足安全性要求的飞机,才能取得适航证,进入航线运营。

与雷电防护有关的其他军标还有 GJB1804—1993《运载火箭雷电防护》、GJB7581—2012《机动通信系统雷电防护要求》、GJB8007—2013《地地导弹武器系统雷电防护通用要求》等。

5.3.2 飞机雷电防护设计

1. 系统雷电附着分区

新飞机在设计时需要根据飞机的气动外形来考虑如何进行雷电防护。雷击区域划分是飞机雷电防护设计的第一步。分区的目的是规范飞机表面各处在雷电环境中所处的地位和通道附着的部位,确定雷电电流在入点、出点之间传导时可能经过的飞机结构,用以指导油箱和燃油系统、航电系统、雷达系统等的防雷击布局设计。对于飞机这种横向大尺度的不规则体来说,容易遭受雷电直接击中的部位(称为雷击附着点)有其规律可循。

美国的军标 MIL-STD-464D、MIL-STD-1757、MIL-STD-1795,联邦航空条例 FAR23,我国的航标 HB6129 和国军标 GJB3567 都对飞机的雷击防护作出了规定和要求,其中包括通过飞机缩比模型的雷击附着点试验来划分飞机的雷击区域,为飞机的防雷设计和评估提供依据。使用飞机的比例模型来进行附着点试验,是确定飞机的雷击区域的一个非常有效的方法,具体方法参见第 6.11.3 节内容。

对于飞机来说,通常将飞机表面划分为三个区域,每个区域具有不同的雷电附着特性或传递特性。其目的是区分出不受雷击电流影响的部分和应当防护的部分,从而采取有效的防护措施,如图 5.14 所示。

区域 1:初始雷电附着具有高概率的飞机表面。

区域 2:雷电从区域 1 初始冲击附着点通过气流扫描,并具有高概率的飞机表面。

区域 3:除了区域 1 和区域 2 的全部飞机表面区域,在区域 3 中任何雷电电弧直接附着的概率很低。其表面可以承受相当量的电流,但是仅在一些成对的直接附着点之间或者在扫描闪击附着点之间可以承受相当量的电流。

在以上分区的基础上,区域 1 和 2 可以进一步细分为 A 区和 B 区,由雷电附着持续时间的概率决定。A 区的电弧保持附着概率低,B 区的电弧保持附着概率高。

区域 1A:初始附着点,它具有低的雷电附着概率,如前缘。

区域 1B:初始附着点,它具有高的雷电附着概率,如后缘。

区域 2A:扫描闪击区,它具有低的雷电附着概率,如中等翼展机翼。

区域 2B:扫描闪击区,它具有高的雷电附着概率,如机翼内侧后缘。

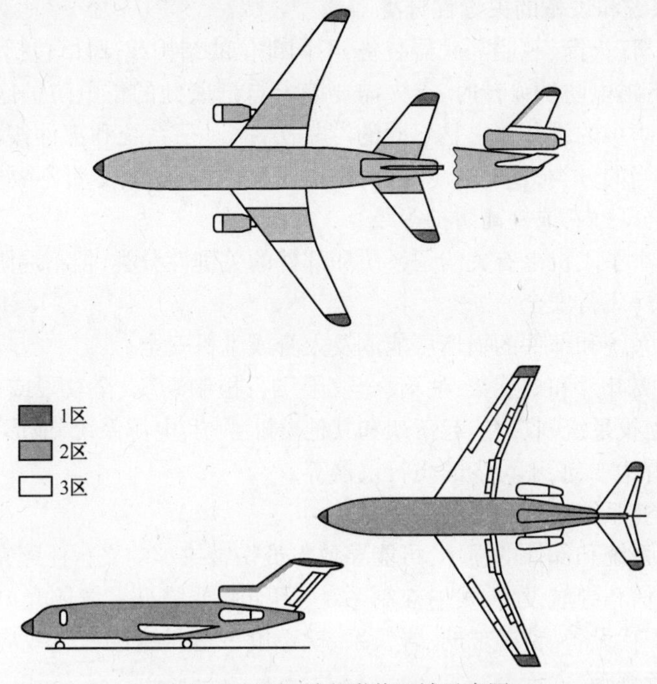

图 5.14　飞机雷电附着区域示意图

可见,飞机的雷击损伤区域主要分布在机头雷达罩和机身前段、发动机吊舱、机翼翼尖、水平安定面翼尖和升降舵尖部、垂直安定面和方向舵尖部等部位。

图 5.15 为直升机的雷电附着区域示意图。

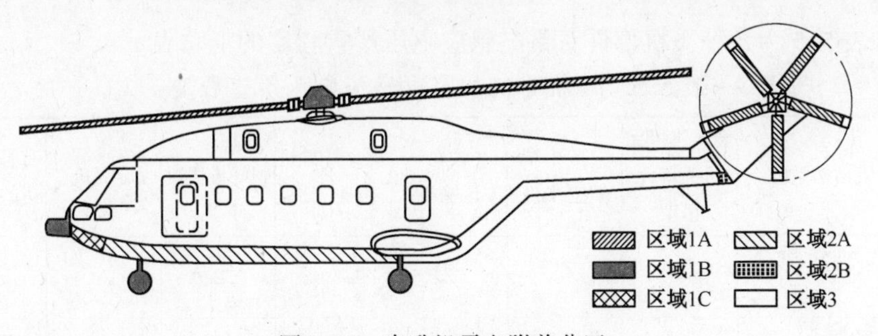

图 5.15　直升机雷电附着分区

在直接雷击区,雷击导电通道应有能力传输 200kA 的峰值电流和在 1~2s 内传输 200C 的电量;在扫掠雷击区,雷击导电通道应有能力传输 100kA 的峰值电流,并且无高热和起火现象。雷电电流可能进入装备及可能流经的所有部位,均应采取雷电防护措施,如天线、雷达天线罩、航行灯等。

2. 子系统和设备的关键性分类

对于飞机、火箭、舰船等武器装备,不同部位的结构或部件,包括电气电子系统等,在进行雷电防护设计时,首先需要确定自己所处的雷电防护区域,不同的区域对雷电防护的设计要求是不同的。其次,应对子系统和部件按下面的分类原则进行适当的分类,重要性越高、对雷电越敏感的设备,尽量不要安置在雷电容易附着的分区内,或提高防护等级。

下面列举了飞机上有关的子系统和部件的关键性分类,但不局限于这些。

1) 一类(飞行安全)

这些子系统和部件的损坏可能危及人身或飞机安全。

例如旋翼叶片和螺旋桨、油箱、全权限飞行控制系统、全权限或监视发动机控制系统、抛投系统、收放式起落架和其他着陆系统、电源系统、地形跟踪与地形回避系统、雷达罩、必不可少的飞行仪器等。

2) 二类(系统安全和任务完成)

这些子系统和部件的损坏,可能导致人员伤害或影响飞行任务完成。

例如通信和导航设备、发射控制系统、用于武器瞄准系统的光电设备、多路传输系统、干扰设备、窗盖玻璃、告警系统、影响罗盘精度的磁化效应、防冰和除冰系统、航行灯等。

3) 三类(次要影响)

这些子系统和部件的雷电效应不会影响飞机的效能。

例如,雷电只能在上面造成烧蚀点和影响不大的损伤的结构构件、飞机蒙皮等。

表 5.5 为各种飞机部件对雷电感应电压严重程度的汇总表。

表 5.5　飞机系统的雷电感应电压严重程度

飞机结构系统	金属飞机无机头罩无吊架	一般小型航空飞机	大型运输机	复合材料超声速飞机	碳纤维飞机	旋翼机	有警戒雷达的飞机
皮托管加热系统	—①	—	△	△△△	△△△	—	△
天线	△②	△	△	△	△△	△	△
座舱盖	△	△	问题一般较小	△△③	△△	△△	△
复合材料蒙皮板后布线	—	如是玻璃钢△△△	△△	△△	△△△	△△	△
导航灯电线	—	△△△④	△	△	△△	—	—

（续）

飞机结构系统	金属飞机无机头罩无吊架	一般小型航空飞机	大型运输机	复合材料超声速飞机	碳纤维飞机	旋翼机	有警戒雷达的飞机
设备安装位置	—	△	△	△△	△△	△	△
燃料箱内导线和管路	—	如是玻璃钢△△△	△	△	△△△	—	△
玻璃纤维机翼缘和燃料箱	—	△△	△	△	△	—	△
天线罩连线（与雷达相连导线）	—	△	△	△	△	△	△△
机翼或防冻马达叶片或可拆马达叶片	—	—	—	—	△	△△△	—
玻璃纤维叶片	—	—	—	—	—	△△△	—
吊、拖、牵的金属物体包括拖索中导线	—	—	—	—	—	△△△	△△△
①不适用或无问题； ②有潜在危险性； ③有严重潜在危险性； ④有十分严重潜在危险性							

3. 主体结构搭接与接地

一般飞机的外部金属壳体是最基本的雷击保护层，在遭到雷击时金属表面如屏蔽板一样，强大的电流平顺地流过机身或机翼表皮，留下小小的烧蚀洞或缺口，可以防止飞机内部损伤，对飞行并无大碍。

搭接是为飞机的金属构件之间以及构件、设备、附件与飞机主体结构之间提供稳定的低阻抗电气通路，提供电流返回通路，防止它们之间产生电磁干扰电平。

同时，搭接目的也是确定阻值要求的重要依据。表 5.6 列出了各种搭接目的下的搭接阻值应满足的要求。

根据美军 MIL-B-5087B《航空航天系统电搭接和闪电防护》的规定中，在易燃易爆的危险区，电气负载与接地网之间应有良好金属面搭接，其搭接电阻应不大于图 5.16 所示的最大搭接电阻值。

表 5.6　搭接阻值要求

序号	搭接目的	允许的最大搭接电阻	备注
1	防漏电电击	0.01Ω	数据仅供参考。搭接阻值要求应视具体情况,具体分析
2	防射频干扰	100~2000μΩ	
3	静电防护	300μΩ~0.1Ω	
4	电流回流	0.0148~3.6mΩ	
5	雷电防护	1~50mΩ	

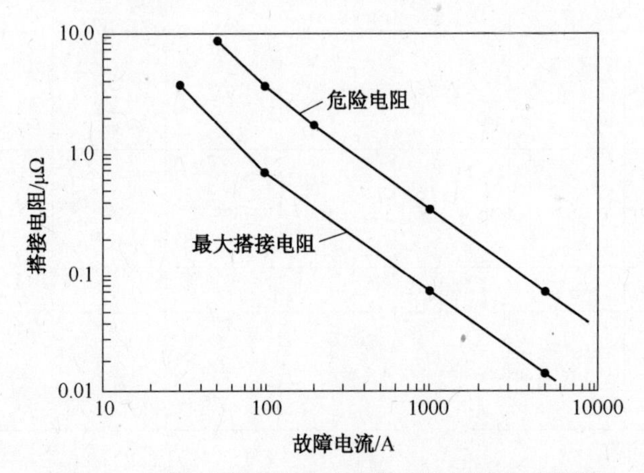

图 5.16　最大允许搭接电阻与故障电流的关系曲线

低频搭接效能主要用直流电阻来衡量,而高频搭接效能要用阻抗来衡量。

(1) 整个飞机框架之间,以及蒙皮与飞机基本结构之间,必须有稳定的低阻抗搭接通路,以使强大的雷电电流安全通过而无过热,在任何间隙处都不会产生电火花。飞机固定部分的各个端部之间(如翼尖到翼尖,机头至翼尖,机头至尾部等)的整体电阻值应小于 50mΩ。

(2) 飞机雷电防护所要求的搭接,称为主搭接。

主搭接的形式有:

• 金属与金属的铆接或螺栓连接;

• 大部分罩子紧固件和锁紧机构的连接;

• 接触电阻小于 10mΩ 的长条式铰链的连接,但铰链内部不可用非导电的润滑剂;

• 主搭接线的连接。

传递雷电流所用的主搭接线,在雷电弧不可能附着并有足够数量的搭接线来传递雷电流的情况下,单根铜线的截面应不小于 $4mm^2$。雷电弧有可能附着的主搭接线,铜线的截面应不小于 20mm^2。如主搭接线采用铝线,其截面的冲击载流能力应与铜线相当。

(3) 外部安装的固定和可拆卸的金属部件,如口盖、舱盖,检修门等,均应用主搭接线搭接到基本结构上,搭接电阻应不大于 1mΩ。

外部可活动的金属面或部件,如升降舵、方向舱、副翼、襟翼、减速板、起落架护板等应该用主搭接线搭接到飞机基本结构上,搭接电阻不大于 5mΩ。图 5.17 所示为活动翼面搭接到机翼主结构上。

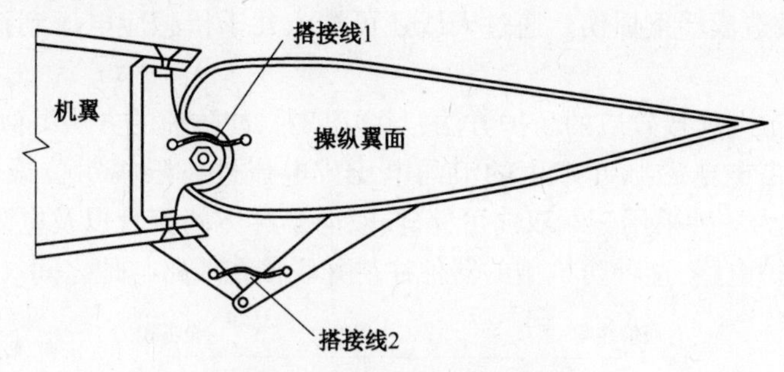

图 5.17　雷电/静电防护搭接

(4) 内部金属部件如驾驶杆、脚蹬、座椅等搭接到飞机基本结构上,搭接电阻应不大于 2mΩ,以防止飞机遭雷击时飞行员受到电击。应避免安装的金属件穿透座舱盖,防止雷电引入座舱内部。

(5) 风挡和座舱盖的玻璃应具有足够的耐电压强度,否则应采取雷电防护措施,保证风挡和座舱盖遭受雷击时不会被击穿或产生破裂。

(6) 每台发动机至少有两处搭接到飞机基本结构上,发动机与飞机基本结构之间的搭接电阻应不大于 1mΩ。

(7) 复合材料电搭接设计的主要方法是在复合材料结构中额外加入金属材料,用于构建电搭接网络。例如,通常采用火焰喷涂或等离子喷涂的方法,在复合材料构件表面形成一层金属铝膜,使构件表面形成连续的导电层,为雷击电流和累积的静电荷的消散提供通路。例如,波音飞机的机翼前缘和末端、一些整流罩的外表面都有一层火焰喷涂铝层。

在某些情况下,喷涂铝层还不足以提供所需要的导电性能,需要在复合材料结构表面装置一层金属丝网铺层(例如网格大小 120mm×120mm),该丝网在复合材料制造时固化在复合材料表面。这种金属丝网一般可以承受 200A 的电流而无损伤(一般雷击电流为 100kA)。目前,国内外常见的雷电防护金属网主要为金属丝编织网和延性金属网,材料主要为铜或者铝。编织丝网金属丝之间的搭接电阻比较大,雷电防护效果不如延性金属网,因此延性金属网成为飞机复合材料雷电防护中最重要的材料。波音 787 飞机就是采用了机身铜网“全屏蔽方案”。

凸出飞机表面的非金属部件，如非金属部件垂直安定面、翼尖、座舱盖、天线罩、航行灯、非金属螺旋桨叶片以及直升飞机旋翼叶片等上面的保护装置和金属框架应该用主搭接搭接到飞机基本结构上，它们之间的搭接电阻应小于 5mΩ。

4. 天线的雷电防护设计

飞机、舰船、火箭等安装了大量的天线。这些天线都有可能成为雷击的附着点，会给天线造成严重损伤。通过天线还可注入几千伏感应电压到接收机或发射机中去。

天线对雷电间接效应的防护方法，与强电磁脉冲防护的方法类似，都是采用限幅器件对雷电电磁脉冲产生的浪涌电压或电流进行限幅钳位或旁路分流。图 5.18所示为一种采用三端双向可控硅、双向半导体闸流管以及电阻和电容组成的雷电防护电路，这种防护型的器件往往并联接在线路与地之间。

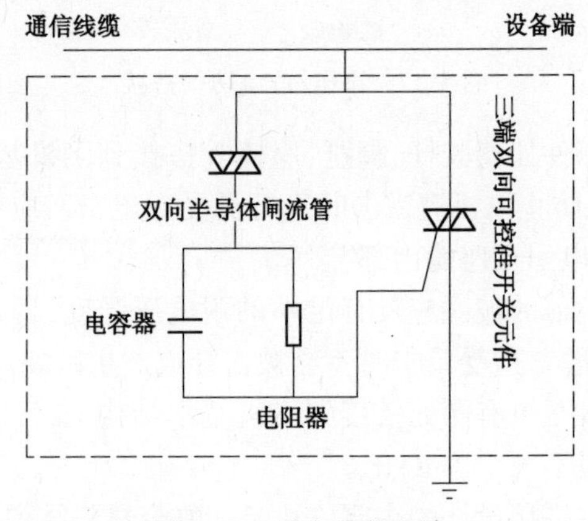

图 5.18　雷电防护电路

天线对雷电直接效应的防护方法，首先是尽量不要在雷击区里安装天线和其他重要部件，如果必须要装，一定要考虑可能受到雷击的情况，设计出最合理的布局并良好接地，即使是发生雷击也要把危害降到最低。

安装天线时应配置均匀的地网或地平面，该地网或地平面与飞机蒙皮接地网络良好接触，在天线工作频率范围内的阻抗应很低。

飞机、火箭上的一些外伸式并与机体绝缘的天线，如刀型、拉索、尾帽天线等应并联避雷器和串联电容，以限制雷电流和电压进入与天线相连的电子设备中去。

天线应尽可能采用与机体外形齐平式的。天线的辐射体可设计成与机体对直流短路,这样就可以防止雷击,又能起到保护与天线相接的电子设备。

安装在飞机上的大中型天线,如气象雷达、电子战、卫通等天线,一般安装在天线罩里,由于机头位于雷电1区,因此机头气象雷达天线罩需要采用防雷击措施。天线罩防雷击的原理是:在天线罩内加装一些分布式的金属条,金属条根部连接到机体,当受到雷击时,雷击电流会通过金属条分散到机体上,避免了对罩内天线的损坏。天线罩分流条主要形式有金属分流条、纽扣式分流条、金属氧化物薄膜型分流条(介质分流条)等。设计时,分流条对天线电磁波的阻挡和反射要尽量小,不能引起天线罩电性能明显降低。图5.19所示为客机机头天线罩的防雷条。

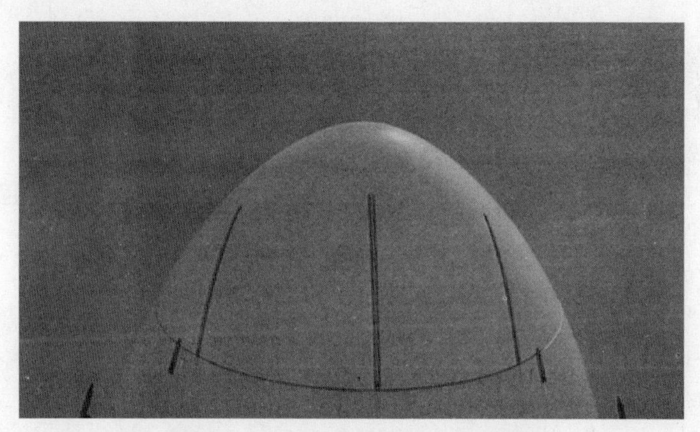

图5.19　客机机头天线罩上的防雷条

5. 燃油系统的雷电防护

飞机在空中飞行时,如果油箱导电连续性差,雷击强电流有可能危害到燃油系统,引发燃烧爆炸。

飞机燃油系统包括油箱、导管、通气口、放油口、加油口盖和检修门等。燃油系统的维护口盖、通气口、放油口、加油口盖应尽量安置在雷电直接附着可能性很小的区域,以免油箱爆炸、燃烧。

设置在雷电初始附着区和扫掠冲击区的金属燃油箱,其铝蒙皮厚度至少为2mm,油箱内部的部件与其他结构设计应保证雷电电流流过油箱时,在其内部不产生点燃燃油蒸气的火花。油箱及油箱内可能带静电的附件,均应搭接到基本结构,金属部位与基本结构的搭接电阻值应不大于2mΩ。

复合材料整体油箱,应安置在遭受雷击概率较小的区域,并采用喷镀铝或金属丝网作为防护措施,外表面还应该加上雷电导流条。金属丝网和导流条与飞机的雷击电流传输通路应有可靠的电连接,油箱蒙皮与骨架之间用紧固件连接时,要采取措施防止遭到雷击时这些紧固件处产生电火花。每只油箱至少应有两处搭接到基本结构,油箱的防护设施与基本结构的搭接电阻值应不大于10mΩ。油箱内部尽量避免出现金属构件,不可避免的金属构件应与飞机金属结构良好搭接。

安装在复合材料结构件上的燃油管与基本结构的搭接电阻值最大不应超过0.1Ω。

5.3.3 火箭雷电防护设计

火箭、远程导弹等航天器的雷电防护需要从地面发射装置和火箭、导弹本身,包括发射场地的气象预报,进行防护考虑。

1. 系统防雷分区设计

对于同为空中飞行器的火箭来说,采用了与飞机相同的定义方法,也是将火箭表面被划分为1、2、3三个区域,其中区域1和2的又分为A型区和B型区。不同的是,每个区对应的具体结构有所区别。例如,火箭的区域1A包括火箭的前锥、尾翼的前缘部位等,区域1B包括火箭的尾翼后缘部位等。

2. 主体结构搭接与接地

(1) 当运载火箭遭雷击时,雷击电流流经壳体蒙皮,为避免在火箭内部出现500V以上的感应电压和出现电火花,不致造成控制系统等电测、电控系统遭受破坏的危险,火箭整体设计应要求各部段结构之间要有良好的等电位连接,火箭整体电阻不大于100mΩ。火箭箭体各结构之间可采用防雷击的搭接形式,搭接导线截面积不小于20mm^2,其搭接电阻不小于10mΩ。为防腐采用的密封措施,应保证雷电电流仍能安全通过。

(2) 为保证火箭蒙皮的完整性和流过的雷电电流的对称性、均匀性,在火箭壳体上安装的整流罩、舱门、口盖等金属部件可用短的主搭接线(<200mm)可靠地连接到火箭壳体上。每个搭接面的搭接电阻不大于1mΩ,可活动的金属面搭接电阻不大于5mΩ。

(3) 火箭内部安装的各系统仪器装备与箭体结构之间的搭接电阻不大于20mΩ,浮地安装者应采取措施,氢氧发动机的电动气活门、姿控电磁活门、电磁继电器电路等电感负载都应采取灭火花阻尼电路。

(4) 每台发动机应至少有两处搭接于火箭箭体上,其阻值应不大于10mΩ。

(5) 电爆管、爆炸螺栓等火工品接插件,要设计短路插头(座)。当火工品接入系统电路时,采用短路插头(座)保护、接地及屏蔽等措施,用来防止雷电冲击电流流经火箭壳体蒙皮时可能引起的电火花,以及穿过舱口产生的电磁交连和雷电产生的高频电磁脉冲对火工品电爆管可能带来的危险。

(6) 箭(弹)壳体蒙皮上,若有非金属材料部分,应用静电放电器或避雷针加以保护。静电放电器或避雷针应用足够粗的搭接线与箭(体)连接。

(7) 关键仪器及电源应采用冗余技术。对敏感仪器应进行屏蔽,必要时采用多重屏蔽措施。

(8) 提高电爆管的搭接、接地及屏蔽性能,要满足电爆管的高功率(1W),低能量(1mJ)的要求。

(9) 在地面时,火箭的箭体各结构段通过专用的等电位连接线与发射塔架的塔体连接,连接线与火箭箭体用专门的脱拔连接器连接,在发射塔架撤走时允许拿掉该等电位连接线。

(10) 火箭的尾端用接地线与发射场坪接地接线柱连接,其脱拔连接器在火箭起飞时自动脱落。

3. 火箭仪器、电缆的屏蔽

仪器、电缆的屏蔽接地是火箭电气系统免遭雷击的重要措施。要求如下:

(1) 箭体内对电磁干扰敏感的仪器及火工品应进行屏蔽;

(2) 箭体屏蔽性能良好时,箭体内的电缆和导线可以不屏蔽;

(3) 敷设在火箭箭体外的电缆应安装在具有良好屏蔽性能的长板整流罩内;

(4) 火箭的地面电缆应采取防雷屏蔽措施。每根电缆的屏蔽层应保持连续性,插头与插座之间应同轴性相连;

(5) 地面电缆与火箭连接的脱落插头座要保持同轴性连接。

4. 发射场防护

1) 发射时气象条件

发射场应对雷雨天气、大气电场等进行预测和预报。下列条件不宜发射:

(1) 测量大气中的电场梯度及尖端放电电流等,若测得结果超出规定的临界值时,不应发射;

(2) 对于大型火箭、导弹,当大气电场梯度大于 10kV/m 时,而对于小型火箭、导弹,当大气电场梯度大于 50kV/m 时,就不宜发射;

(3) 当云层厚度超过 1500m,或 3000m 高空有冷空气时,不宜发射;

(4) 在发射场地 40km 范围的地区内有雷电时,不要起竖。

2) 发射场地

在发射场设计和建造时,应考虑到防雷、拦雷、避雷和接地问题,主要采用的措施是在发射塔架周围设置多座避雷塔(也称引雷塔)。

(1) 避雷塔的高度应超过发射塔架。

(2) 发射塔架应有良好的接地系统,能承受 20~200kA 的闪击电流耗散于大地之中。

(3) 发射塔架的金属工作平台、支柱、栏杆、导管、金属电缆沟槽等,在电气上应是连续的,并应与接地系统连接,接地电阻小于 10Ω。

5.3.4 舰船雷电防护设计

1. 系统防雷分区设计

舰船处于开阔的海面上,舰船上高耸的桅杆,以及桅杆上布置的各类通信天线、雷达天线等,容易遭受雷击的直接破坏。由于强大的雷电流变化率很快,会在邻近导体和电子设备上也产生电磁感应电压,造成间接干扰或破坏。

舰船直击雷的防护方法与陆地上建筑物、地面武器装备的直击雷防护的原理相同。高的结构物或物体具有把雷电吸引到其自身的这种能力,在它的周围建立一个保护区,可以用来保护较矮的结构物或物体。当高、矮结构物之间的距离增大时,高的结构物所提供的保护范围亦减小。围绕一个避雷针导体周围的保护空间称为保护区或称保护圆锥区。

避雷针的保护范围与避雷针的高度、雷电先导电流的强度、甚至与雷电的极性(取决于雷云底部所带电荷的类型)都有关。雷电保护设计中一个很重要的参数——雷击距离,是指即将被雷电击中的物体和雷电下行先导之间的距离,避雷针的保护范围是由雷击距离决定的。关于避雷针的保护范围有多种计算方法,常用的是圆锥保护法(CPM)和滚球法。

圆锥保护法和滚球法原理相似,但滚球法更精确一些。下面简单介绍滚球法。

滚球法是以 R_s 为半径的一个球体,沿需要防直击雷的部位滚动,当球体只触及避雷针和地面(包括与大地接触并能承受雷击的金属物),而不触及需要保护的部位时,该部分就是避雷针的保护区域,如图 5.20 所示。通常采用滚球法来进行舰船上避雷针保护范围的计算。

与陆地上建筑物、地面武器装备的直击雷防护一样,舰船外部的直击雷防护系统也应包含接闪器(避雷针)、引下线、接地体等。

对于金属船体和桅杆,本身是一个良好的导体时,桅杆既可以作为接闪器,也可以作为引下线,船体与海水大面积的接触,可以作为良好的接地体。但是,对于非金属材料(如玻璃钢)的桅杆或船体,则必须在桅杆顶端布置避雷针,并通过具有足够截面积的导体引下线连接至金属船体的甲板上进行良好焊接或压接,如果船体也是非金属,则需将引下线直接导入海水中,并与海水有足够的接触面积,保证雷电通道的低阻抗特性。

舰船的燃油系统布置在舱内,安全防护技术措施要完善,当雷电直接击中舰

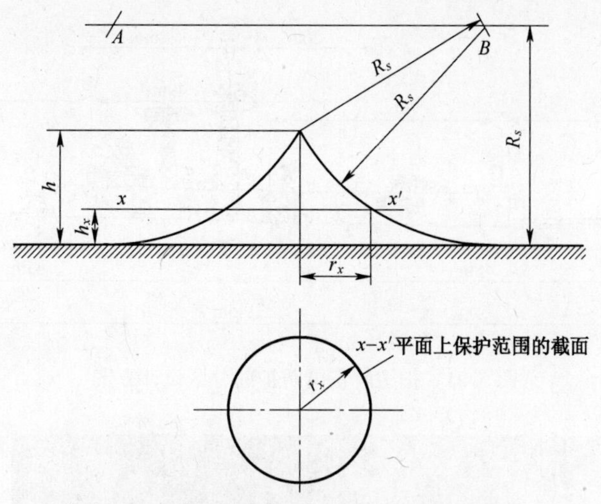

图 5. 20　滚球法确定避雷针保护范围示意图

体时,电流会沿着避雷针系统导向大海。

在舰船的桅杆上通常布置有大量的通信、探测设备的天线,以及与天线相连直接通到舱室内部的各类电缆。这些天线和电缆是直击雷防护中特别需要受保护的对象。除了桅杆上的天线和电缆以外,舰船甲板上突出的装备、天线也是雷电容易击中的部位。因此,在进行舰船避雷针设计时,首先要确定舰上要保护的对象,确定避雷针的保护范围,再根据避雷针的保护范围确定避雷针的数量和高度。同时,避雷针、引下线的安装位置,不能影响桅杆上各类天线的方向图畸变超出允许的范围。

由于舰船的大尺寸结构,太高的避雷针安装在桅杆上从结构和总体性能上也不现实,桅杆上的避雷针可能无法对全船进行保护,因此,需要对全舰进行区域划分,以确定避雷针的数量。对于纵向尺度较小的快艇,桅杆顶部设一处避雷针就可以对全船实现保护;但对于护卫舰、驱逐舰、航空母舰等大纵向尺寸的舰船,则需要分为 3~4 个区域,分别进行设计和防护。如图 5. 21 所示,这艘大中型舰船分区后需要三根避雷针,根据各区域的保护范围要求,确定各避雷针的安装高度。

除了总体初步的理论计算外,还需要采用试验方法进行设计验证。但是由于舰船的尺寸较大,进行全尺寸试验几乎是不可能的。缩比模型试验能指出舰船上哪里是起始先导可能的雷击附着区域。这对装备的雷电防护研究有重要意义。图 5. 22 所示为对舰船上避雷针布置的位置、高度、数量、保护效果等进行验证。

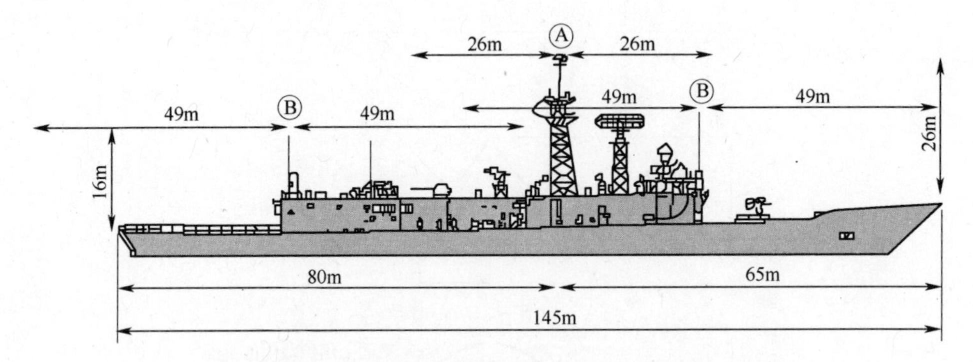

图 5.21　护卫舰雷电防护的分区设计方案

图 5.22　舰船模型雷电试验

2. 主体结构搭接与接地

接地是用来连接电子、电气设备和电平参考点的导电通路，对设备来说，良好的接地是实现设备在雷电环境中可靠、无干扰工作的必要条件。

舰船在海水中航行，是通过船壳与海水接地的。在舰船系统内部还有许多子接地系统，这些子接地系统将以船体(壳)为参考地。整个舰船接地系统分成若干个子系统，如小信号地系统、大信号地系统、干扰源电路地系统、电流地系统和机壳地系统等。各地系统的基准接地点，可根据舰上设备布置的情况分区段选取，同时还要防止各区段之间的相互干扰。舰船搭接和接地设计的基本原则：

(1) 上层建筑与船体应有很好的电连接，应是船体的"延伸"，各上层建筑之间应有很好的电连接，整个舰船平台应具有相同的基准电位(以直流为参考)；

(2) 甲板面上的金属活动部件应与其附近甲板或上层建筑有很好的电搭接,以减小射频感应电压和控制“锈蚀螺栓”产生的电磁干扰;

(3) 舰上所有设备框架、底座、结构,以及其他大的金属部件都应采用熔焊(电弧焊)或经过低阻搭接到船体上,以保证与船体相同的接地基准电位;

(4) 低频设备应采用单点接地,以减小因接地回路中感应电流对设备的干扰,高频设备应采用多点接地,接地线应尽可能短,以减小接地线上的感应电压对设备的干扰;

(5) 将装舰的设备和线缆按其功能和电特性进行分类以形成分类子接地系统,各系统的设备应在互不干扰的原则下分区段接地。

3. 天线的雷电防护设计

在舰船的桅杆上布置的天线,受到避雷针的保护,但在离桅杆较远的短波鞭状直立天线、桅杆横桁两端较高的超短波天线等,都是容易受到雷电袭击的部位。通信、雷达天线在遭受雷电的直接袭击时,强大的雷电脉冲电流将沿着天线和与天线相连接的射频电缆、控制电缆传入舱室内部,烧毁电子设备,甚至对操作人员的人身安全构成危害。

因此,在所有短波/超短波通信天线的射频电缆前端或进入舱室之前,均应加装雷电过电压保护装置。通往上层甲板外露较长的电源线、信号线在进入舱室前也要加装雷电过电压保护装置,保护相连接的电子设备,同时防止电磁干扰进入舰船电网或信号网络。此外,良好的接地是过电压保护装置发挥作用的前提。

5.4 系统静电防护

5.4.1 静电危害

静电是自然环境中最普遍的电磁脉冲辐射源。静电放电(ESD)可以形成高电位、强电场和瞬时大电流,并产生强烈的电磁辐射而形成宽频带电磁脉冲场。作为一种近场电磁危害源,它可以干扰电子系统,可以使燃油、电爆装置等意外燃烧、引爆。静电放电的危害还包括它产生的注入电流对电子器件、电子设备的危害。

武器装备所遇到的静电分很多种,如沉积静电、航天器空间静电、燃油摩擦静电、发动机静电、人体静电等。

1. 沉积静电

沉积静电是飞机、运载火箭等飞行器在飞行过程中,机体蒙皮和大气中的各种云层、灰尘、水滴、雪或冰晶等之间摩擦产生的一种静电。在飞行中，随着电荷的积累，飞行器的机体表面和周围大气之间的电压逐渐升高，当飞行器的飞行高度不断增加，气温和气压不断下降时，相互绝缘的部件间就很容易发生静电放电。该静电放电作为近距离干扰源会产生热效应、电流脉冲注入、电磁辐射等多方面的复杂效应，直接影响飞机、火箭的安全及整个系统效能的问题。图 5.23 所示为空气中电晕放电电流随高度及电极电压变化情况。

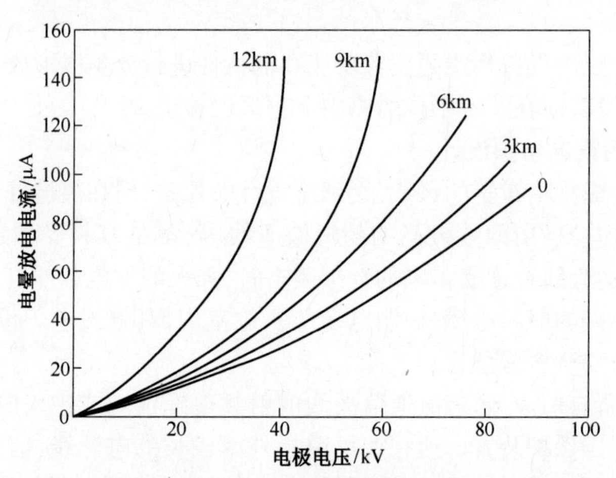

图 5.23　空气中电晕放电电流随高度及电极电压变化

沉积静电能使飞机表面的静电电位达 100～300kV。沉积静电放电的噪声频谱从直流到 1000MHz，可淹没飞机的中、低频无线电信号，可能致使通信、导航系统不能正常工作而引起事故，特别是发生在天线周围的静电放电。静电放电能毁坏晶体管之类的器件，进而导致通信、导航、计算机控制系统的失灵。在直升机的吊装和系留过程中，很容易造成高静电放电，对地面人员和装备造成危害。空中加油时，在加油机的伸缩加油探头和受油机的加油接头之间容易发生静电放电，可能引燃燃油蒸汽。

当在火箭上的电爆管的桥丝与壳体之间出现静电火花放电时，也可能使电爆管引爆，导致导弹等武器装备的严重损坏或事故。静电曾导致美国多种型号的火箭、导弹等发生重大事故。

2. 空间静电

航天器在太空中运行期间，受空间等离子体、高能电子和太阳辐射等影响，会在航天器表面积累一定的电荷，从而导致航天器表面具有充放电效应。静电放电会引起航天器表面材料的击穿、太阳能电池板性能的下降，其产生的电磁脉冲干扰会使敏感电子设备/系统出现误操作或者损坏。频繁的静电放电会导致材料表面发生严重物理损伤。材料表面带负电将加速材料的污染,进而使得材料的机械性能和热性能出现衰减,其表面性能发生改变。据美国统计,在1973—1997 年间由静电放电引起的各类卫星事故占比高达 54%。

3. 燃油静电

飞机在飞行过程中,燃油箱内的燃油始终处于一种振动状态,燃油与油箱内壁及其他内部结构之间的相对运动,甚至燃油本身的搅动,都会导致静电的产生和静电荷的积聚。航空煤油电导率低,复合材料与金属材料相比导电性能差,因此油箱内静电泄漏的速度很慢。当静电积累到一定程度就有可能产生静电放电火花,点燃航空煤油蒸汽和空气的混合物,引发火灾或爆炸事故。

4. 发动机静电

飞机引擎燃烧时产生等离子气体而起电。由于燃烧产生的电子具有比正电荷快得多的弥散速度而进入燃烧室的金属缸体中,而正电荷随高温高速的喷气带到大气中。在火箭上也存在同样的现象,在火箭发动机排气过程中,火箭外壳的空间电荷被气体带走并产生静电。

5. 人体静电

人体静电就是人员在走动或工作的过程中,由于鞋子和地面摩擦或者衣物之间的摩擦产生的静电。这些静电在人员的手或其他部位接触飞机、火箭的电子设备时会形成放电过程。人体静电可以通过接触接地线而预先泄放。

5.4.2 飞机、火箭等静电防护设计

1. 安装静电放电器

飞机、火箭等飞行器上往往专门安装特定的放电装置(如放电刷、放电针等),静电放电器的尖端比飞机结构的尖端具有更大的曲率,因此,静电放电器在较低的电势下产生的静电放电所释放的能量较小,从而其辐射不足以对接收机产生干扰。数据表明,安装静电放电器能实现 30~50dB 的静电放电噪声抑制。为进一步降低干扰,具有高阻特性的静电放电器被广泛使用,其干扰噪声更小。有、无安装静电放电器的飞机放电电压与放电电流的关系如图 5.24 所示。

飞机需要安装的静电放电器数量与飞机飞行中产生静电荷的数量多少有关。一般来说,飞机越大,飞机产生的静电荷量越大。静电放电器需要安装在飞机上静电荷累积最集中的地方,即飞机的尖端部位。

常用的静电放电器类型有两种:一种布置于机翼、尾翼的后缘,称为后缘型放电器;另一种布置于机翼、尾翼的最外端,称为端头型放电器。静电放电器通过底座安装于机体结构上,放电器底座可以通过铆接、螺接或粘接方式与飞机结构导电相连,放电时电荷通过底座沿着阻性结构杆到放电器端头。

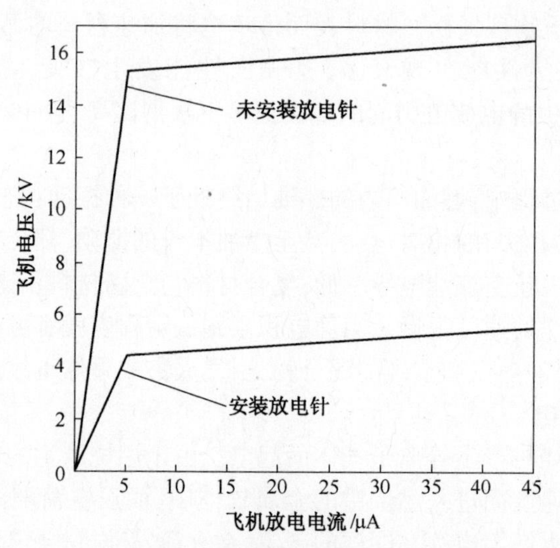

图 5.24　有、无安装静电放电器的飞机放电电压与放电电流的关系

图 5.25 所示分别为典型的后缘型放电器和尖端型放电器。两种类型均分为以下几部分：尖部段、电阻元件、金属杆、固定座和专用导电胶。

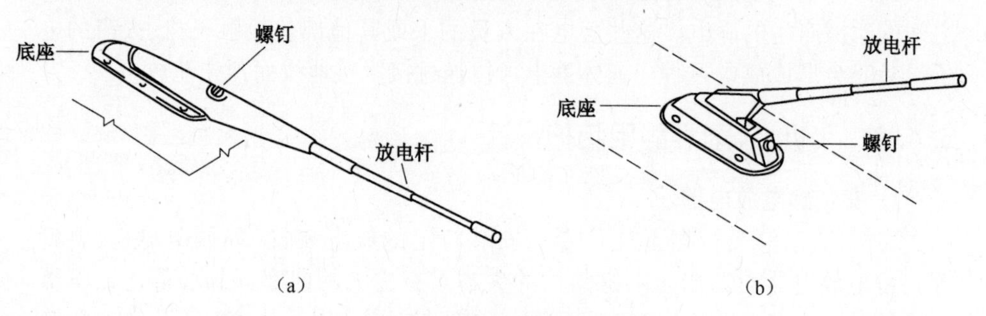

图 5.25　典型的放电器

(a)后缘型放电器；(b) 尖端型放电器。

一架 A320 飞机共装有约 40 根放电刷，图 5.26 给出了 A320 飞机的静电放电器布置图。对于一个区域内布置的多个放电器，首个放电器应布置在最尖端，第二个放电器应距离首个 0.5m 或更小的距离，剩余的放电器应间隔 0.5~1m 依次布置。放电器的位置可以略微调整，以方便安装为宜。为了避免相互屏蔽，相邻两个放电器间隔不应小于 30cm。

由于飞机静电放电器经常安装在雷击区域，底座有可能会遭遇雷击，要求底座为金属结构且同飞机结构具有良好的搭接，一般搭接电阻值应不大于 300μΩ。如果安装面是非金属的，则要在安装部位与最近的金属表面之间装上金属搭接条。

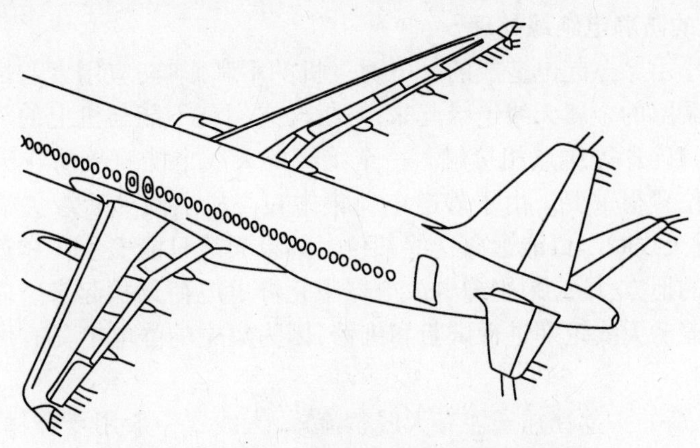

图 5.26　空客 A320 静电放电器布置示意图

与飞机安装静电放电器相似,为了耗散火箭上积累的电荷以避免出现大的火花放电,一些运载火箭和导弹也在尾翼上安装了多根静电放电器,一般放电器彼此之间距离大于 300mm,放电器安装基座与箭体搭接电阻不大于 100mΩ。例如某型远程导弹的第 1 级发动机座上安装 69 个钽丝(其韧性及强度较好)电晕放电针,效果显著。

2. 搭接与接地

静电防护搭接的基本目的,在于使飞机系统各部件在电气性能上处于同电位,给静电电荷造成良好的通路,从而防止它们之间产生电磁干扰电平。系统搭接的技术内容请参照前面所述的"雷电防护搭接技术"。

飞机、运载火箭在地面时,也会带静电。地面设备、装置的电磁不兼容以及人员操作不当引发的人为静电是主要原因。

飞机着陆时应有接大地措施(如放电钢索、接地刷、静电导电轮胎等),以泄放机体上残留的静电荷。

飞机在地面(或舰上)停放、维修、装卸军械等时,应采取接大地措施(如停机接地线、接地桩等),泄放机体上残留的静电荷并提供雷电防护,保障飞机和人员安全。

飞机与地面辅助设施相互连接前应分别接大地,以防人员触电、设备故障以及产生电火花。飞机在地面加油时,油车与大地、飞机与大地以及油车的油枪与飞机基本结构之间,均应保持良好的搭接,以防产生电火花的危险。

直升机在接近地面处悬停和装卸货物时,应采取接大地措施,以防人员遭受电击危险。

火箭在地面的搭接与接地方法参见本章“火箭雷电防护设计”相关内容。

3. 天线的防静电绝缘处理

为了减小由摩擦起电造成的静电对飞机的不利影响,应用聚乙烯或其他合适的材料将暴露的金属天线绝缘起来。这样,它们就不能与机上的雪、雨、冰结晶、尘、沙和核碎片等质点相接触。一个绝缘的天线也能直接防止天线电晕放电。天线的位置很重要。由于静电电荷集中在飞机上诸如后缘尖端等尖锐部位,因此设置天线时尽可能远离这些部位。如果天线只能安装在靠近尖锐边缘或突出部位的地方,则应采用静电放电器阻止静电电荷累积起来。应该对所有用聚乙烯覆盖的天线定期进行试验和维修,因为集中的静电电荷有可能导致电击穿。

飞机、火箭的头部往往安装有天线整流罩,天线罩一般用复合材料制作,为了避免静电积累,可在天线罩表面涂以防静电导电涂层。为了防静电导电涂层不影响无线电波传输,可将导电涂料涂成网格状,这样,既可使静电效应大为减小,又可使射频传输的衰减不致太大。

4. 飞机复合材料表面的静电防护

评价材料静电特性的重要参数是电阻率,包括表面电阻率和体电阻率。一般情况下,当电阻率介于 $10^7 \sim 10^{10}\Omega \cdot cm$ 范围时,材料就已具备传导和耗散静电电荷的能力。静电防护材料的电阻率一般控制在 $10^4 \sim 10^{10}\Omega \cdot cm$ 区段。表 5.7是材料的电阻率分布。

表 5.7　材料的电阻率分布

电阻率 $\rho_V/(\Omega \cdot m)$	性质	用途
$10^7 \sim 10^{10}$	绝缘材料	输电网络部件绝缘、电容器介质
$10^4 \sim 10^7$	半导体、防静电或除静电	静电消除器、集成电路、产品的包装、防静电传送带和防静电地板等
$10^2 \sim 10^4$	导电	家用电器、设备仪器外壳等电路元件、电缆半导层
$10 \sim 10^2$	电阻体、电极材料	传感器电极、弹性电极
<10	高导电	导电涂料、导电胶黏剂、电磁屏蔽材料

在导电性要求不是很高的情况下,可以在复合材料构件表面喷涂防静电涂料。防静电涂料是由起粘接作用的树脂或橡胶以及导电填充剂和溶剂等组成。在波音飞机的某些复合材料构件表面喷涂的 BMS10-21 涂料,就是典型的防静

电涂料。在火箭发动机或复合材料壳体上防静电涂层,可使静电压降为原电压的1/20~1/37,放电电流降低两个数量级,这种导电涂层在火箭的地面操作和空间飞行中都有良好抗静电性。

在导电性要求较高的情况下,通常采用火焰喷涂或等离子喷涂的方法,在复合材料构件表面形成连续的金属导电层,或者铺设金属丝网并固化在复合材料构件表面,为雷击电流和累积的静电荷的消散提供通路。该方案在空客和波音飞机中被广泛采用。

5. 飞机燃油系统的静电防护

为了防止飞机因静电引起灾难事故,飞机设计时应考虑以下几点:

(1) 为了对燃油产生的静电进行防护,可以在燃油中添加抗静电添加剂。添加剂能大大提高燃油的导电率,这样,所产生的电荷能够很快且安全地释放到地;

(2) 所有燃油管应满足搭接要求,要确保每个浸没在燃油中的金属件都有可靠的搭接;

(3) 为了使搭接材料与燃油相兼容,安装搭接片时,要选用镀锡的铜搭接片;

(4) 要把燃油传送口设置在油箱底部,这样它就可能迅速地浸没在燃油中,而不会出现起雾、喷溅或起泡沫现象;

(5) 复合材料整体油箱必须进行静电防护设计,并通过试验加以验证安全性。

6. 电爆装置的静电防护设计

电爆装置对电磁能量非常敏感,它通过其引线耦合拾取电磁能量,而引起意外的引爆、瞎火或性能下降,从而影响飞机战术技术性能的发挥,甚至导致对飞机的危害。

运载火箭上的反推火箭、发动机、爆炸螺栓,起爆器等部件都是电爆装置。运载火箭在发射前、起飞后和飞行中,由于大气电位梯度的感应产生电荷或因偶然摩擦产生的静电荷,使火箭带电,出现电位差。当达到一定值时,便会产生火花放电,可能引起电爆管等火工品的误爆事件。

飞机、火箭上应采取下列主要防护措施防止电爆装置起爆:

(1) 屏蔽。所有电爆装置都必须使用扭绞屏蔽电缆,插头座尾部也应屏蔽,不允许留有间隙和电气不连续处。电缆的敷设必须尽可能地靠近金属结构,在布线时必须按其功能和电流大小分类,大小相差在10dB以内的导线归为一类。

(2) 为了避免射频干扰造成引爆,可在电爆管的引线中加滤波电路。

(3) 选择防爆性能良好的电爆装置。例如采用单桥丝电爆管,而不要采用双桥丝电爆管,避免干扰跨过两个桥丝而导致爆炸;选用至少经受住1A点火脉冲电流和1W功率历时5分钟不点火和不降低性能的电爆管。

为了防止人体带的静电导致电引爆,可将25kV电压经过500pF电容器和一个50Ω的电阻对电爆管的桥丝进行试验,确保不会起爆。

(4) 采用短路装置,使电爆管的输入端在运输中以及在飞行中未工作之前均处于短路状态,引线间及引线至外壳间均应短路;发射火箭时,火工品往弹上安装的时间越晚越好;电爆管插头连接也是越晚越好。

(5) 操作人员防静电。操作人员的身体,既是静电起电器,又是电容器,因此,人在操作过程中穿专用的防静电工作服、鞋、袜、帽、手套等,特别是在安装火工品电爆管、爆炸螺栓、引爆器等时,每个操作手的手臂上应戴有接地手环。

5.4.3 舰船内部静电防护设计

舰船内部的静电防护,关系到一些精密电子设备的正常工作,以及弹药、油料等危险物品的安全。静电对舰船的损坏具有隐蔽性、潜在性、随机性、复杂性的特点,所以想完全控制静电十分困难,需要采取一定的措施减少静电危害。

1. 严格的防静电管理

对舰上相关人员进行静电防护培训,使静电防护规程成为自觉遵守的行为规范。制定防静电管理制度,做好防静电监测和记录。舰船人员在进入工作区必须严格遵守静电防护规则,配置防静电工作服、鞋、腕带等个人用品。定期维护检查防静电腕带、工作台、地板、元器件架等的防静电性能。

2. 使用防静电材料

在舰船工作间采用防静电材料,比如在经常与人手接触的操作按钮、开关等元器件上使用。一般而言,材料的电阻越低,其静电电容越低,静电衰减时间越短,防静电性能越佳。故应选择电阻适当的材料。

3. 减少摩擦

在工作间应尽量减少摩擦。工作台可用防静电桌面、防静电垫和导电地板来保护。不允许在任何表面上滑动敏感器件,可用喷有防静电溶液的清洁布擦拭工作台表面、工具、座椅等。如果工作时必须走动,则应穿棉布底鞋或专为防静电设计的有导电底的工作鞋。

4. 保持内部环境有一定的湿度

静电电压跟湿度具有密切关系,舰船内部保持一定的湿度,能增加诸如纤维、木质之类绝缘材料的电导率,有助于耗散积累的静电荷。

5.4.4 航天器在轨静电防护设计

航天器在地面发射场中的装运、安装、测试各环节中需要进行静电防护,防护的方法可参考前述的“舰船内部静电防护设计”。航天器发射入太空中后,在轨运行阶段将面临更加严峻的长期性静电危害。

航天器在复杂极端的空间环境环境下运行,直接经受高真空、高低温交变、紫外辐照、带电粒子辐照、低轨道原子氧侵蚀及磁层亚暴等各种综合效应的影响,会使航天器表面携带大量的电荷。由于航天器表面材料和形状的不同,电阻率不同,导致其不同部位的积累电荷不均匀,当电荷不断地累积,达到一定的电势差,由此引起的空间静电放电可能导致飞行器失效和故障,如隧道二极管放大器逻辑出错、电源变换器开关异常、解码器开关异常、消旋系统解码器失步,以及因倍增放电引起击穿等。

为防止航天器发生表面静电充电和电弧放电发生,在总体设计中应该注意,航天器不应有孤立的金属表面结构,星体结构的各部分间应有良好的电搭接,搭接电阻值应小于10mΩ,以保证大量电荷能通过搭接线分布于壳体上,这样可以防止卫星外表面间产生火花放电,从而确保卫星内部电路不致于受到静电放电危害。

使用多层隔热材料时,可在其内部附加一层金属膜,并搭接在参考点上,以提供对静电放电干扰的附加衰减。

防空间静电积累产生放电的另一项主要措施是抗静电膜,主要覆盖在整个天线阵面上。

抗静电膜的作用是预防电荷的不均匀分布,从而可避免放电。抗静电膜具有导电性,对天线工作频率处的微波透明,同时,为保持天线在有限的工作温度范围内正常工作,还具有一定的热控性能。抗静电膜大致有两类:一是由导电膜、基底和温控漆组成的三层结构复合膜,导电膜主要有氧化锡(TO)膜和氧化铟锡(ITO)膜,一般用蒸发镀与磁控溅射两种方法制备,基底为聚酰亚胺(Kapton)薄膜,温控漆是白色的,如Chemglaze等;另一类是加有氧化锡的可溶性高聚物涂层,可溶性高聚物一般为Kapton。例如美国已研制出SnO_2复合导电涂料并成功的在“化学释放和辐射效应综合卫星”(CRRES)上应用,该涂料达到消除脉冲放电的要求。俄罗斯在和平号空间站热辐射器外表面大面积涂敷丙烯酸类白色热控涂料(AK-573),后来采用改性导电氧化锌颜料,做成防静电白色热控涂层,应用于国际空间站。

类似于飞机的空中加油,当两个航天器对接时,由于两个航天器的绝对电位不相同而携带不等量电荷也会造成静电放电。因此需要两个航天器在对接时增加对接电阻(如10kΩ),通过这个电阻耗散放电产生的能量转移,减少对接放电对航天器正常工作的电子设备的影响。工程上,这个对接电阻可用具有一定电阻率的材料做成环状物套在对接口上,国际空间站上已经这样实施。

第6章　系统电磁兼容试验

6.1　概　　述

6.1.1　系统电磁兼容试验的内容

试验是成本最高的研究方法，但它提供最高的置信度。为确保设计手段的有效性，必须让测试过程贯穿从设计到验证的全过程，准确掌握武器装备在各阶段的电磁兼容性能状态，结合测试的数据及时对设计进行修正、优化。

对于一个武器装备来说，按照系统集成的阶段，电磁兼容试验通常可分为以下三类。

1. 设备级电磁兼容试验

在试验室环境中，按照 GJB151B 要求的测量方法对各个设备和子系统进行辐射发射、传导发射、辐射敏感度和传导敏感度的测试，检验是否满足系统总体所提出的电磁兼容要求。

由于在试验室中不能真正模拟出安装在武器装备上的效果，另外在子系统和设备级试验时也很难考虑到多种工作模式、真正的负载情况等众多因素，所以为了保证这些电子和电气设备能够正常工作，必须继续进行全系统电磁兼容试验。

2. 系统级电磁兼容试验

通过系统级电磁兼容试验可以对整个系统的电磁兼容设计进行评估，通过试验数据的分析，反馈到新型号或新产品的设计要求中，达到真正的闭环设计。特别是对于一型武器装备在集成总装阶段出来的第一件产品，尤其必要。

系统电磁兼容试验的重点之一就是电磁环境效应试验，即考虑战场上一些自然或人为的电磁干扰，包括雷电、静电、电磁脉冲、大功率射频等，验证和测试被测系统自身工作是否正常，性能是否有下降，以及被测系统的敏感度阈值；其次验证系统平台电搭接和接地情况、电缆敷设及设备和子系统的布局情况、天线布局情况、系统屏蔽效能、瞬态干扰情况等。

根据 GJB1389A—2005《系统电磁兼容性要求》，系统级电磁兼容试验包括14 项测试内容，即安全裕度、系统内电磁兼容性、外部射频电磁环境、雷电、电磁脉冲、子系统和设备电磁干扰、静电电荷控制、电磁辐射危害、全寿命期电磁环境效应控制、电搭接、外部接地、防信息泄漏、发射控制、频谱兼容性管理等。

由于每一类武器装备都有各自的作战用途、技术和战术性能指标要求,因此它们各自的系统级电磁兼容试验内容都不太一样。之前国内的飞机、舰船、航天器等各研究部门都是参照国外的有关资料,根据自己在装备研制中摸索和长期积累的经验,来确定试验项目和试验方法的,所以试验内容和试验方法各有千秋。GJB18848—2016《系统电磁环境效应试验方法》给出了每一类武器装备的系统电磁兼容具体的试验方法。

表 6.1 是不同武器装备应进行的试验与鉴定项目。

表 6.1　系统电磁兼容试验与鉴定项目

序号	试验与鉴定项目	飞机	舰船	星箭弹	车辆	场站
1	系统内子系统设备相互作用试验	Y	Y	Y	Y	Y
2	系统内关键子系统设备安全裕度测试	Y	Y	Y	Y	Y
3	系统内互调干扰测试	O	Y	O	O	O
4	系统天线间干扰耦合测试	Y	Y	Y	Y	Y
5	系统电源特性测量	Y	Y	Y	Y	Y
6	系统电磁环境测量	Y	Y	Y	Y	Y
7	系统雷电试验	O	O	Y	N	O
8	系统 EMP 试验	O	O	O	O	N
9	系统电搭接测量	Y	Y	Y	Y	Y
10	系统电气安全接大地测量	Y	Y	Y	O	Y
11	系统间电磁干扰相互作用试验	O	O	O	O	O
注:Y—必做;O—必要时做;N—不进行						

除了地面进行的静态状态的系统电磁兼容试验,武器装备一般还要在系统运行状态中进行各种工作模式下的全系统电磁兼容试验,例如飞机要在各种飞行环境中进行全机电磁兼容试验;舰船要分别在巡航状态下、最大航行速度状态下、武器射击状态下,进行全舰电磁兼容试验;航天器除了在发射阶段的发射场合练外,还要在航天器发射入轨之后,验证在轨航天器、地面航天指挥控制中心、地面测控网等之间的电磁兼容。

与设备和子系统电磁兼容试验相比,系统级电磁兼容试验涉及的设备多,试验工作量巨大,需投入的人力物力、时间非常多,因此必须尽量限制系统电磁兼容试验的范围,根据系统的不同情况有针对性的选择进行,这可以通过编写系统电磁兼容试验大纲来解决。

3. 电子战靶场试验

最先进的系统电磁兼容试验方式是建立电子战靶场,通过建模、仿真等先进技术手段，对各种战场资源进行组合，模拟出一个逼真的战场电磁环境，验证武器装备在此环境里的适应性。例如美军至少建有 20 个 E3 试验场或电子战靶场，其中 6 个具有完全的 E3 试验能力。每个军种都有各自独立而完善的试验装置和体系，且各具特点，能满足不同级别、不同系统的试验与鉴定。有些试验场可进行飞机、车辆等整机试验的电波暗室，在暗室中使用模拟器产生复杂电磁信号对整机进行试验，例如美国海军马里兰州电磁环境效应中心的 ASIL 全波暗室，规模达到了 55m×55m×18m，可以容纳波音 707 飞机做整机试验。图 6.1 所示为美军的 C-130J 飞机在暗室中进行整机电磁兼容试验。

图 6.1　C-130J 在暗室中进行整机电磁兼容试验

电子战靶场试验与传统的系统级电磁兼容试验的差别在于：传统的电磁兼容试验是一种技术型试验，研究的是基于场-路耦合的能量作用效应，本质出发点不在于对抗，主要考虑其功能和技术指标；而电子战靶场试验是一种战术型试验，是通过建立某种环境态势，来考核战术适用性。

6.1.2　系统电磁兼容试验的兼容准则

判断系统是否达到电磁兼容，必须证明符合以下准则：

(1) 系统内自兼容。系统设备产生的电磁干扰不超过规定的电平，系统对电磁干扰的敏感度在功能允许之中，系统自身在完全稳定的状态中正常工作。

(2) 系统满足规定的电磁环境适应性要求。系统不受周围电磁环境的影响，同时也不发射过量的电磁干扰或污染。

(3) 系统关键设备满足规定的电磁兼容安全裕度要求。

(4) 相关接口的电磁兼容参数符合规定的值。

6.1.3 系统电磁兼容试验的组织开展

系统电磁兼容试验一般应由总体单位负责组织,质量部门及有关单位参加,试验前要成立相应的试验领导小组,统一部署试验的具体要求和步骤,明确各参试人员的职责,对于技术关键问题,试验领导小组应及时召集有关人员研究讨论。

实施试验的技术队伍一般由系统设计工程师和试验工程师组成,系统设计工程师负责被试系统的工作状态,确保各种工作模式下的正常工作。试验工程师要对参试的仪器设备、设施的自校准及正常运行负责。

(1) 试验正式开始之前,试验领导小组应组织开试评审会。会上由系统电磁兼容技术组报告设备级电磁兼容试验情况,总设计师报告被试武器装备的准备情况,系统级电磁兼容试验组报告试验准备情况。在总设计师下达开试指令后,试验领导小组应统一部署试验的具体要求和步骤,明确各参试人员的职责。

(2) 现场指挥人员应根据试验内容下达任务,明确要求,落实岗位责任。

(3) 对于技术关键问题,试验领导小组应及时召集有关人员研究讨论。

(4) 试验数据必须及时整理并进行初步分析,若有可疑技术问题应及时复试。

(5) 防护措施和安全防火措施的落实由武器装备总体单位负责。

试验场地应是开阔平坦场地,应远离建筑物、电线、栅栏、树林、地下电缆和管道。该开阔场地的电磁环境电平至少应比被试系统的发射电平低 6dB。

被试系统必须配套齐全,经过全系统联试证明装机设备状态完好,并且工作状态稳定可靠;系统无关的非装机设备必须全部拆除。

6.1.4 系统电磁兼容试验的大纲和细则

1) 电磁兼容试验大纲

试验前必须编写电磁兼容试验大纲和试验细则,电磁兼容试验大纲是根据电磁兼容大纲的原则编写的。电磁兼容大纲是系统工程研制期间电磁兼容技术文件中最高级的管理文件,目的是确定系统工程研制中电磁兼容工作方针和原则,建立电磁兼容管理和协调网络以及工作程序,达到任务明确、责任落实、计划合理、评审严格、可操作性强的效果。电磁兼容试验大纲应包括以下几个内容:

(1) 指定选用的电磁兼容标准和应执行的相关技术文件,系统工程中对选用标准进行适当剪裁的具体内容在专业技术文件里注明。

(2) 设备和子系统级电磁兼容试验验收要求。

(3) 关键设备列表和无线收发设备列表。

(4) 系统级电磁兼容试验保障条件。

(5) 系统级电磁兼容试验目的、要求及具体内容。

(6) 试验设备的配置要求,被试系统的布局和参试工作模式确定。

(7) 系统级电磁兼容试验过程中发生不正常响应的判别准则。

(8) 系统级电磁兼容试验内容和方法。

(9) 试验数据分析和试验报告要求。

2) 电磁兼容试验细则

电磁兼容试验细则是在电磁兼容试验大纲的指导下完成的,它是更具体的试验技术文件。一般要求具有可操作性。在编写时应包括以下内容:

(1) 试验前准备,包括电磁兼容实验室、试验设备和一些与系统电磁兼容试验有关的辅助设备的硬件到位,与电磁兼容试验有关的技术文件准备齐全,被试系统与其环境界面的事先约定等。

(2) 试验系统自校准,包括试验室背景噪声试验,辐射干扰场强校准。

(3) 试验项目清单。

(4) 试验步骤。

(5) 数据采集和试验数据处理。

(6) 根据标准要求出具试验报告。

(7) 参试单位及分工。

(8) 技术安全措施及有关问题说明。

以上技术文件均应经过正式的专家评审,它们是系统级电磁兼容试验的指导性文件,是实施电磁兼容规范化管理的关键之一。

6.1.5 系统电磁兼容数据库

各阶段的电磁兼容试验结果是十分宝贵的。为此,各阶段的试验必须保留详细的数据记录,有条件的应创建电磁兼容试验数据库,以武器装备的电磁兼容原始试验记录为基础,结合各项电磁兼容验证试验的相关整改措施,对试验记录和整改措施进行分类、概括和分析。

依托试验结果数据库,对武器装备的电磁兼容试验数据和试验整改经验进行汇总、整理、分析,能够有效避免由于试验人员流动而导致的电磁兼容试验经验的流失,保留和传承宝贵的电磁兼容试验资源。

图 6.2 所示为一个典型电磁兼容试验数据库的结构组成。数据库各部分的具体内容如下:

(1) 试验设备数据库:用于管理试验过程中用到的测试设备、备件等。包括各种仪器的基本资料,如设备名称、型号、生产厂商等,还包括对原始数据进行后期处理所需要的各种仪器参数,如天线系数、电缆衰减和各种转接头带来的衰减等。

(2) 被试装备数据库:包括被试装备的名称、型号、生产厂商等,以方便数据查询、统计和归类。

(3) 试验结果数据库:包含所有试验相关数据,如试验名称、试验类型、试验前填写的试验参数、试验的结果数据等,分为单体子系统和系统级试验数据。试验结果数据依据所进行试验类型的不同而异,将相同类型的数据放在一起,以在保证数据完整性的基础上节约系统空间。

(4) 标准数据库:包含试验所涉及的各类标准数据,如各极限值曲线、数据等,以方便试验过程中及试验后结果的判定。

(5) 人员数据库:包括试验人员信息,该信息与每个试验项目管理相联系,对于每个试验,都明确试验人员是谁,将责任分配到个人,以利于试验的质量管理。

(6) 电磁环境数据库:包括试验时的自然环境信息及场区电磁环境信息,其中自然环境信息可为统计自然环境对电磁兼容试验结果的影响提供数据。数据库分为射频电磁环境和瞬态电磁环境两部分。

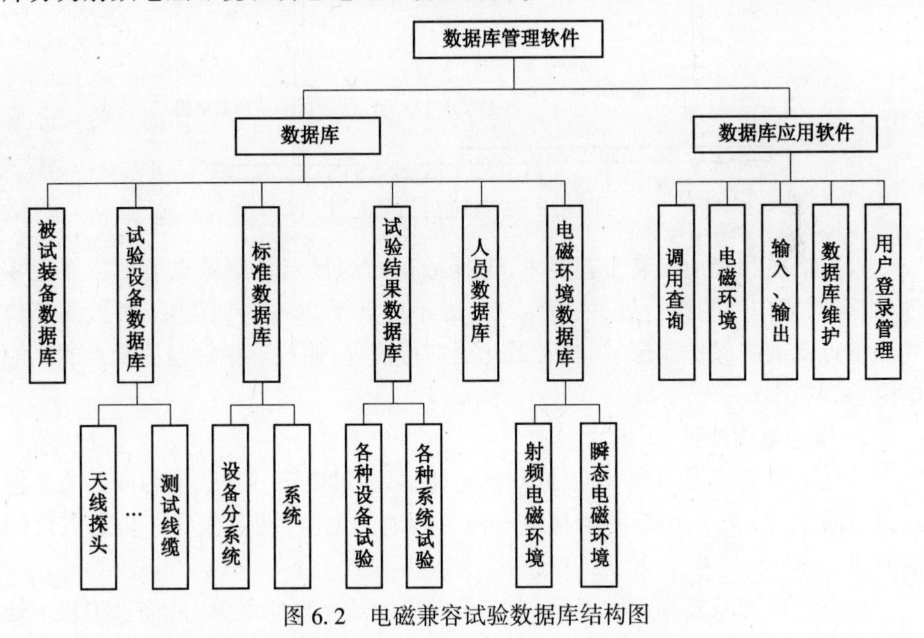

图 6.2 电磁兼容试验数据库结构图

6.2 系统搭接与接地电阻测试

系统搭接与接地电阻测试包括雷电防护搭接、静电防护搭接、天线搭接、表面搭接、安全接地等的电阻测试,主要目的是确保系统中电子设备和结构部件的低阻抗通路,从而避免干扰,具备良好的防护性能。武器装备在总装过程中,应实时地进行重要部位的搭接与接地电阻测试。此试验用于评价武器装备电搭接实施的完善程度和生产中的工艺控制情况。间接说明武器装备设计中装备的抗干扰设计程度或水平。

1. 搭接电阻的测试

为使电子设备外壳与舱体、结构件等构成整个良好导体,需要在总装过程中实时进行搭接电阻的测试。

试验设备一般用毫欧表或微欧表。按图 6.3 所示,使用微欧表测量搭接或接地结合处的直流电阻,读取并记录测量值。

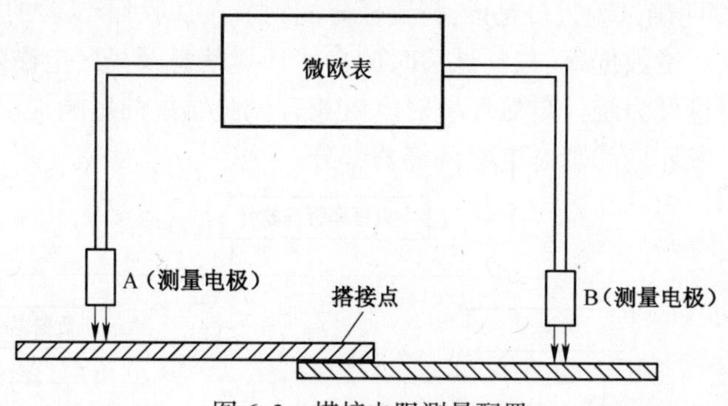

图 6.3　搭接电阻测量配置

根据搭接和接地安装工艺要求,选择适当的测量点。测量点应尽量靠近零件、组合件或构件的结合处,一般距结合处不应大于 20mm;如需要,对被测部位的测量点周围的保护涂层、污物及氧化层进行清理,使仪器探针与测量点的接触电阻达到最小。

2. 接地电阻测试

接地电阻测量原理如下:根据欧姆定律,可通过电流、电压、电阻间的关系将接地电阻求出。接地电阻是指接地电极对大地的电阻,即电极与一较远点之间的电阻。

在电流经过电极流入大地时,在电极向周围成半球状散开,从而据电极 r 处的电流密度为 $i_r = \dfrac{I}{2\pi r^2}$,电场强度为 $E_r = \dfrac{\rho I}{2\pi r^2}$,$\rho$ 为大地电阻率。在很远处电极可看作半径为 R 的半球,则从电极表面到 r 处的电压表示为

$$U_R^r = \int_R^r E_r \mathrm{d}x = \frac{\rho I}{2\pi}\left(\frac{1}{R} - \frac{1}{r}\right)$$

当 r 趋向无穷远处时电压如下：

$$U_R^r = \frac{\rho I}{2\pi R}$$

接大地电阻试验方法优先选用三端电压降测量法(图 6.4)，三端电压降测量法不适用的场合可采用两端电压降测量法(图 6.5)。测量设备为接地电阻测量仪，量程 0.01～1000Ω。测试时，按测量仪器规定的距离要求连接测试电路，调整接地电阻测量仪，读取并记录测量电阻值。

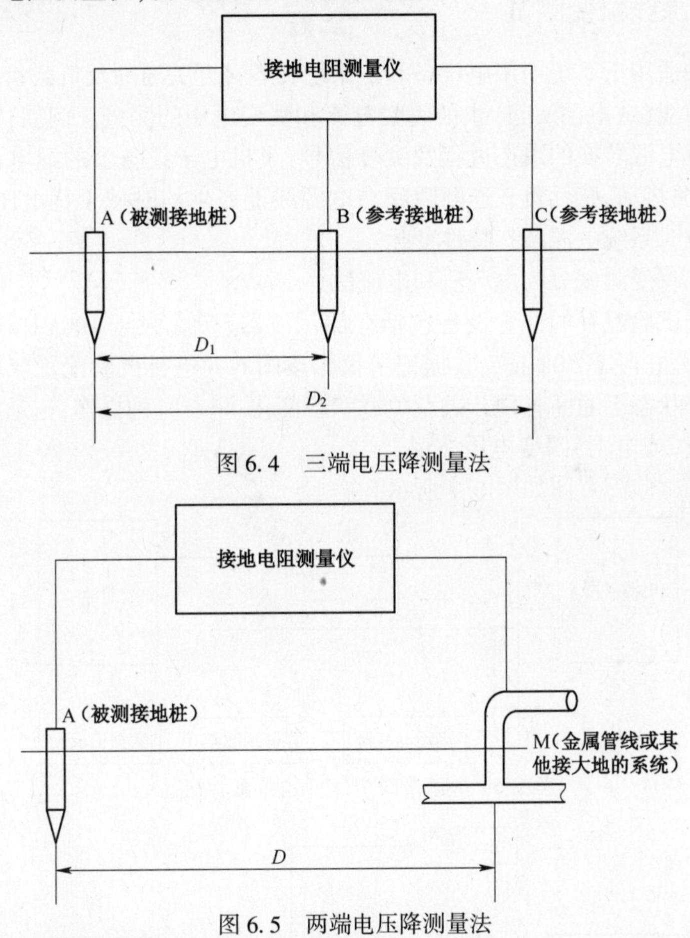

图 6.4　三端电压降测量法

图 6.5　两端电压降测量法

6.3　系统电源特性测试

在系统工作状态下，电源连接真实负载，模拟正常的工作切换。这种情况下，检测供电电源的起伏、瞬态峰值及其他传导发射干扰，并分析干扰频谱，判断干扰来自负载还是来自电源或配电器等。

对交流电源，需要测试的项目包括稳态电压、谐波占比、波峰系数、频率、交流尖峰信号等。

对于直流电源，需要测试的项目包括稳态电压、畸变频谱、直流尖峰信号等。

上述测量应在无载和有载两种状态下测试。

6.3.1 电源线瞬变测试

本方法适用于系统中用电设备和子系统在各种开关通断及负载状态变化等情况下电源线（或电网）上产生的瞬变电流和瞬变电压的测量。例如，飞机地面电源到机上电源转换的瞬态过程及尖峰信号，飞机电子设备上的继电器和电磁阀动作、开关抖动、感性负载通断瞬间在电源线上产生的时域干扰电压，以及设备逐级加载时系统电源瞬态特性变化。

电源线瞬变测试分为电压法和电流法。

电压法试验配置的试验设备包括存储示波器（带宽大于 100MHz）、高通滤波器（低端截止频率 10kHz）、数据记录仪。按图 6.6 进行试验配置。被测设备在正常工作状态下通断各种开关及负载状态变化，重复每种操作，记录每次通断时的电源线（或电网）瞬变电压波形。

电流法试验配置图如图 6.7 所示。

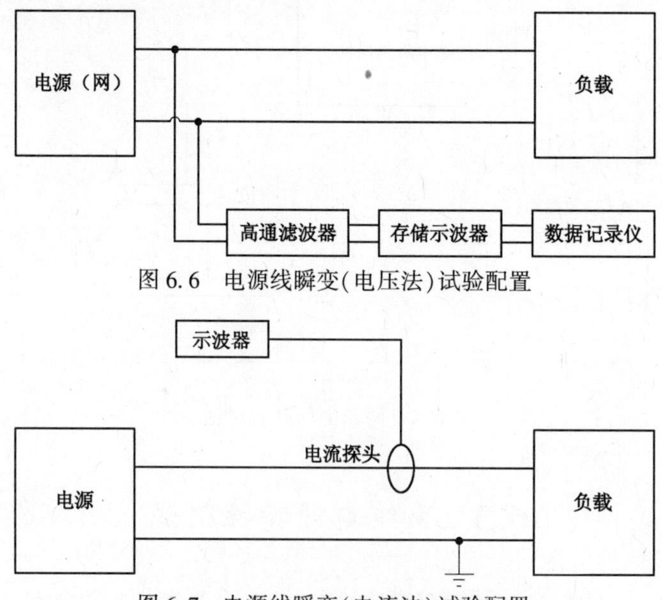

图 6.6　电源线瞬变（电压法）试验配置

图 6.7　电源线瞬变（电流法）试验配置

当系统加交流电源稳定工作后,采用电源品质分析仪测试电源线上的谐波电流。通过观察显示的电压、电流和频率值,监测并记录各子系统和设备加电前后电压、电流、频率的变化情况。试验配置图如图 6.8 所示。

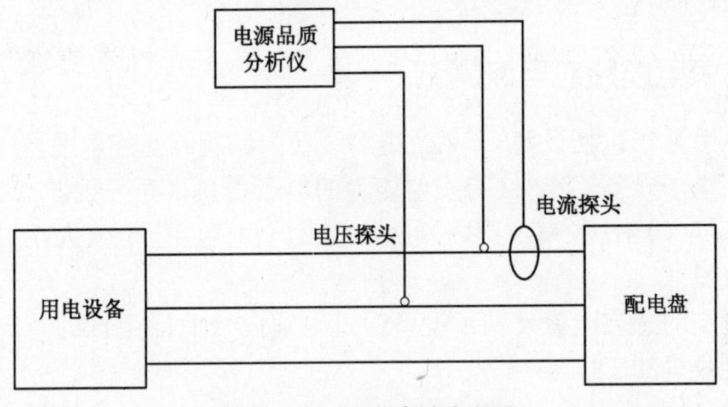

图 6.8　电源品质测试配置

利用示波器读出系统设备进行开关动作时产生的尖峰信号,采用电源品质分析仪测试电源线的谐波电流,与标准要求限值比较得出合格与否的结论。测试数据记录表格样式见表 6.2、表 6.3。

表 6.2　电源线瞬变测试数据记录表格

系统工作状态	检测位置	开/关动作	尖峰结果		检测结果	合格结论
			最大值/V	最小值/V		

表 6.3　电源特性测试记录表格

序号	名称	相位	电压	电流	频率	总电压谐波含量	总电流谐波含量	合格结论
1								
2								

6.3.2　电源线感应电压测试

该项测试针对的是飞机为各个设备/子系统提供的公共电源,也就是几个设备/子系统共用的电源,包括地线、设备/子系统内部不接地的中线等。如果电源只是单独为一个设备/子系统供电,则该电源的电磁兼容性应当在设备/子系统级测试当中考核。

当机上电子设备工作时(有发射能力的电子设备处于发射状态),用电压探头在30Hz~400MHz频率范围内测试其电源线感应电压的大小,控制机上电网中的干扰电平。

6.3.3 成束电缆感应电流测试

成束电缆是指包括设备/子系统电源线在内的所有互连电缆。

当机上电子设备工作时(有发射能力的电子设备处于发射状态),用电流探头在10kHz~400MHz频率范围内测试其成束电缆的感应电流大小,控制电子设备感应电流量值。

成束电缆的感应电流反映了设备通过电缆向外泄漏干扰的情况,它直接影响到机上接收机的工作。

测试时,将电流探头卡在被测电缆上,另一端与测试接收机相连,接通机上用电设备,并处于发射状态,测试在规定频段内的感应电流值。

6.4 系统内关键设备敏感度和安全裕度测试

此试验是对影响武器装备安全性的关键类设备开展的安全裕度试验。例如,飞机上关系到飞行安全的设备、电引爆武器等。

安全裕度是评定一个系统电磁兼容性的重要指标之一,它定义为敏感度阈值与实际干扰值之比。

安全裕度测试和传导、辐射敏感度测试的内容相关,因此很多时候可以结合在一起进行。

安全裕度试验评估方法通常有四种:

(1) 将规定的安全裕度(例如6dB)人为地从敏感度阈值上减去,使被测系统对于干扰更为敏感。

(2) 首先在干扰发生器工作时,测量关键接口点的最大干扰信号,然后再向系统加入同样性质的但增加了规定安全裕度的信号,如果系统性能没有下降,就验证了安全裕度满足要求。

(3) 在系统中产生干扰的设备工作时,测量关键接口处的传导干扰和所研究设备处的辐射干扰,然后与试验室里测出的敏感度结果进行比较,就可以确定安全裕度。只要系统的试验方法和试验室敏感度的试验方法之间具有类似性,这一比较就是正确、有效的。

(4) 增加干扰源与敏感设备的耦合度。例如用减少收发天线间距离、减小极化损失、或减小馈线损耗来增加收发间的耦合。也可以通过从电源线或信号电路中撤除插入损耗已知的滤波器来增加耦合。

系统安全裕度测试可以分为传导安全裕度测试和辐射安全裕度测试。武器装备中的各种电子设备繁多,干扰关系错综复杂,可以找出系统中干扰源的主要耦合途径和一些关键点,对其进行试验。

6.4.1 系统内传导安全裕度测试

传导安全裕度用于检验被测装备承受耦合到有关线缆(电源线、互联电缆)上的干扰信号的能力。

系统内传导敏感度试验方法是参照 GJB151B—2013 中 5.16、5.17、5.18 规定的方法执行,通过在电缆上注入干扰信号,检验设备和子系统安装到系统后的抗传导干扰能力。对于注入传导敏感度和注入脉冲激励传导敏感度测试,注入的电缆束包括系统内电源网络线和信号互连线。对于阻尼正弦瞬态传导敏感度测试,注入的电缆束包括系统内电源网络线和系统外部安装设备的外露线。

干扰信号注入的部位应在系统的一些起关键作用的敏感部位中选择。

进一步的,按照图 6.9 所示方法,通过电流卡钳测量待测系统的电源线及互连线缆的传导发射干扰电流,以测得的干扰电流值作为基准曲线,在该曲线最大发射量值基础上增加至少 6dB 后,通过注入卡钳施加到待测系统的电源线及互连线缆上,检查待测系统是否敏感,评估是否符合安全裕度要求。

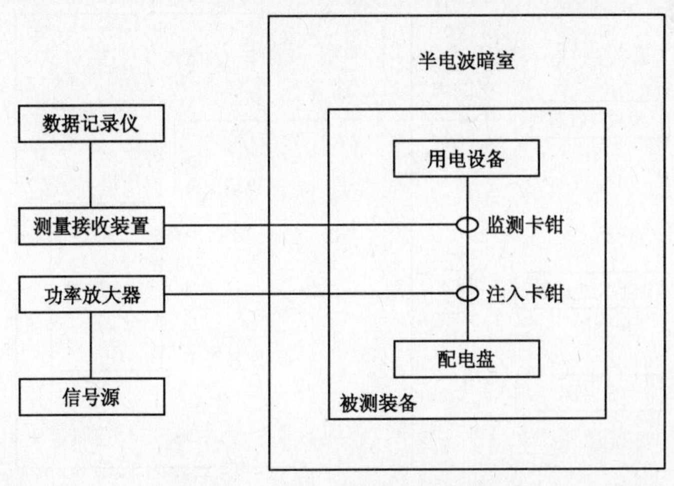

图 6.9　传导安全裕度测试示意图

干扰注入过程中,如果系统工作正常,无不允许的故障和响应,则传导安全裕度满足 6dB 的要求。

由于400MHz以上的辐射信号很难耦合到电缆上,所以测试频率为10kHz~400MHz。光纤传输的是光信号,它与电磁信号不会相互作用,因此传导安全裕度测试对象不包括光纤。

6.4.2 系统内辐射安全裕度测试

系统内辐射安全裕度试验是通过对系统内关键部位进行辐射照射的方式来检验系统的抗辐射干扰能力。此试验一般与系统的辐射敏感度测试结合在一起进行。

一般选择的系统中的敏感部位包括武器装备的门、窗、舱体线缆出入口等,敏感设备有控制计算机、遥控遥测单元、数据处理系统、网络交换机、显示器、音频设备等。

实际环境中,当被测系统正常工作时,首先使用适当的天线或场强探头测量选择的测试点处的实际场强;以测得的电场辐射发射值为基准场强;在该电场最大发射量值基础上增加至少6dB后,通过发射天线将产生的干扰电场辐射到测试点上,观察系统内各设备/子系统是否正常工作,以此评估其是否符合安全裕度要求。一般以水平和垂直极化分别测量该测试点的实际辐射电场强度。

图6.10所示为进行电场辐射安全裕度测试的示意图。在10kHz~2GHz频率范围内,测试分别采用杆天线(10kHz~30MHz)、双对数周期天线(30MHz~1GHz)、双脊波导喇叭天线(1~2GHz)。

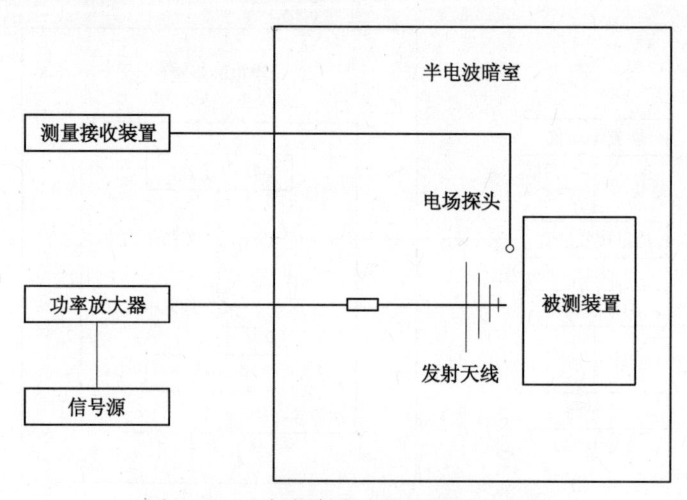

图6.10 电场辐射安全裕度测试示意图

测试过程中,电场发射天线前端距离场强探头(测试参考点)1m,天线与水平面形成一定角度以达到有效的照射面积。

在施加干扰过程中,观察待测系统的工作状态是否正常;工作正常则说明辐射安全裕度满足 6dB 的要求。

6.5 系统天线间兼容性测试

此测试是为了检验天线布局设计的合理性,为射频设备之间的干扰分析提供更为准确的数据依据。

对于武器装备上的天线端口(射频端口),其电磁兼容性直接影响到武器装备的性能,所以在系统级电磁兼容测试中,要针对武器装备的天线端口验证其天线装机后的方向图、增益、天线间兼容性、阻抗、驻波系数等指标。

天线间兼容性试验包括天线间隔离度试验、接收机输入端耦合信号试验、发发和收发频率最小间隔试验和天线端口干扰电压试验。在此介绍天线间隔离度试验和接收机输入端耦合信号试验。其他试验方法可参考 GJB8848—2016《系统电磁环境效应试验方法》中的内容。

6.5.1 天线间隔离度测试

此项试验应在天线总体布局理论分析计算的基础上,在武器装备上选择所关心的天线对进行验证。

天线隔离度测试有两种方法:直接测试法和间接测试法。直接测试法利用矢量网络分析仪对实际装机条件下的两天线间隔离度进行测试;而间接测试则是利用信号源做发射源,接收机接收功率,然后通过计算得出隔离度。在工作频段内,至少选取高、中、低及常用频率作为试验频率。

1. 直接测试法

(1) 按图 6. 11 布置连接被测天线对和测试设备。

(2) 将两根测试馈线短接,对网络分析仪进行传输直通校准。

(3) 将两根测试馈线断开,分别接到两被测天线根部,并使馈线与天线阻抗匹配良好,此时的传输曲线即为两天线的隔离度随频率变化的曲线。

(4) 两天线间的隔离度为

$$L = -C$$

式中:L 为两天线间的隔离度(dB);C 为两天线间的耦合度(dB)。

(5) 当接收天线或发射天线与电缆不匹配时,必须引入一个失配因子 M 进行修正,失配因子 M 按以下公式表示:

$$M = \frac{4S_r}{(S_r + 1)^2} \cdot \frac{4S_t}{(S_t + 1)^2}$$

式中：S_r 为接收天线驻波比；S_t 为发射天线驻波比。

两天线间隔离度为

$$L_0 = L + 10\lg M$$

式中：L_0 为修正后的两天线间隔离度。

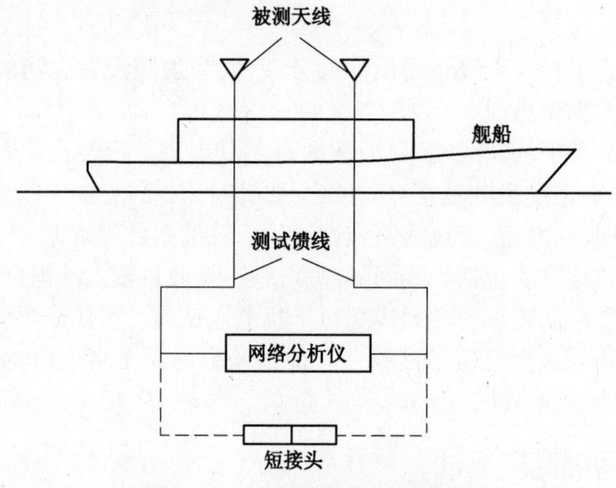

图 6.11　天线隔离度直接测试法

2. 间接测试法

(1) 按图 6.12 布置连接被测天线对和测试设备。

(2) 使信号源输出足够大，用接收机测出两根测试馈线短接时的电平 V_0，必要时可插入衰减器保护接收机。

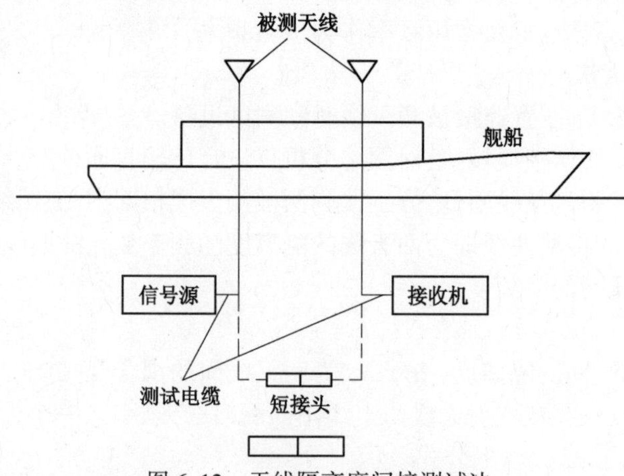

图 6.12　天线隔离度间接测试法

(3) 将两根测试馈线断开，分别接到被测天线根部，测出有天线时的电

平 V_1。

(4) 两天线间耦合度为 $(V_0 - V_1)$。

6.5.2 天线端口耦合信号测试

当武器装备上的电子设备工作时(有发射能力的电子设备处于发射状态),测试在接收天线的工作频带内和频带外所接收到的干扰电平量化指标,并针对接收机的灵敏度进行考核。

将与被测天线相连接的电缆从其真实接收机端断开,并与测试接收机相连。测试接收机的带宽应与机载接收机的带宽一致。飞机上所有电子设备均在工作状态,能够发射的设备必须处在发射状态。此时测量在接收通带内的干扰信号电平,并与接收机的灵敏度进行比较。

此项测试主要考核系统内高灵敏度接收机的受干扰情况,测试的关键技术是:在选择测量接收机的分辨率带宽(RBW)时与被测系统接收机的带宽保持相对一致。测量最好选用专用的 EMC 测试接收机来进行,因为普通的频谱分析仪可能会由于接收到的大信号使仪器自身的非线性器件产生虚假的非线性响应。测量时,视信号强度大小决定是否加衰减器来保护测试仪器。

6.6 系统内交互调干扰测试

在武器平台上的发射机和接收机中,凡工作频率比较接近的,都有可能产生互调干扰,应该进行互调干扰试验。此处以发射互调测试为例来说明。

两发射机发射频率对接收机调谐频率的互调干扰是有条件的。一个三阶互调产物是在接收机里观察到的最普遍的响应,也是对接收机危害最大的互调干扰。下面介绍三阶互调测试方法。

6.6.1 互调测量方法

(1) 在载体上的发射机和接收机中,选两台发射机和一台接收机,发射机工作在最大功率状态,并分别连接到两个能覆盖最大载体表面区域的天线上。接收机应与一个设在载体中部的天线连接。接收机设置在典型工作模式下。

(2) 设两台发射机的工作频率为 f_{T1} 和 f_{T2},接收机调谐在三阶互调频率($2f_{T1} \pm f_{T2}$ 或 $f_{T1} \pm 2f_{T2}$);f_{T1} 和 f_{T2} 不应成谐波关系,并且它们与三阶互调频率之间应有适当的频率间隔,以防止发射机的大功率使接收机过载。

(3) 当捕捉到互调干扰时,记录此时的接收机指示值,并使其中一台发射机停止发射,以验证该信号是不是互调干扰信号。

(4) 使两台发射机停止发射,将接收机的高频电缆从天线端拆下,接在信号源上;调节信号源的输出电平,使接收机指示值与 3)项的测得的指示值相同为止,此时信号源的输出功率就是互调输入等效功率。

(5) 改变两台发射机的工作频率和接收机的调谐频率,重复步骤(3)至步骤(4),测试其他互调产物。

下面举例说明互调试验频率是怎样确定的。

例:某飞机上有一台超高频电台、一台高频电台和一台信标接收机,超高频电台的发射频段 f_{T1} 为 30~400MHz,高频电台的发射频段 f_{T2} 为 2~30MHz,信标接收机的调谐频率 f_{OR} 为 75MHz,引起严重干扰的互调频率落在图 6.13 中的最重要区和次重要区。那么,f_{T1} 和 f_{OR} 的比值应在 0.6~1.4 之间,f_{T2} 和 f_{OR} 的比值也应在 0.6~1.4 之间。要满足这个要求,f_{T1} 和 f_{T2} 的频率都应该在 45~105MHz 之间,这对于超高频电台来说自然没有问题。但是高频电台的最高频率只有 30MHz,$f_{T2}/f_{OR}=0.4$,互调频率在次重要区以外。尽管这样,我们还是寻找靠近次重要区的互调频率。

从图 6.13 上可以看出,取 $f_{T1}/f_{OR}=0.7$,与 $2f_{T1}-f_{T2}$ 相交的点上,$f_{T2}/f_{OR}=0.4$,求得 $f_{T1}=52.5\text{MHz}$,$f_{T2}=30.0\text{MHz}$。这两个发射频率点对信标接收机的危害最大,如果这两个发射频率的互调等效功率没有给信标机造成故障,那么其他频率就更没有问题了。

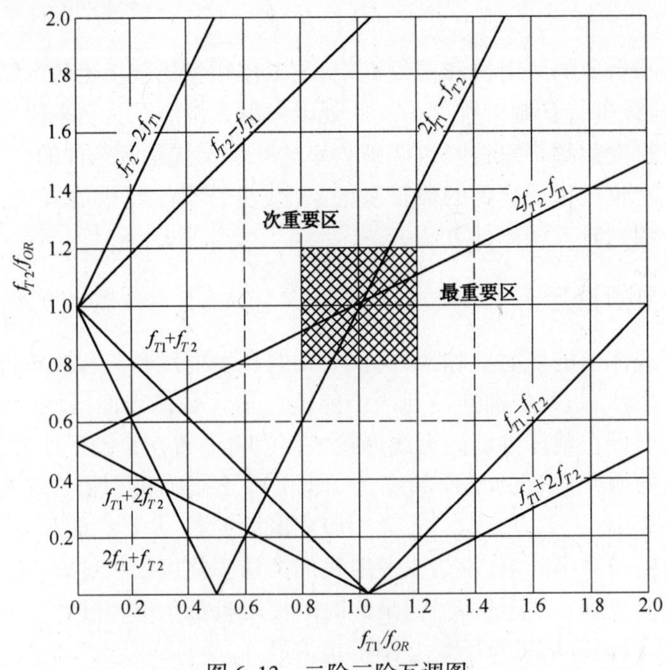

图 6.13　二阶三阶互调图

在以上已经测出了互调输入等效功率,这个等效功率已使接收机产生了响应,如果这种响应给接收机造成故障,那是不可接受的。如果这种响应没有给接收机造成故障,需要判别安全裕度。即在测量互调干扰时,增大信号发生器的输出电平,直到接收机的指示灯亮为止,记下此时信号发生器的输出电平。这个功率与互调等效输入功率之差应该大于6dB。

6.6.2 交调测量方法

在邻近频道内任一频率的强干扰信号都可能产生交调而导致接收机性能恶化,我们用交调参数来描述交调干扰的严重程度。对于通信电台来说,度量语音系统性能的主要方法是清晰度指数,它提供干扰或噪声对话音清晰度掩盖效应的量度。

交调干扰试验用于确定在一部接收机的天线端口上所加的带外信号的调制,被转换成带内信号时接收机是否有响应。

武器装备上交调试验只适用于接收子系统,如接收机、射频放大器、收发机和从调幅载波中提取信息的应答机。试验前,要了解被测接收机的前端特性,需要知道接收机允许而又不过载的最大输入信号,以保证测试电平的合理性。

试验方法如下:

(1) 将被测接收机接上输出监测器,并选择另一台与其工作频率相近的发射机;

(2) 接通接收机电源,使其在某一频率点上,处于正常工作状态,然后接通发射机电源并逐步增大发射机的输出,直至最大功率状态;

(3) 在接收机的输出监测器上观察是否有响应,当捕捉到信号时,记录指示值;

(4) 断开接收机和发射机的电源,并把接收机的高频电缆从天线端拆下,接在信号发生器上;

(5) 调节信号发生器的输出功率,使接收机的指示值和(3)项测得的指示值保持一致,记下信号发生器的输出功率,此功率就是接收机输入端的干扰信号功率。

接收机的工作频率可以任选,当然也要考虑该频率是否与武器装备上某一发射机的工作频率接近,同时还要注意所选频率是不是该接收机的薄弱环节。发射频率应该低于或高于接收机中频带宽的一半,并且在接收机与发射机的频率间隔与接收机的工作频率之比为0.2%~20%的范围内。

测出了接收机输入端的干扰信号功率,这个等效功率使接收机产生了响应。如果已经给接收机造成故障,那是不可接受的。如果没有给接收机造成故障,需要判别安全裕度。即在(5)项的基础上,增大信号发生器的输出功率,直到接收机产生故障为止,所增大的数值就是安全裕度。对于重要设备,一般要求有6dB的安全裕度。

6.7 系统内设备间相互作用试验

以飞机系统内部的电磁兼容试验为例来说明。

系统内子系统/设备间相互作用试验(频谱冲突、互调、交调、降敏)分为地面试验和飞行试验,主要目的是检查飞机内部各种电子设备能否兼容工作。

地面试验中,需逐级进行设备/子系统级、系统/整机级试验,发现和解决电磁干扰问题和隐患,确保实现飞机系统的自兼容。

首先要确定机上作为干扰源的电子设备的工作模式、工作状态、发射频率等,再确定要进行检查的目标电子设备。

第一:进行"一对一"的检查。即依次打开作为干扰源的电子设备并进行发射,检查其对被查设备的干扰情况。根据确定好的敏感判据,检查各设备的工作状况,有无画面显示不稳定、数据链断续、话音质量变差、仪表指示不正确、误告警等情况,判断是否存在不兼容现象。

在检查中要充分考虑机载电子设备的工作模式和发射频率,因为机载电子设备工作并不总是在单一模式下,发射频率也并不都是点频,甚至覆盖的频带宽度较宽,可能同时具有HF、VHF、L、S、C、K等多频段,所以形成的收发干扰对的数量多,工作量大,合理的安排此项工作是工程实施阶段需要特别考虑的问题。

这项检查实际上根据矩阵表格进行相应的干扰试验,试验应包括每个设备的所有工作状态。表6.4为一个典型的检查表。

表6.4 相互干扰检查表格

<table>
<tr><td colspan="3">发射设备
被测设备</td><td colspan="12">雷达</td></tr>
<tr><td rowspan="3">设备名称</td><td rowspan="3">工作方式</td><td rowspan="3">频率
/MHz</td><td colspan="3">待机</td><td colspan="9">高压</td></tr>
<tr><td rowspan="2">频点1</td><td rowspan="2">频点2</td><td rowspan="2">频点3</td><td colspan="3">模式1</td><td colspan="3">模式2</td><td colspan="3">模式3</td></tr>
<tr><td>1</td><td>2</td><td>3</td><td>1</td><td>2</td><td>3</td><td>1</td><td>2</td><td>3</td></tr>
<tr><td rowspan="3">HF
短波电台</td><td rowspan="3">状态1</td><td>频点1</td><td></td><td></td><td></td><td></td><td></td><td></td><td></td><td></td><td></td><td></td><td></td><td></td></tr>
<tr><td>频点2</td><td></td><td></td><td></td><td></td><td></td><td></td><td></td><td></td><td></td><td></td><td></td><td></td></tr>
<tr><td>频点3</td><td></td><td></td><td></td><td></td><td></td><td></td><td></td><td></td><td></td><td></td><td></td><td></td></tr>
</table>

（续）

被测设备＼发射设备		雷达											
设备名称	工作方式	频率/MHz	待机			高压								
			频点1	频点2	频点3	模式1			模式2			模式3		
						1	2	3	1	2	3	1	2	3
HF短波电台	状态2	频点1												
		频点2												
		频点3												
	状态3	频点1												
		频点2												
		频点3												
	敏感现象1													
	敏感现象2													

第二：进行用电设备之间的“多对一”或“多对多”的相互干扰检查。即接通所有用电设备，电子设备均处于接收状态，找出受干扰的设备，然后逐一关闭其他用电设备，确定干扰源。可独立加电的设备和电磁阀，应该检查设备的开关瞬间和电磁阀动作瞬间产生的瞬态干扰对电子、电气设备造成的干扰。

第三：发动机开车状态下的检查。此状态的干扰检查主要包括以下三方面：一是在飞机完好状态时，对相互干扰检查中存在干扰的设备进行复查。由于在地面电源供电状态下，很多机载电子设备需要借助地面辅助设备进行工作，这些设备很多是通过转接电缆与飞机相连的，这样在干扰检查中，转接电缆把感应到的干扰信号耦合到了机载电子设备中，造成干扰的假象。在发动机开车状态下，这些转接电缆均已去掉，可以剔除掉由于转接电缆造成的干扰问题。二是检查发动机工作对机载电子设备的影响。三是检查发动机工作对电气设备的影响。由于工作的发动机本身也是一个大的干扰源，此项检查可以在发动机不同的转速下进行，以验证工作的发动机会不会对机载电子设备构成干扰。由于发动机开车状态受时间、经费的限制，进行此项检查时，机载电子设备的工作模式或工作频点需要进行挑选。

另外还要检查一些燃油或液压等系统的电磁阀动作、收放起落架等状态转换所产生的瞬态干扰是否对机载电子设备构成影响。

在进行相互干扰检查前，需要电磁兼容专业人员进行大量的协调工作，认真与主机厂沟通;了解机上各个电子设备的工作原理、工作方式和敏感度判据。然后写出详细的相互干扰检查的步骤和方法(包括检查内容、各个电子设备检查的步骤以及敏感度判据、频率点的选择等)。

事实上,在相互干扰检查中每个电子设备的状态、检查频点不是随意挑选的,而是基于在设计阶段理论分析、仿真计算基础上得到的。

飞机在地面进行的系统内设备相互作用试验,不仅需要在地面进行验证,还需要在空中开展飞行验证,因为空中和地面的外部电磁环境是不一样的,飞机自身舱内的电磁环境在空中和地面也是不一样的。例如雷达在地面试验时,由于地面和周围的电磁反射,经常发现雷达对全向告警器或其他设备造成干扰,而在空中却不存在这种情况。电磁兼容飞行试验首先需要依据地面试验的结果,设计电磁兼容飞行试验矩阵,结合飞机的总体飞行试验计划制定电磁兼容试飞计划,参照矩阵,在飞行试验中逐步安排飞机工作于不同使用环境中,检查其不同环境下的运行能力。考虑到飞行试验特殊的环境和条件,一般在飞行试验中重点对典型干扰源和敏感设备的组合、地面试验无法模拟的状态进行检查。

对于舰船来说,要进行全舰电磁兼容的系泊试验和航行试验,检查全舰各系统、子系统或设备按规定同时使用并正常运行的能力。其中航行试验至少包括三种状态:巡航速度、最大航行速度、武器射击试验时。

6.8 系统电磁辐射危害试验

当武器装备上的电子设备工作时(有发射能力的电子设备处于发射状态),有必要测试一定频率范围内的舱外和舱内各个部位的电磁辐射强度,评估可能带来的电磁辐射危害,被测试点上的电磁辐射能量不能超过 GJB5313—2004 规定的极限值要求。这个试验是衡量武器装备对外电磁辐射强度的重要手段。

此试验常与辐射安全裕度试验结合开展,只是没有增加 6dB 主动辐照的步骤。

对于飞机来说,测试点通常选择飞机蒙皮外的一些重点区域和部位,如军械安装处、燃油加注口、起落架等。

对于飞机舱内的测试,一个重点是评估系统内部兼容性,考核其他设备的发射是否会影响被考核设备的工作,通过它也可以为辐射安全裕度测试提供环境曲线。

飞机舱内测试的另一个重点是评估机上人员所在区域的电磁辐射是否超标。选择的测试区域一般包括驾驶舱、任务操作舱等。

舰船舱外的测试区域,一般包括舰船甲板上的大功率发射天线周围、作业区和生活区的人员活动区、电引爆武器装备区、燃油容器及燃油舱等进出油口及通风口等处。舰船舱内的测试区域，包括舱室环境中的主要操作位和船员经常活动的有关部位，如各种雷达室和高频室、导航系统室、电磁工作室、驾驶室等；另外还有低频大功率电气设备、高压类设备的机壳的进出口、孔缝、馈线、波导，特别是接头等部位。

测量方法按图 6.14 进行试验配置。分为天线法和电场传感器法，天线法采用天线和测量接收机进行电磁环境测量，电场传感器法采用电场传感器和场强监测仪对测试部位电磁环境进行测量。测试时，优先使用天线法，测试场地条件不具备时可采用电场传感器法测试，但需鉴别水平、垂直极化场时必须采用天线法。当使用无方向性电场传感器测试时，应同时记录发射机的频率和对应场强值(可用占空比换算为峰值场强)。

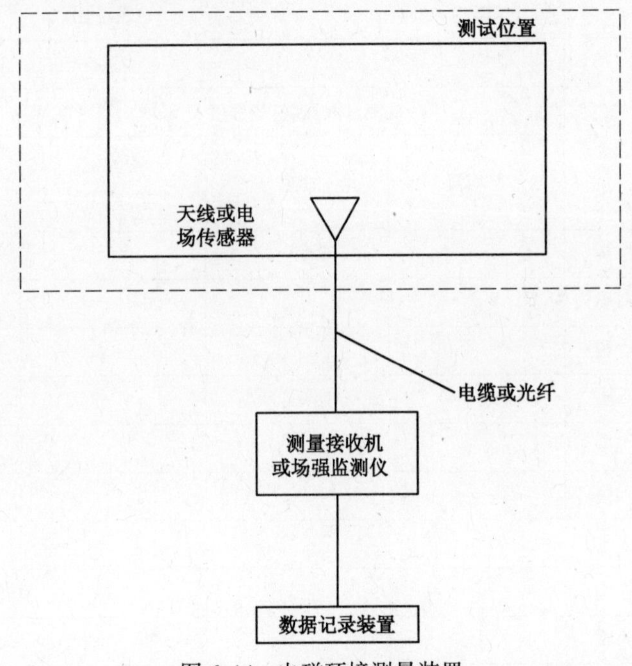

图 6.14　电磁环境测量装置

测量时，应使整个武器装备处于运行状态，武器装备上的电子设备应当工作在典型工作方式。

确定需要测试的位置，将探头(接收天线或传感器)置于需要测试的部位，探头距离金属体应不小于 30cm，以减小金属体反射对测试带来的影响。当探头距离金属体的距离无法满足不小于 30cm 时，可根据测试部位的具体情况调整距离，实测时天线距离金属体的距离应在试验报告中说明和记录。

在发射源的频率范围内,至少应在全频段范围内各选取高、中、低及常用频率各一个作为试验频率。测试需在水平和垂直两种天线极化方向进行。

表 6.5 为作业区的辐射测量记录表格示例。生活区的辐射测量记录表格与此类似。

表 6.5　作业区辐射测量记录表(100kHz 以上频段)

<table>
<tr><td colspan="2">被测单位</td><td>名称</td><td></td><td>地址</td><td></td></tr>
<tr><td colspan="2">测量环境</td><td>温度/℃</td><td></td><td>湿度/%</td><td></td></tr>
<tr><td colspan="2">测量仪器</td><td>名称</td><td></td><td>型号</td><td></td></tr>
<tr><td colspan="2" rowspan="3">辐射体</td><td>名称</td><td></td><td>型号</td><td></td></tr>
<tr><td>频率</td><td></td><td>功率</td><td></td></tr>
<tr><td>调制</td><td></td><td>占空比</td><td></td></tr>
<tr><td colspan="2">测试时间</td><td colspan="4"></td></tr>
<tr><td colspan="2" rowspan="2">测量位置</td><td colspan="4">第 j 次测量数据(电场强度 V/m 或功率密度 W/m^2)</td></tr>
<tr><td>平均值</td><td>峰值</td><td>平均值
(E_j 或 P_j)</td><td>峰值
($E_{j\max}$ 或 $P_{j\max}$)</td></tr>
<tr><td rowspan="3">操作位</td><td>头</td><td></td><td></td><td></td><td></td></tr>
<tr><td>胸</td><td></td><td></td><td></td><td></td></tr>
<tr><td>腹</td><td></td><td></td><td></td><td></td></tr>
<tr><td rowspan="3">哨位</td><td>头</td><td></td><td></td><td></td><td></td></tr>
<tr><td>胸</td><td></td><td></td><td></td><td></td></tr>
<tr><td>腹</td><td></td><td></td><td></td><td></td></tr>
<tr><td rowspan="3">方位角(°)
距离/m</td><td>头</td><td></td><td></td><td></td><td></td></tr>
<tr><td>胸</td><td></td><td></td><td></td><td></td></tr>
<tr><td>腹</td><td></td><td></td><td></td><td></td></tr>
<tr><td>测量人:</td><td></td><td>测量日期:</td><td></td><td>复核:</td><td></td></tr>
</table>

上述是从武器装备保护的角度出发进行的试验,尤其是其上安装有大功率发射设备时。系统的电磁辐射试验还有另一个考查目的,就是评估武器装备自身的无意电磁辐射情况,在作战中减少被敌方截获而被定位,实现武器装备的低可探测性。

6.9 系统舱体屏蔽效能测试

在系统级电磁兼容试验中对屏蔽效能进行测试,可以有效了解系统自身壳体抵御外界电磁干扰的能力,从而对内部的设备和子系统抵御外界干扰的量值进行评估、剪裁,采取合理的电磁屏蔽加固设计措施,避免设备和子系统电磁兼容的“过设计”或“欠设计”。

系统自身的金属舱体可以看作是良好的屏蔽体,会有效的阻隔外界电磁场干扰,但是由于整个系统外壳并不是一个绝对密闭的舱体,舱体上有许多薄弱屏蔽环节(如接缝、门、窗、孔等),降低了整个系统的屏蔽效能,接缝的表面氧化、锈蚀及尘埃等也影响屏蔽效能。复合材料等新材料的大量应用,进一步带来武器装备外壳屏蔽效能的降低。

舱体的屏蔽效能可以用公式来计算,但是屏蔽效能的大小不仅与屏蔽材料的性能有关,还与辐射频率、屏蔽体与辐射源的距离以及壳体上可能存在的各种不连续开口的形状和数量有关。因此公式计算所获得的数据与实际数值可能有比较大的出入,实测的数据更有意义。

舱内的电磁辐射环境应满足 GJB5313 中规定的有关安全限值。子系统和设备工作的电磁环境不应超过 GJB151B 中的相应规定。

测试中,注意避免将普通电缆伸到设备舱内而引入干扰,破坏原有的屏蔽性能。应采用特殊的模拟光纤系统进行信号的传输,或者利用分离电池供电的宽带辐射源。

以飞机为例说明舱体屏蔽测试方法(图 6.15)。

选择系统舱体上的门、舷窗、电缆出入口、接缝等位置进行屏蔽效能测试。测试频率范围为 100kHz~18GHz。

根据测试频段,选用不同的测试天线,发射天线放置在屏蔽体外部,接收天线放置在屏蔽体内部,由发射天线产生足够强的电磁辐射场,接收天线接收由屏蔽体反射和吸收衰减后电磁场强 E_2。

然后移走飞机舱体,接收天线、发射天线的位置保持不变,信号发生器、功率放大器的输出信号调节在刚才的位置上,这时测试出无屏蔽时相同位置处场强 E_1,则屏蔽效能可由下式表示:

$$S_E = 20\lg(E_1/E_2)\ (\mathrm{dB})$$

一般情况下,飞机机身的屏蔽效能,如果不考虑安全余量,最小应为 20~32dB,因不同频率而异。

为了便于定位,测试时,最好先测试隔着飞机蒙皮的状态,然后再移走飞机测试只有发射、接收天线相对时的状态;隔着飞机蒙皮的状态测试时,发射功率不要过大,以防当移走飞机再测时,所测信号超过干扰测量仪的动态范围;测试机身的屏蔽效能时,由于飞机各方位的屏蔽效能不完全一样,因此,飞机要相对于外场旋转。

不同的测试频段,需要选择不同的天线。

100Hz~100kHz(磁场):使用大环法或小环法测试磁场屏蔽效能。

100kHz~1GHz(电场):使用偶极子天线测试电场屏蔽效能。

1GHz~18GHz:使用喇叭天线及等效天线测试电场屏蔽效能。

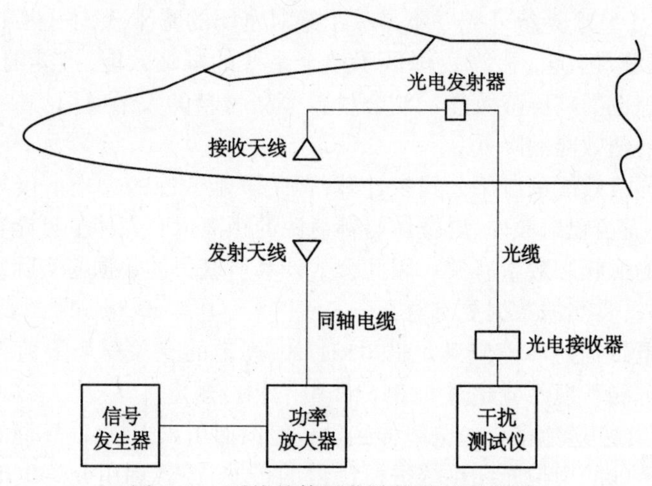

图 6.15　系统舱体屏蔽效能测试示意图

6.10　系统静电试验

通过模拟武器装备遭受静电放电的环境,验证武器装备系统、子系统/设备工作时是否会因静电放电而损坏或性能降级。

静电模拟试验分为三类,对应的静电放电器也有三类。

(1) 模拟人体放电。采用人体静电模型,最大施加 25kV 的放电电压,用于模拟人体静电与设备之间的放电对设备的影响试验。静电发生设备实际上是由充电电容和模拟人体放电电阻的电路组成。选择的试验部位,一般包括地勤维护人员经常接触的部位,飞行员驾驶时操作的部位等。

(2) 另一种为模拟沉积静电,作用于飞机的外蒙皮,如图 6.16 所示。

(3) 第三种为模拟飞机的自身放电,特别是飞机受油时两架飞机之间的电位差,目前美军标已经采用 3000pF 电容、1Ω 放电电阻施加 300kV 静电电压进行模拟试验。

图 6.16　对飞机进行静电放电效应试验

下面介绍沉积静电干扰试验。此试验适用于所有的航空器、部分陆上车辆和有天线的设备。对于航天器来说，还要另外增加空间微放电（二次电子倍增）效应试验。

一般测试部位可选择前设备舱、后设备舱、油箱舱、机翼等敏感部位。

测试方法和要求：试验时机上所有子系统开机并处于最大发射状态，将静电发生器接通电源，设置初始放电电压为 25kV，最高电压可增加到 300kV 限值，移动放电棒，逐渐靠近选定的测试点，直至放电棒与测试点之间产生连续放电。对每一测试点重复放电十次，观察相关设备的工作情况，是否出现硬件受损、软件受扰和产生误动作等情况，如图 6.17 所示。

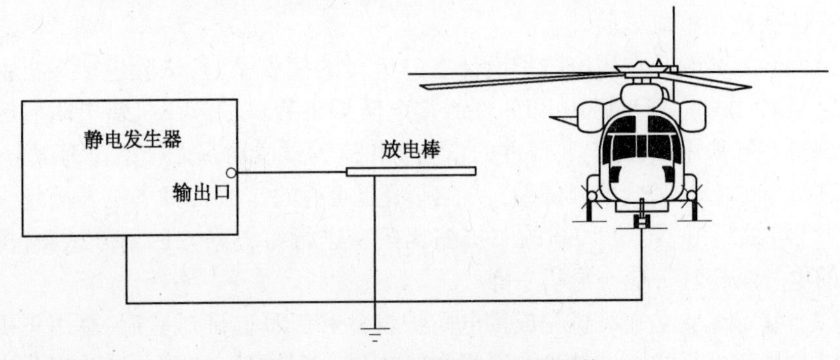

图 6.17　300kV 静电放电测试系统

6.11 系统雷电试验

6.11.1 雷电试验的种类

雷电防护是现代武器装备电磁兼容设计的一项重要内容。雷电试验就是在武器装备系统级试验验证中,研究如何模拟雷电直接和间接效应、如何进行考核验证及确定考核指标、选择什么关键部位进行验证等问题,来验证雷电防护设计的合理性和可靠性,是否满足电磁兼容要求。

飞机雷电试验主要有雷电附着点试验、雷电直接效应试验和雷电间接效应试验。GJB8848—2016《系统电磁环境效应试验方法》中规定了军用飞机及直升机的雷电直接效应和间接效应防护试验内容(表6.6)。

表6.6 飞机雷电试验项目及适用范围

试验类型	试验项目
直接效应试验	高电压附着试验
	大电流物理破坏试验
	外部部件瞬态感应试验
间接效应试验	整机间接效应试验
	机载设备雷电感应瞬态敏感度试验
燃油系统试验	燃油系统电流试验
	燃油系统电压试验

按照工程研发目的来分,飞机的雷电试验主要分为研发试验、鉴定试验、适航符合性试验和整机试验。

(1) 研发试验是在雷电防护设计之前进行的探索试验,试验包括飞机雷电附着区域划分试验、不同区域和部件的雷电防护工程试验。飞机雷电附着区域划分试验一般采用缩比模型,部件的雷电防护工程试验可采用模型作为试验件。对于飞机雷电附着区域划分试验,目前国际上通行的作法是将飞机表面划分为36个区,可采用不小于1∶30的飞机缩比模型进行雷电附着区划分试验,模型飞机的电气结构特征应与原机一样。

(2) 鉴定试验是在飞机完成雷电防护设计和工程验证试验后,军用飞机按雷电试验规范进行的考核试验。民机在结构设计完成后,按雷电试验规范进行的鉴定试验叫作适航符合性试验。鉴定试验中,不能采用模型件作为试验件,而是采用真实装机件或其一部分为试验件。

(3) 整机试验一般是指整机的雷电间接效应试验。雷电防护合格的局部结构装配成整机后,由于局部结构之间的相互影响,并不能保证整机也满足雷电防护安全性指标要求,因此飞机最后还需要进行整机的雷电防护特性试验,用来了解飞机上的电子电气设备的响应。F-14 战斗机、A-340 客机等均开展过整机试验。

整机的雷电间接效应试验一般用脉冲高压发生器对地放电模拟雷电电磁脉冲,也可用低电平扫描法,来确定飞机电子电气系统连接电缆束上感应的瞬态波形。具体试验原理请看本章 6.12 节"系统对外部射频电磁环境适应性试验"中模拟器法和低电平耦合法的相关内容。

6.11.2 雷电试验的电压波形和电流分量

目前国际公认的有关飞行器的雷电试验波形由美国 SAE 学会于 20 世纪 70 年代发布的报告给出,其后的一系列军民用飞机的雷电防护试验标准中基本都采用了这个报告给出的波形,我国目前采用的飞机雷电防护标准,主要有国家军用标准 GJB2639—1996《军用飞机雷电防护》、GJB3567—1999《军用飞机雷电防护鉴定试验方法》和航空工业标准 HB6129—1987《飞机雷电防护要求及试验方法》等。

电压波形和电流分量/波形构成了雷电防护试验的标准雷电环境,用于满足不同雷电压和不同雷电流的试验要求。美国 SAE-ARP5412 标准中给出 A、B、C、D 四种电压波形和 A、B、C、D 四种电流分量以及 H 电流波形。而 GJB3567 和 HB6129 的电压波形只有 A、B、D 三种,电流分量/波形为 A、B、C、D 和 E。SAE-ARP5412 中电压波形 C 用于飞机模型的雷电附着区域试验,电流波形 H 用于间接效应试验。国内外两种标准中电流波形 E 和 H 虽然用途相同,但两者定义不同。下面以 GJB3567 说明电压波形和电流分量/波形。

1. 电压波形

雷电鉴定试验的电压波形有 A、B、D 三种,用于全尺寸部件附着点试验、整机或飞机缩比模型雷电区域划分试验。

电压 A 波形为基本雷电波形,其电压平均上升率为 1000±50kV/μs,直到试验件被击穿或闪络,电压降到零;若不发生击穿,电压的下降率不作规定。电压 B 波形为雷电冲击全波,其视在波前时间为(1.2±0.24)μs,视在半峰值时间为(50±10)μs,视在波前时间和视在半峰值时间都是针对冲击电压发生器的开始电压而言的,并假定试验件没有被击穿或闪络,其波形不受限制。电压波形 D 为缓波头,波前时间为 50~250μs,提供了从试件上产生流光的时间,对于雷击率低的区域,用其试验得出的雷击率要比预料的高。

2. 电流波形/分量

雷电鉴定试验的电流分量有 A、B、C 和 D,电流波形有 E。电流分量分别模拟自然雷击放电过程的不同电流特性,用来确定雷电的直接效应。电流波形 E 用来确定雷电的间接效应。

电流分量 A 为初始高峰电流,其峰值为(200±20)kA,在总持续时间不超过 500μs 内,动作积分 $\int I^2 \mathrm{d}t$ 为$(2\times10^6 \pm 4\times10^5)\ \mathrm{A}^2\cdot\mathrm{s}$,该分量可以是单向的也可以是振荡的。电流分量 B 为中间电流,平均幅值为(2±0.2)kA,最大持续时间为 5ms,最大电荷传递为 10C,波形是单向的,如矩形波,为指数衰减或线性衰减的波形。电流分量 C 为持续电流,在 0.25~1s 的时间传递电荷 200±40C,平均电流幅值 200~800A,波形是单向的,如矩形波,为指数衰减或线性衰减的波形。电流分量 D 为重复放电电流,电流峰值为(100±10)kA,在总持续时间不超过 500μs 内,动作积分 $\int I^2 \mathrm{d}t$ 为$(0.25\times10^5 \pm 0.5\times10^4)\ \mathrm{A}^2\cdot\mathrm{s}$,该分量可以是单向的也可以是振荡的。

电流波形 E 为全尺寸部件快上升率冲击试验波形,在至少 0.5μs 的时间内具有不少于 25kA/μs 的上升率,该波形最小幅值为 50kA。当电流分量 A 或 D 满足上述条件时,也可用于间接效应试验或同时进行直接效应和间接效应试验,如图 6.18~图 6.20 所示。

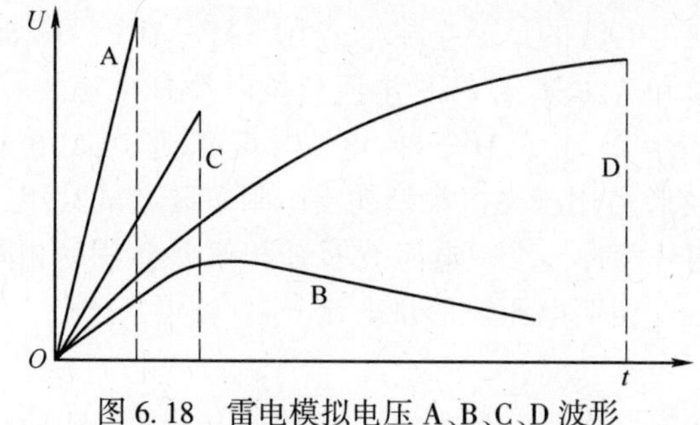

图 6.18　雷电模拟电压 A、B、C、D 波形

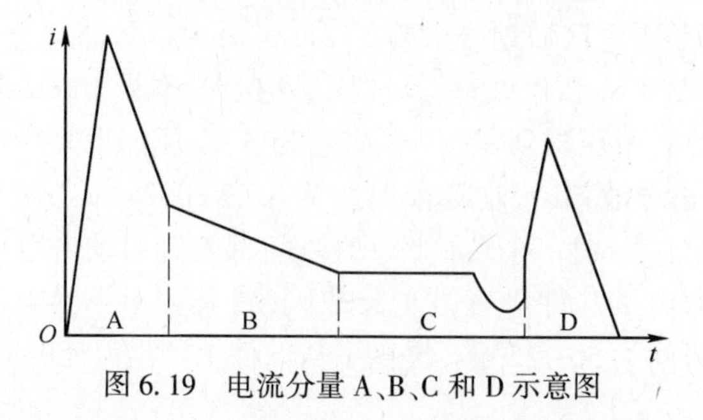

图 6.19　电流分量 A、B、C 和 D 示意图

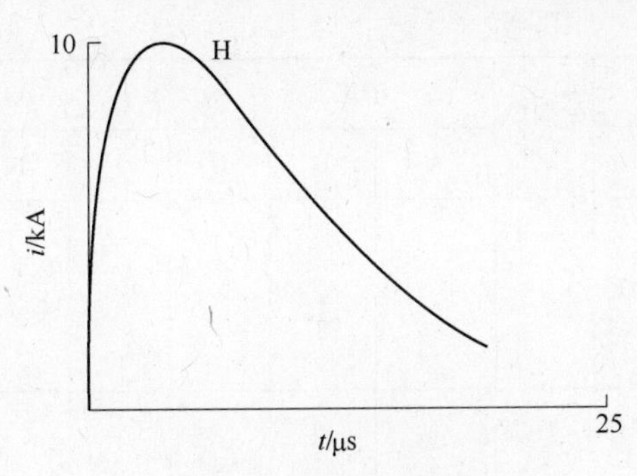

图 6.20 雷电流 H 波形

在飞机的结构和部件完成了雷电防护设计和工程验证试验后,为取得适航认证,还需进行雷电防护鉴定试验。GJB3567 和 HB6129 中规定了 5 种雷电鉴定试验,用来验证飞机结构、燃油系统和电气、电子设备的雷电防护设计是否满足雷电安全性指标要求。由于至今没有新的标准替代,这些标准虽较老,国内仍以此作为设计和试验的依据。

这些鉴定试验的方法原理,有些也适用于工程研发阶段的雷电附着区域划分试验、部件工程试验等,见表 6.7。

表 6.7 试验类型与试验波形要求

序号	试验名称	方法号	适用的区域	电压波形			电流波形及分量				
				A	B	D	A	B	C	D	E
1	全尺寸部件附着点试验①	T01	1A								
			1B	√		√②					
2	结构的直接效应试验	T02	1A				√	√			
			1B				√	√	√	√	
			2A					√③	√③	√	
			2B					√	√	√	
			3				√		√		
3	燃油蒸汽点火的直接效应试验	T03	1A				√	√			
			1B				√	√	√	√	
			2A					√③	√③	√	
			2B					√	√	√	
			3								

（续）

序号	试验名称	方法号	适用的区域	电压波形			电流波形及分量				
				A	B	D	A	B	C	D	E
4	电晕和流光的直接效应试验	T04			√						
5	外部电气设备的间接效应试验	T05									√④

①该试验也可用于飞机或飞机缩比模型雷电附着区域的划分试验。但在制定试验大纲时应给出详细的分析和规定。

②电压波形 D 可用来确定低概率的附着点。

③使用平均电流 2kA±10%的悬停时间不应超过 5ms。如果悬停时间超过 5ms，在超过的悬停时间使用 400A 的平均电流。悬停时间应事先通过扫掠冲击附着试验或通过分析给以确定。如果悬停时间还不明确，就取它为 50ms。

④间接效应还要用适合于各试验区域的电流分量 A、B、C 或 D 来进行测量

6.11.3　飞机雷电附着区域的划分试验

美、英等国使用真实飞机飞越雷击区，直接测试自然的雷电特性，但工程中更多的是使用试验室的高电压试验设备，对飞行器的比例模型和全尺寸的飞机、飞机部件进行试验研究，划分飞机的雷击区域，验证飞机的雷击防护设计。

初始先导附着区域可通过飞机比例模型试验确定，由于模拟的物理特性、电晕过程以及飞机周围空间电荷分布与模型尺寸不呈线性比例，方法有一定局限性，但从模型试验中得出的结果和实际飞行的雷击经验很符合。

目前通行的做法是采用不小于 1∶30 的飞机缩比模型置于试验台上进行试验，图 6.21 所示为 P-3C 飞机缩比模型雷电附着区域的划分试验。

图 6.22 所示为飞机雷电附着区域划分试验原理。试验模型的制作应尽量精确，最大长度不小于 1m。试验时将模型置于高压电极与地面之间。放电间隙的上、下间隙的长度一般应大于飞机模型最大尺寸的 1.5 倍。可在以飞机模型为中心的球面上，分别在方位面和俯仰面上每 30°为一个步进，调整模型的安装角进行试验，试验中模型尽可能地采用多种飞行姿态，如起落架放下和襟翼放下等。具体试验步骤参照第 6.11.4 节的“全尺寸部件附着点试验”。

图 6.21　P-3C 飞机进行雷电效应试验

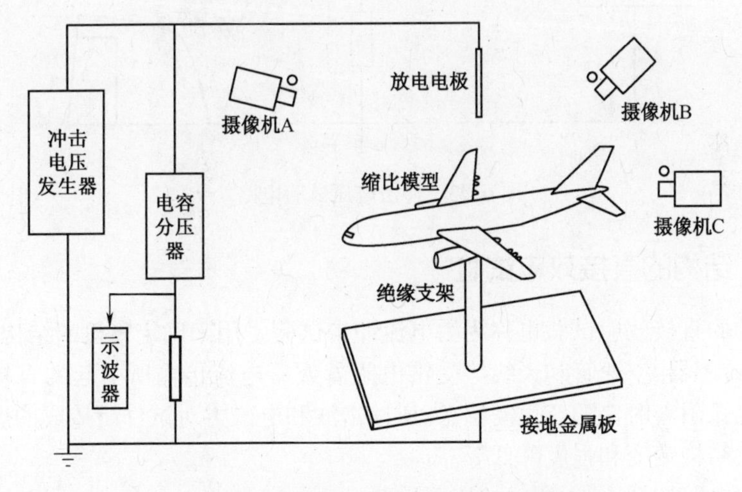

图 6.22　飞机的雷电附着区域划分试验原理

6.11.4　全尺寸部件附着点试验

用来确定布置在雷击 1 区的非金属部件，如雷达罩、座舱盖、机翼尾翼翼尖、天线整流罩和风挡等受雷电附着或击穿的可能性，也可用于确定金属或导电的复合材料结构部件的雷电附着位置。

试验方法：

（1）按图 6.23 的试验电路接线。用棒型电极模拟雷电先导，以飞机可能遇到的雷电进入方位对试验件放电，用照相和摄像的方法记录放电电弧通道和附着点。整个试验系统应有可靠的安全接地和可靠的高电压隔离措施。

（2）棒型电极的端部与试验件之间的间隙一般为 1m。根据试验件的具体情况，间隙可调大或调小，但应说明理由。

（3）所施加的试验电压波形一般为电压波形 A，对于关键性类别较高的试验件，应再附加电压波形 D 进行试验。

（4）由于雷电附着点存在着随机分散性，一般同一位置的放电次数不少于 10 次。对于非导电材料试验件，同一点的附着放电一般不多于三次。

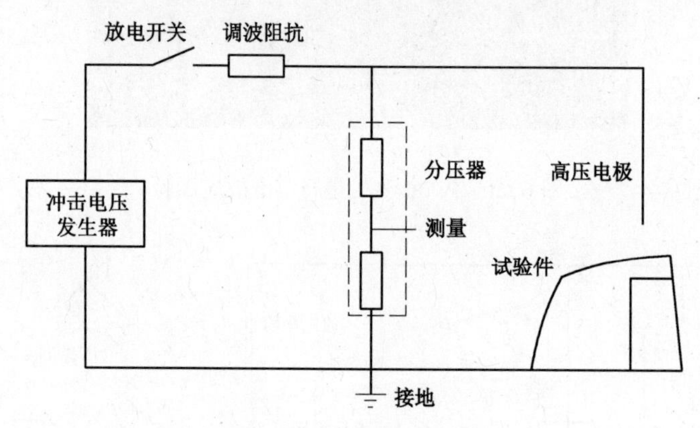

图 6.23　冲击电压试验电路

6.11.5　结构的直接效应试验

结构的直接效应试验也称为雷电流冲击试验。用来确定飞机的结构和零部件，包括传感器、空速管和天线等受雷电附着或雷电流传输所引起的直接效应，即雷电电弧附着时伴随产生高温、高压冲击波和电磁力对试件所造成的燃烧、熔蚀、爆炸、结构畸变和强度降低等。

试验电路按图 6.24 所示的原理接线。

用于鉴定试验的试验件应是批生产部件、全尺寸原型件或在电特性上有代表性的生产型部件模型。试验件在装机状态下与飞机主体相连的导电部件或结构，应该安装或模拟安装并接地。

冲击电流进入试验件的方式有两种：对于区域 1 和区域 2，试验电极与试验件保持一定放电间隙，如 50mm 以上；对于区域 3，则采用传导进入方式，试验电极与试验件直接接触，将冲击电流导入试验件。

每个方位在试验前应确定放电次数,一般为3次。

对于不同的雷电附着区,分别应用不同的电流分量及其组合,以下除注明外,均应以一个连续放电的方式进行试验。

1A区:依次施加电流分量A、B。

1B区:依次施加电流分量A、B、C和D,可以不连续。

2A区:依次施加电流分量D、B和C,总的电流作用时间应限制在50ms以内,或限定在由扫掠冲击试验或分析所确定的时间内(见表6.7注③)。

2B区;依次应用电流分量B、C和D。

3区:依次应用电流分量A、C。

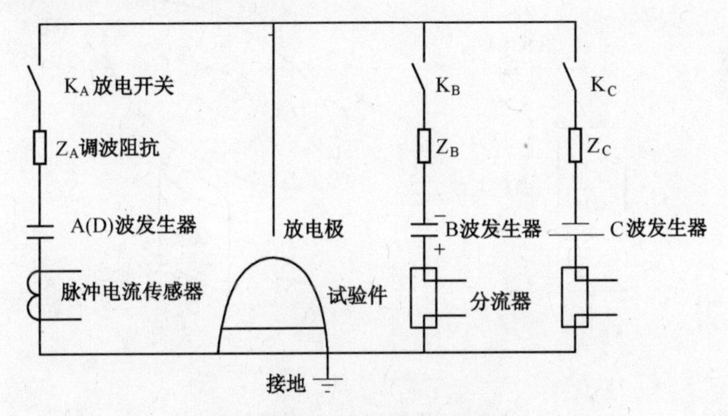

图6.24 冲击电流试验电路

6.11.6 燃油蒸气点火的直接效应试验

用来确定油箱、通气口、加油口、加油口盖以及可能与燃油蒸气相接触的其他部件上发生雷电附着或通过雷电电流时,燃油蒸气点火的可能性。

试验电路、试验件、试验电流的进入方式以及试验电流分量的施加方式等要求,与方法“结构的直接效应试验”的内容相同。对于燃油箱试验件,应带有加油口盖、油量传感器或其他相应部件。所有的油漆、涂料和密封胶,均应与装机状态一样。

用照相或摄像的方法记录有无电火花。

6.11.7 电晕和流光的直接效应试验

用来确定燃油通气口、放油口、雷达罩、天线、座舱盖以及暴露在雷电环境中的部件上的电晕和流光。

试验设备为能产生电压波形B的冲击电压发生器,所输出的电压幅值应足以产生 500kV/m 的均匀电场。

试验电极应为平板状或圆盘状，其面积应大于试验件的投影面积，应使得试验电极和试验件之间能获得分布尽可能均匀的电场。

试验件应是批生产部件、全尺寸模拟件或装在支架上能模拟飞机实际状况的一组结构件。试验时可根据现场情况或将试验件接地，设置足够大的电极，或将试验件接电极，利用大地成为平板电极。图 6.25 为试验件接地时的一种原理接线图。无论那种接线方式，试验件总是接正极。

用照相或摄像的方法记录电晕或流光。

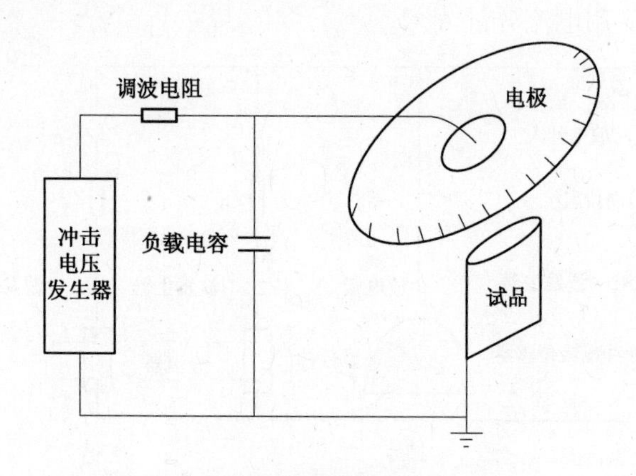

图 6.25　电晕和流光的直接效应试验

6.11.8　外部电气设备的间接效应试验

用来确定安装在飞机外部的电气电子设备，如天线、航行灯、电加热的传感器和风挡等遭到雷击时所引起的间接效应，即当雷击放电时伴随产生的强电磁脉冲感应所引起的过电压或过电流对试件造成的损坏和干扰。

试验设备包括能产生电流波形 E 的冲击电流发生器。

试验件应安装在电磁屏蔽室的表面，与其在飞机上的安装方法相似。试验件的电气引线应通入屏蔽室内，并与置于屏蔽室内的测量和记录仪器进行信号连接。

试验系统可按图 6.26 所示的原理和示意进行接线与安装。按试验件在空间遭到雷击时的电流进入位置注入所要求的冲击电流，并依次测量试验件内各电气引线上的感应电压和电流。

当用电流波形 E 进行试验时，放电电极可与试验件直接接触连接。若该试验与直接效应试验同时进行时，应按直接效应试验的要求留出放电间隙。

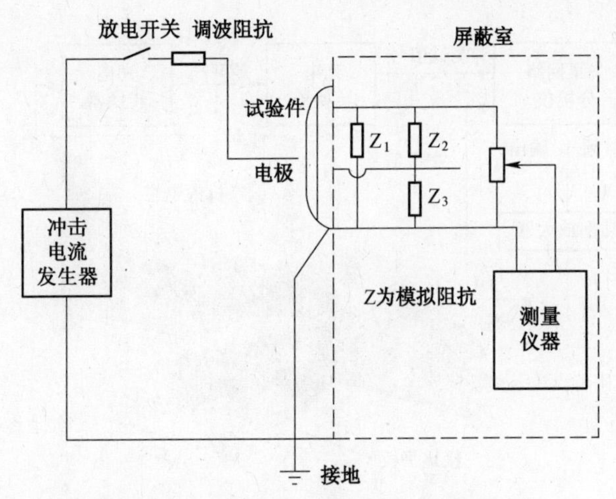

图 6.26 外部电气设备的间接效应试验

6.11.9 整机雷电间接效应试验

雷电间接效应是指飞机遭遇雷击时,在飞机内部电子/电气系统的线束及导线上感应出复杂的瞬态电压及电流波形,这种干扰会导致电子设备功能紊乱,甚至影响飞机安全飞行。干扰耦合途径及感应的波形与飞机本身的特性有关,如飞机结构、结构材料、机身上的电磁开口、线缆敷设路径、线束屏蔽特性及电路特性等。雷电间接效应整机试验用于测试与评估这种干扰程度。

图 6.27 是大型飞机整机间接效应扫频测试的系统示意图,测试时,在飞机下面铺上金属接地平板,提高飞机对地的电容,并提供电流注入的接地回路。绝缘垫放在被测飞机起落架下,用于飞机与地之间的电隔离,确保雷电流通过机身回到接地平面。典型的飞机电流注入点为飞机前端,终端点可为尾部或两侧机翼末端,终端点连接到接地平板。

飞机整机系统雷电间接效应试验方法有“扫频测试”和“电流脉冲测试”两类,扫频测试是用来测量瞬态感应电压和电流与飞机注入电流之间的转移函数。扫频测试使用低幅度的注入电流,雷电瞬态响应包含幅度和相位信息,可采用覆盖雷电频段的矢量网络分析仪进行测量。

整机级雷电间接效应试验典型测量包括单根导线的开路电压测试(V_{oc})、单根导线的开路电流测试(I_{sc}),以及线束电流测试(I_{bc})。整机雷电试验最终结果是为了得到飞机内部线缆的雷电时域感应电流。

整机级雷电间接效应试验使用低电平的脉冲电流 A 波和 H 波形进行注入,如试验注入的峰值电流为 2kA,用示波器测出在线缆中感应出的电压和电流瞬

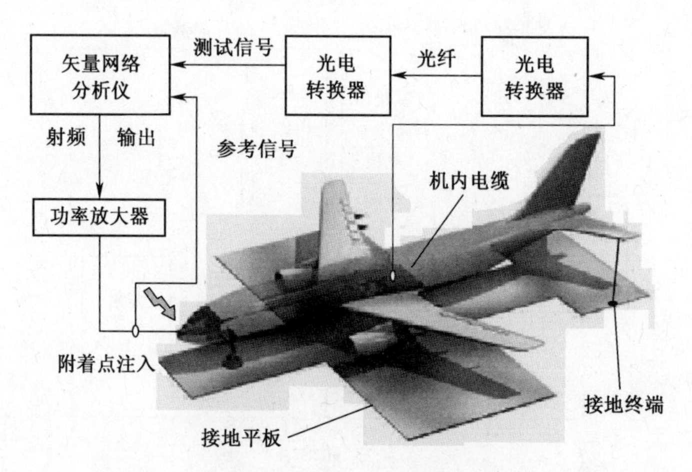

图 6.27　飞机整机间接效应扫频测试的系统示意图

时值，然后通过波形校正，线性外推到飞机遭受 200kA 实际雷击作用时线缆上的瞬态电平。

6.12　系统对外部射频电磁环境适应性试验

系统对外部射频电磁环境适应性试验又称为外部强电磁辐射敏感度试验，主要研究系统受到强电磁辐射时能否正常工作，是否出现硬件受损、软件受扰和产生误动作等情况，同时还要测试电磁辐射对人员、军械和燃油的危害。如还有安全裕度要求，可对被测系统施加增加安全裕度要求值后的电平值（如 6dB），进一步进行试验评估。

GJB1389A 规定，系统应与规定的外部射频电磁环境兼容，以使系统的工作性能满足要求。外部射频电磁环境包括（但不限于）来自于我方、友方、敌方的发射机产生的电磁环境，另外还包括核爆炸、电磁脉冲炸弹、雷电等产生的瞬态电磁脉冲辐射。

复杂强电磁辐射环境下，系统级辐射敏感度测试包括四种试验方法（全电平辐照法、低电平法、混响室法和模拟器法），主要进行与 HIRF 和瞬态电磁脉冲的干扰试验。

按照 GJB8848 中 4.6.4.4 和 4.6.4.5 的要求，被测设备应优先选用全电平辐照法进行均匀辐照试验，条件受限时，可采用分段局部辐照。在试验设备和条件限制不能进行全电平辐照时，可使用低电平法等替代方法。低电平法包括 LLSF 和 LLSC，由于被测系统（System Under Test，SUT）的电缆耦合和屏蔽壳场耦合一般同时存在,因此 LLSF 和 LLSC 一般应配合使用,两个试验均合格,才可认定 SUT 试验合格,且选择 LLSC 时,应满足相应的线性外推关系。各方法的适用性见表 6.8。

表 6.8　外部射频电磁环境敏感性试验方法适用性

试验方法		适用对象	适用频率范围
全电平辐照法		适用于各武器装备,包括飞机、舰船、空间和地面系统等	10kHz~45GHz
低电平法	LLSF	外部有屏蔽体的 SUT	100MHz~18GHz
	LLSC	互连电缆或电源电缆暴露在外部射频电磁环境场的 SUT	10kHz*~400MHz
差模注入法		主要通过天线耦合、同轴电缆耦合及双线电缆耦合的 SUT	10kHz~18GHz
混响室法		混响室可容纳的武器等系统	80MHz~45GHz,频率取决于混响室尺寸

* 10kHz 或 SUT 的第一谐振频率,取高者

6.12.1　全电平辐照法

全电平辐照法与 GJB151B—2013 中 RS103 测试项“对单台设备和子系统的电磁敏感度测试方法”相同,是一种直接试验方法,该方法可以在较大空间产生峰值场强达数千伏每米的时谐场,用于对各种尺寸被测件的辐射敏感度试验。全电平辐照法实现难度较小,但对硬件(如大功率功放)要求高。

对于工作在自由空间环境下或受周围环境影响可以忽略的 SUT,应采用全电波暗室进行辐照试验。对于工作于非自由空间环境下的 SUT,采用半电波暗室进行辐照试验。当电波暗室不能满足试验要求时,可选择在开阔试验场中进行试验。

一种典型的开阔场全电平辐照法试验装置如下组成:在一块开阔场地,中间直径 50m 左右的平地上铺设导电金属(如不锈钢网,钢板等),中间安装一个直径 10m 左右的一维转台,承重为被测设备重量;试验场(50m 直径)周边布置 1MHz~26.5GHz 的辐射源,发射系统放在 3~5m 高的塔架上;整个试验运行由操作人员在控制室进行控制,包括多个发射机、场强监测系统、转台等的控制。

开阔场辐照法可以解决大尺寸武器装备(其横向边界远大于 3m)在强电磁

环境下辐射敏感度测量的难题。美军白沙武器试验场采取的方案与此类似。这种方案的优点是多个不同频段的发射源可同时辐照被试系统,与实际情况相近。其缺点是产生高强度电磁场需配置的发射源功率非常大,且试验场对环境的电磁污染较严重,试验的保密性也较差。

对于飞机、航天器等,在开始试验前,要根据试验需要,拆除电爆装置,或用惰性品代替,注意改造应确保电磁特性相同。对于舰船,可对暴露在外部射频电磁环境下的电子设备、各类传感器等设备和子系统进行整体或局部辐照,通过对结果的分析和评估,得出舰船的外部射频电磁环境敏感性结论。

图 6.28 为暗室内的高功率微波辐照等效试验配置。对 SUT 进行辐照,记录模拟源状态参数、SUT 状态、辐照方向或位置等,按照要求监测 SUT 的性能指标变化情况,记录被测系统、设备或子系统产生的扰乱或损坏的现象及其产生条件,确定被测系统、设备或子系统的安全裕度。

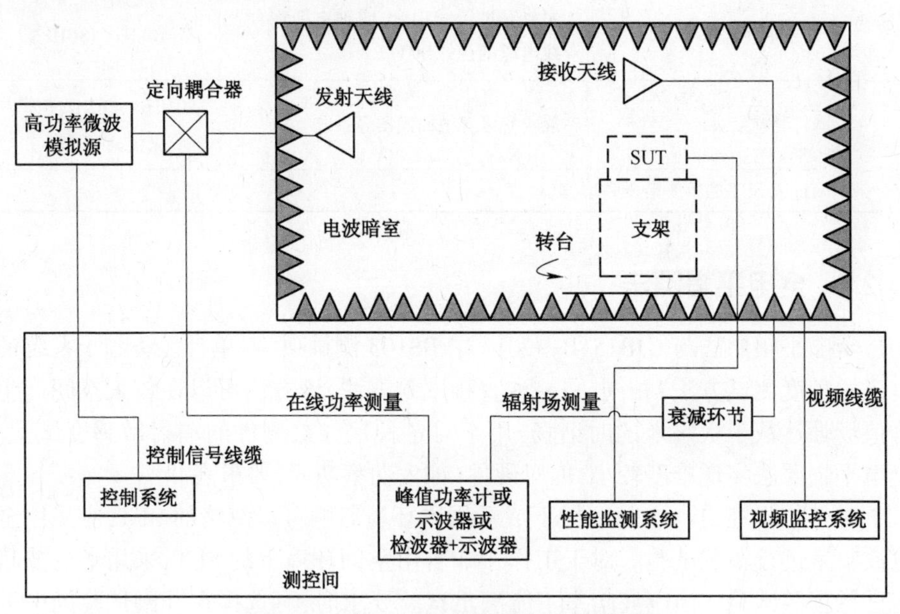

图 6.28 高功率微波辐照等效试验配置

1. 照射距离

发射天线距测试配置边界的距离通常为 3m。如果发射天线与测试配置边界距离为其他值,应在试验报告中予以说明,且发射天线距测试边界的距离不小于 1m。

2. 照射位置

电磁场照射位置的选取应尽可能使 SUT 全方位被照射。若实际受到的辐射情况已知，在大纲中应明确照射位置。否则根据施加电磁场的频段不同，按如下规则选取照射位置：

(1) 10kHz~30MHz 频段：照射位置宜选取 SUT 的前面、后面和侧面，至少四个方位，如图 6.29(a) 所示；30~225MHz 频段、225MHz~45GHz 频段，照射位置宜选取在 SUT 水平及垂直面 360°圆周内至少前面、后面和每一侧面，难以对底部进行照射的系统，宜在 SUT 的前面、后面和侧面，至少四个方位进行水平和垂直照射，如图 6.30 所示。

(2) 当测试配置边界两边缘距离 D(单位为 m)大于 3m 时，应取多个照射位置，照射位置数 N 由 D 除以 3 并上取整数来确定，如图 6.29(b) 所示。

(3) 当照射距离不等于 3m 时，照射位置数 N 由 D 除以照射距离和 3 的小者并上取整数来确定。

(4) 对 SUT 外罩不连续处、暴露在外或非屏蔽电缆等位置，应选择相应的照射位置，使发射天线与其对准直接照射，并确保场强变化在 3dB 以内。

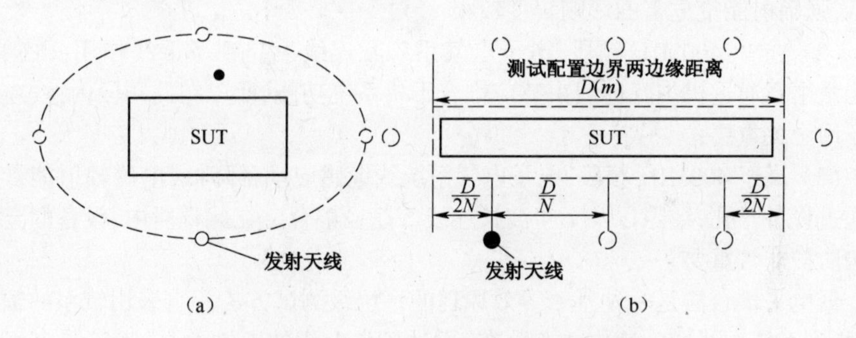

图 6.29　10kHz~30MHz 频段照射位置
(a) 照射位置(D 不大于 3m)；(b) 照射位置(D 大于 3m)。

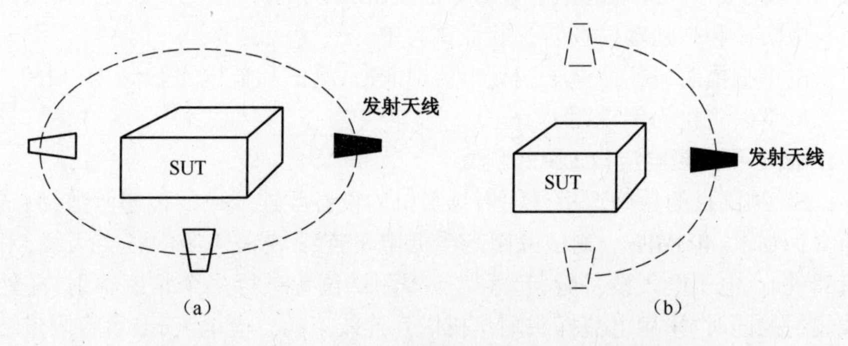

图 6.30　30~225MHz、225MHz~45GHz 频段照射位置
(a) 水平面；(b) 垂直面。

3. 照射的实现

可通过以下方式实现对 SUT 的照射：

(1) 当发射天线可自由移动时，通过移动发射天线改变照射位置来实现对 SUT 的照射；

(2) 当发射天线难以移动时，通过移动 SUT 改变照射位置实现来对 SUT 的照射。

6.12.2 低电平耦合法

若按照标准规定的强电磁辐射电平要求模拟试验条件，则需要投入大量经费去构建满足开阔场地的系统级高强电磁辐射测试系统，并且在试验过程中，对武器和人员安全防护、电气安全防护等提出了很高要求。

外部强电磁辐射场耦合到武器装备电子电气系统的影响可概括如下：

(1) 低于 1MHz 的电磁能量在电子电气系统及其互连线束的感应耦合效率较低，强辐射能量危害的影响程度较小；

(2) 在 1~400MHz 频段，电子电气系统互连线束起到了天线作用，电磁辐射能量主要通过机内互连线束感应耦合干扰系统功能，所以在此频段内，线缆防护作用至关重要；

(3) 高于 400MHz 频段，电子电气系统线缆感应耦合降低，电磁辐射能量主要通过设备开孔、缝隙以及 1/4 波长连线等途径耦合。在此频段内，设备的金属结构防护非常重要。

低电平耦合法是一种基于等效原理的系统级测试方法。它采用较小的辐射场，得到系统内线缆的感应电流分布，通过场与电流的递推关系，间接得到强辐射场下的结果。低电平耦合试验技术具有测试系统简单、成本低、对环境和试验人员的影响小、在开阔场地中可移动等优点，在国外已广泛应用于飞行器的雷电间接效应防护和高强辐射场防护验证试验中。

低电平扫描法包括低电平扫频电流(LLSC)测试和低电平扫频场(LLSF)测试等。以下以飞机为例说明。

1. 低电平扫频电流(LLSC)测试

LLSC 测试目的是确定机外辐射场与机内设备互连线束的传递函数，测试频段通常为 0.1~400MHz。测试采用产生低电平连续波辐射场的各类天线，对着飞机驾驶舱、电子电气设备舱、起落架舱等测试位置进行多个角度辐射，在外部天线辐射的同时，采用电流探头测量机内互连线束的感应电流，最后将测量结果换算成 1V/m 的感应电流曲线，即为被测线束的归一化传递函数。测试前，在开阔测试场地按照辐射天线与被测位置的距离至少为机身长度或翼展的 1.5 倍

(取其较大者)间距进行校准,以保证测试时机体引起辐射场的变化小于3~4dB。图6.31为LLSC测试示意图。

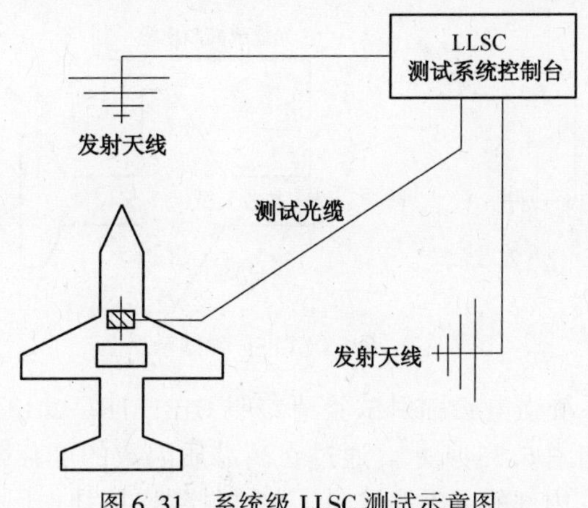

图6.31 系统级LLSC测试示意图

低电平扫描电流法中,获取辐射场强与引线上感应电流的耦合递推函数是问题的关键。研究表明,感应电流与场强在很大的动态范围内保持线性。通过递推函数就可以得到不同场强下的线束电流,接下来只需在引线上注入相应电流,就可起到辐射场照射的效果。这种线束电流共模耦合注入方法称为大电流注入法(BCI)。

2. 低电平扫频场(LLSF)测试

在100MHz~18GHz频率范围,带有屏蔽外壳的系统如飞机、舰船舱室、火箭等受到外部电磁场干扰时,往往采用屏蔽效能测量方法来评估。由于屏蔽壳体内结构复杂,为减少测量点,通常利用小搅拌叶轮获得统计均匀的内部电磁场。在不同频率时屏蔽和传输的总衰减是不同的,测量这种衰减只需用低电平进行频率扫描,因此又称为低电平扫描场强法(LLSF)。当已知平台外部辐射场电平后,减去此衰减量后即是平台内设备所在处的场强。可见,LLSF适用于带有屏蔽界面的系统在100MHz~18GHz频率范围内的高强辐射场照射下的辐射敏感度测试。

通常发射天线与机内接收天线的间隔距离为10m,这也是测试前校准时,发射天线与接收天线的间隔距离。测试包括水平和垂直两种极化状态。图6.32为测试示意图。

6.12.3 混响室法

混响室原理在第1章已经介绍过。

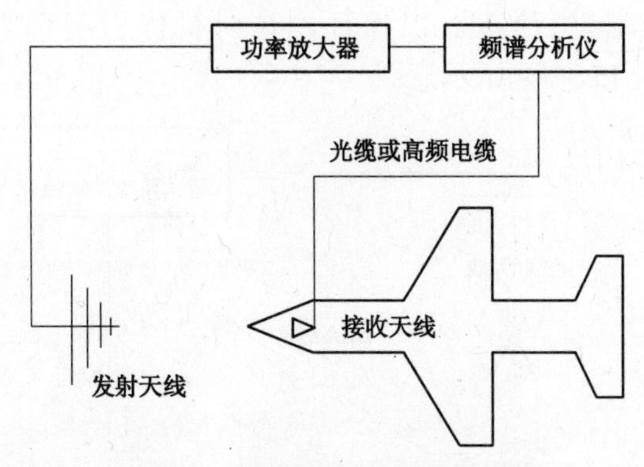

图 6.32　系统级 LLSF 测试示意图

混响室内的系统强电磁辐射试验请参照 GJB151B—2013 附录 D 执行。混响室法测试原理如图 6.33 所示。通过在高品质因数的屏蔽壳体内配备“搅拌器”，以不断地改变内部的电磁场结构。在“搅拌器”搅拌作用下，混响室内任意位置电磁场的能量密度、相位、极化和入射方向均按一定的统计分布规律随机变化，并且在“搅拌器”搅拌一周情况下，内部电磁场统计均匀。

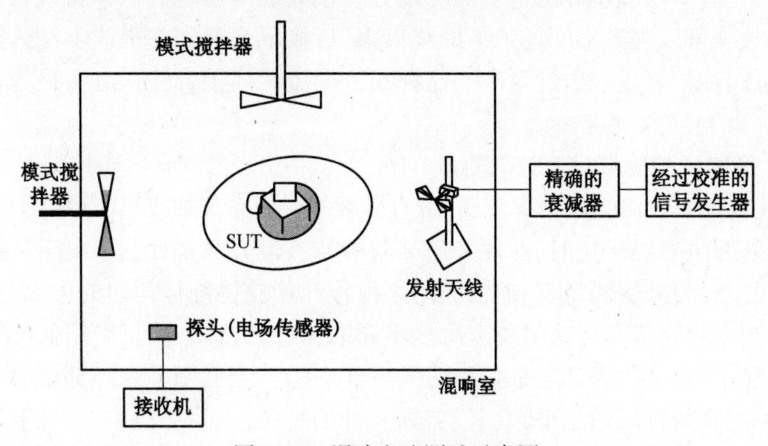

图 6.33　混响室法测试示意图

混响室测试的优点很多。因为混响室产生的电磁波场强、极化方向在测试空间中是统计上的均匀分布，所以测试时是多点多方位的同时测试，垂直极化和水平极化也不需分开测试，故该方法可以真实地模拟实际环境中复杂随机的电磁场；混响室产生的是统计均匀、各向同性的电磁场，测试不需移动或转动被测设备；混响室还可以通过采用多天线同时发射来增加测试场强，即可以用几个小的功率放大器来替代一个大的功率放大器。混响室可以在有限空间产生峰值强达数千伏每米的时谐场，可用于较大系统的辐射敏感度及其他试验。

6.12.4 模拟器法

来自核爆炸、电磁脉冲炸弹、雷电等产生的瞬态电磁脉冲,对电子设备、武器装备构成了严重的威胁。其中高空核爆电磁脉冲(HEMP)的 E1 成分,其频谱覆盖了中频(MF)、高频(HF)、甚高频(VHF)和一些特高频(UHF)等频段,具有辐射范围广、强度大、频谱宽等特点,可以通过天线、孔缝、线缆等的强耦合作用,对各种电子设备和系统造成暂时和永久损伤,具有强大的破坏效应。

尽管采用计算机进行辅助分析和预测,可以为 EMP 加固设计提供指导,但由于模型预测往往没有足够的精度。所以,采用 EMP 试验模拟技术对可能受到 EMP 影响的设备进行测试和评估是一种可靠的方法。此方法在国内外已被广泛采用。

EMP 试验模拟可分为 EMP 传导模拟和 EMP 辐射模拟。

EMP 传导模拟常采用感应或注入表面电流模拟穿透场和注入电流模拟。EMP 传导模拟可参考之前的低电平耦合法。此处介绍 EMP 辐射模拟试验技术。

EMP 辐射模拟器是产生瞬态电磁环境的重要设备,它可以产生峰值电场强度高达数十千伏每米的强脉冲场,用于电子系统辐射敏感度测试。模拟器法具有试验空间大,场均匀性好等优点。EMP 模拟器中,高压脉冲源和辐射天线是关键设备。

EMP 辐射模拟器分为有界波 EMP 模拟器和辐射波 EMP 模拟器。一般情况下,被测系统应分别在水平极化和垂直极化的 EMP 模拟器中进行威胁级辐照试验。

EMP 模拟试验中,被测设备可采用全尺寸模型或缩比模型进行试验。

电磁脉冲试验的波形可以用双指数脉冲函数表示:

$$E(t) = kE_0[\exp(-\alpha t) - \exp(-\beta t)]$$

其中:E_0 为场强峰值;α 、β 为上升和持续时间常数;k 为修正系数。

图 6.34 是国军标 GJB151B 中 RS105 项“瞬态电磁场辐射敏感度测试”所规定的一种典型瞬变电磁脉冲的极限图。

1. 有界波 EMP 模拟器

有界波 EMP 模拟器本质上是一种导波机构,激励源产生的高压脉冲通过开放的波导传输,在上下两面相互平行的金属导波板之间存在的是行波状态的横电磁波,最后被负载吸收。在波的传播过程中,模拟器结构形成了导波的边界,故称为有界波模拟器。

有界波 EMP 模拟器可大可小,大的可供飞机测试用,小的可放在试验台上。

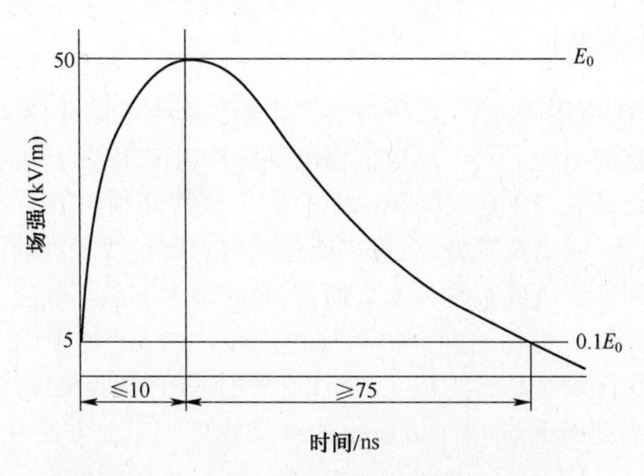

图 6.34　GJB151B 中的瞬变电磁脉冲的极限图

有界波 EMP 模拟器的基本结构大体分为两种：一种是有平行段有界波模拟器，它的两端为锥形过渡段，中间为平行段，被测设备既可以放在平行段，也可以放在锥形过渡段，这种结构尺寸可以做得很大，可以达到一两百米长、十几米高，但脉冲上升时间一般都在 10ns 以上；另一种是锥形结构有界波模拟器，它只利用前一种结构的锥形过渡段，不存在平行段，终端接匹配负载并设置吸波材料。

有平行段的有界波模拟器的典型结构如图 6.35 所示，其基本组成包括脉冲源、前过渡段、平行段、后过渡段和终端负载几个部分。

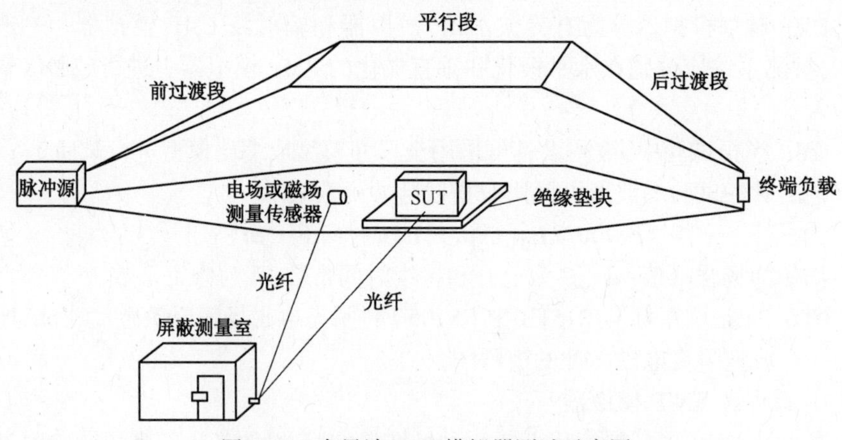

图 6.35　有界波 EMP 模拟器测试示意图

有界波模拟器的工作空间是向两侧开放的，这样的结构不仅降低了造价，更重要的是克服了封闭金属壳体的一些弊端，例如出现腔体谐振现象。大型的有界波模拟器，传输线的上极板均采用金属线栅代替金属板，图 6.36 所示为一种小型有界波模拟器。这样不仅避免了金属板的边缘效应和高压击穿问题，还提高了在室外条件下的承受风载的能力。

图 6.36　金属线栅式有界波 EMP 模拟器实物

有界波 EMP 模拟器放置试件的工作空间，提供了一个较为理想的近似于单一平面波的环境，因此常用于模拟高空核爆炸源区外自由空间的辐射场环境，用以对导弹和飞机（按飞行态）等进行试验。

美国 ATLAS（又名 Trestle）模拟器建成于 1980 年，是迄今为止世界上规模最大的有界波模拟器，用以对不同型号的导弹、飞机进行全尺寸模拟试验。它是一个木质结构试验台，由两台 ATLAS-Ⅰ及 ATLAS-Ⅱ的脉冲发生器组成，电压分别为 4MV 及 10MV，用以产生场强分别为 100kV/m 和 50kV/m 的水平场和垂直场。图 6.37 是美国利用 ATLAS-Ⅰ对 B-52 轰炸机进行 EMP 试验的照片。由于 ATLAS 的使用成本很高，已被成本低廉的计算机仿真模拟方法取代。

其他常用的有界波结构还有 TEM 小室、GTEM 小室等，但由于试验区域较小，常用于设备、子系统级试验。

在采用有界波 EMP 模拟器进行试验时，SUT 的高度应小于模拟器工作空间高度的一半，为模拟自由空间的状态，SUT 可用绝缘材料支撑。SUT 相对于电场方向至少有两种不同的布放方位，如分别设置 SUT 的纵轴平行和垂直于电场方向。采用基于光纤传输的测量系统测量 EMP 感应电场、磁场、电流和电压，采用示波器记录测量数据，采用计算机存储和处理测量数据。有界波 EMP 模拟器的试验频率范围适用在 1GHz 以下，信号动态范围为 0~120dB。

图 6.37　美国 ATLAS-Ⅰ有界波 EMP 模拟器

2. 辐射波 EMP 模拟器

辐射波 EMP 模拟器可提供包含地面反射在内的 EMP 环境,主要用于地面车辆、舰船、待发射状态的导弹等 EMP 试验,也可用于其他系统的 EMP 试验。

辐射波 EMP 模拟器本质上是一种辐射机构,激励源产生的高压脉冲通过天线系统将电磁能量辐射出去,在试验区域产生相对均匀的 EMP 场。辐射波 EMP 模拟器试验区域较大,可以进行系统级试验。

辐射波 EMP 模拟器由高压脉冲源、混合天线系统(双锥天线、笼型天线)、场测量系统等构成。根据被测系统摆放的位置,可分为两种测试结构。

一种是被测系统摆放在天线的正下方,这种测试系统结构是半环形,如图 6.38(a)所示。围绕半环形天线的圆心位置处的入射场波阻抗近似等于平面波波阻抗。

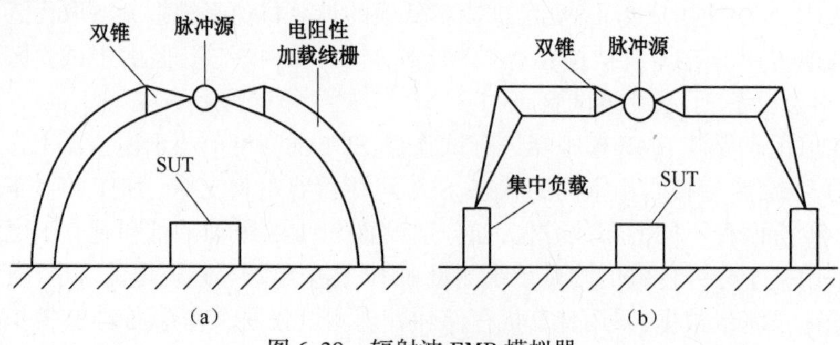

图 6.38　辐射波 EMP 模拟器

(a)半环形;(b)梯形。

图 6.39 所示为波音 707 摆放在半环形辐射波 EMP 模拟器的中心位置做试验。

图 6.39　波音 707 在做辐射波 EMP 试验

另一种是被测系统摆放在天线的一侧,这种测试结构是梯形,如图 6.38(b)所示。脉冲高压源产生的高压脉冲通过天线系统将电磁能量辐射出去,可以在天线两侧周围产生面积大约 40m×40m、场强约为 $2\sim5\times10^4$ V/m 的试验环境。这种常用于测试更大的系统如舰船。

在对舰船进行实船 EMP 辐射试验时,EMP 模拟器由水平、垂直两种天线组成。水平长天线(梯形)用来辐射水平极化脉冲,垂直锥形天线用来辐射垂直极化脉冲。水平极化脉冲沿舰船水平构件产生射频电流,而垂直极化脉冲耦合到垂直构件,例如桅杆、烟筒、武器装备和上层建筑等设施上。在试验期间采集测量结果并外推,以预测实际的 EMP 的威胁。图 6.40 所示为美军的辐射波 EMP 模拟器 EMPRESS-Ⅱ系统中的垂直锥形天线。

下面为某舰船的系统级电磁脉冲防护试验概述。

试验实施前需提前划定试验海域,要求半径 20km 内无固定电子设施,实行禁空禁航;脉冲模拟器包括水平极化辐射波模拟器和垂直极化辐射波模拟器,要求有效试验区域 160m×30m,满足整舰照射要求;测量系统由电流、电压、场强和环境监测设备组成,布设于被试舰船和海面指定位置,用于对试验数据进行高速实时采集和处理。

试验包括三个内容:部件有界波 EMP 效应摸底试验、全舰辐射波 EMP 效应

图 6.40　美军的 EMPRESS-Ⅱ强电磁脉冲测试系统中的垂直锥形天线

验证试验和特定部位等效电流注入分析试验。其中全舰辐射波 EMP 效应验证试验包括三个阶段。

(1) 试验初始时为摸索阶段,可通过控制辐射源的输出功率或调整被试舰船的锚泊距离,在极低(感应级)场强下检验舰上敏感易损系统是否有损坏或工作异常,确保模拟器和测量通信系统功能正常。

(2) 下一阶段为基本阶段,还是在相对较低(干扰级)的 EMP 场强下采集试验数据,并用于耦合分析。传感器测量部位主要包括舰上露天部位的电缆和结构、潜在易损电路、雷达通信设备、与上层建筑相连接的电缆及内部舱室、火控系统和非易损接口。将采集的数据作为入射场函数,外推威胁级场强下系统和各个设备的损毁阈值,在后续试验中加固安全裕度用以评估整舰在实尺寸场下的生存性。此阶段耗时较长。

(3) 最后为作战试验阶段,是在威胁级强 EMP 场强下,评估战斗工况过程中舰船的生存和作战能力。该阶段,舰船需承受一个 25kV/m 和一个 50kV/m 的脉冲场强,重点是检验系统和设备是否能正常工作,是否出现损毁的情况,能否复位。

试验过程中还需注意以下问题:触发信号的获取、场环境的检测、被试舰船的状态设定以及不充分试验部分的电流注入补充分析。

舰船的系统级辐射波 EMP 试验的场地如图 6.41 所示。

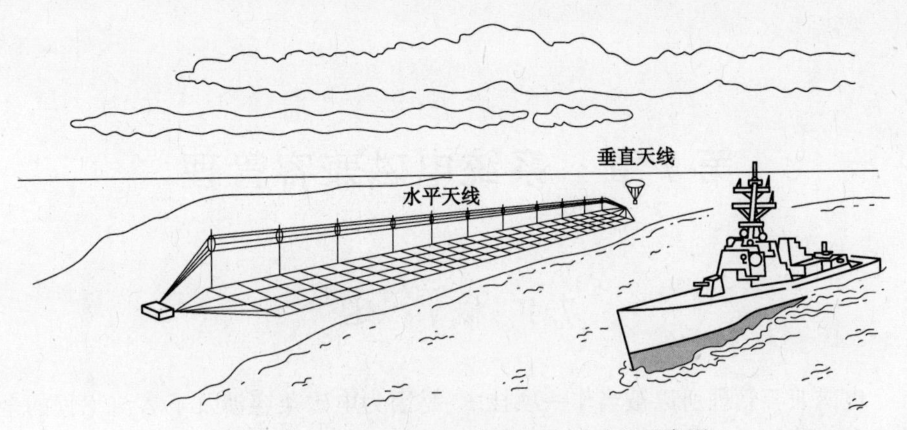

图 6.41　海军舰船进行辐射波 EMP 试验的示意图

第7章　系统电磁兼容管理

7.1　概　　述

电磁兼容管理所以被当作一项技术，是因为电磁兼容涉及了参与工程的全体人员和研制过程的各个环节。

武器装备的研制是一项复杂的系统工程，研制过程中有众多单位和人员参加，需要研究的内容涉及武器装备各组成部分之间的相互影响，还要涉及武器装备与使用环境之间的相互影响。人为和自然造成的复杂电磁环境，频谱的应用，系统总体、天线乃至设备和电路的布局，材料的选择与应用，结构、性能参数的选择，装备的安装、生产，以及操作、使用和维修等方面均可能对装备的电磁兼容性能产生重大影响。

在武器装备的使用过程中，造成不兼容的原因可归结为以下两点：

(1) 武器装备没有依据预定的使用电磁环境进行电磁兼容设计；

(2) 在武器装备的研制和使用过程中，缺乏对电磁兼容工作的管理、计划和控制。

电磁兼容涉及的专业领域多，影响面广，分析和处理好各方面的关系是一项复杂和繁重的工作，需要使用方和承制方的共同研究；需要承制方各有关部门的相互协调；需要工程研制管理部门的监督、控制和指导。这些工作要贯穿于武器装备的研制、生产、使用的全寿命周期，特别是在装备研制的设计和试验的活动中。因此，电磁兼容管理要有全面的计划，强调从工程研制之初开始，从工程管理的较高层次抓起、建立电磁兼容的工程管理协调网络和工作程序，确立各研制阶段的电磁兼容工作目标。突出重点，加强评审，提高电磁兼容工作的有效性。

7.2　电磁兼容管理的内容和方法

7.2.1　电磁兼容管理的内容

保证武器装备具有良好的电磁兼容水平，主要是研制单位的责任，研制单位要履行这一责任，必须在设计、制造过程中，开展一系列活动，采取一系列措施，以控制和防止电磁兼容问题的产生。

影响武器装备系统电磁兼容水平的因素很多，如图 7.1 所示。为了保证装备系统内、外部的电磁兼容，保证装备的电磁兼容要求与其主要性能要求相协调，需要同使用方充分协商电磁兼容要求的确定及其最后的实现，需要同使用方进行充分的协商，需要工程管理部门的宏观调控。在武器装备全寿命期过程中，还有许多与电磁兼容相关的活动。因此，需要应用系统的方法，实施全面管理。

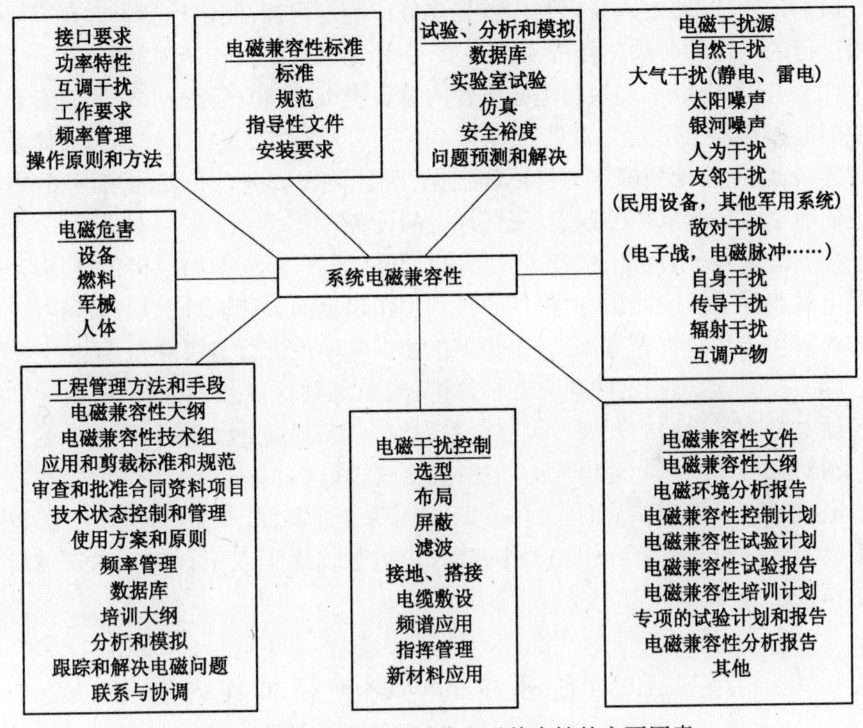

图 7.1　影响武器装备系统电磁兼容性的主要因素

全寿命期中电磁兼容管理的主要内容有如下几个方面：

(1) 制定和实施电磁兼容大纲和电磁兼容控制计划，明确各阶段电磁兼容的各项工作和进度；

(2) 建立电磁兼容管理和协调网络及工作程序，落实职责和权限；

(3) 选用和剪裁相关的标准和规范，制定合理的电磁兼容要求；

(4) 正确运用电磁兼容预测与分析技术，降低工程决策风险；

(5) 电磁兼容设计纳入到系统和设备的功能设计中；

(6) 加强阶段分界点和阶段中的评审；

(7) 保证开展电磁兼容工作的合理经费;
(8) 保持持续的电磁兼容技术状态控制;
(9) 对有关人员进行电磁兼容管理培训。

7.2.2 电磁兼容管理的方法

电磁兼容管理是建立和运行一个管理系统,通过这个系统的有效运转,保证电磁兼容要求的实现。电磁兼容管理的基本手段是计划、组织、监督和控制。

(1) 计划:开展电磁兼容管理首先要分析确定目标,制定达到电磁兼容要求必须进行的工作和各项工作的实施要求,估计完成这些工作所需的资源。

(2) 组织:确定工程项目电磁兼容的总负责人和建立管理网络,明确专职和兼职的电磁兼容工作人员的职责、权限和关系,形成电磁兼容工作的组织体系和工作体系,以完成计划确定的目标和工作,对各类人员进行必要的培训和考核,使他们能够胜任所承担的职责,完成规定的任务。

(3) 监督:利用报告、检查、评审、鉴定和认证等活动,及时取得信息,以监督各项电磁兼容工作按计划进行。同时,利用转包合同、订购合同、现场考察认证、参加评审和产品验收等方法,对协作单位和供应单位进行监督。

(4) 控制:通过制定和建立各种标准、规范和程序以及其他文件,指导和控制各项电磁兼容活动的开展。设立一系列检查、控制点,使研制过程处于受控状态,及时分析、评价和处理出现的问题,制定改进策略。

电磁兼容管理的涉及面广,环节多,涵盖系统的论证、设计、制造、应用、退役或报废等阶段的电磁兼容相关工作,建议借助数据库和人工智能技术来辅助人工工作,提高效率。

7.3 工程阶段中的电磁兼容工作内容

7.3.1 工程阶段的划分

武器装备的研制和使用一般可分为下列几个阶段:
(1) 论证阶段:主要战术技术指标及可行性论证。
(2) 方案阶段:方案论证、方案设计和样机研制。
(3) 工程研制阶段:初样、试样(试验装备)研制和试验。
(4) 定型阶段:定型鉴定试验、设计定型、工艺定型(生产定型)。
(5) 生产和使用阶段:批生产,装备部队,使用改进和退役处理。
国内各工业部门因特点不同,研制阶段的划分也不尽相同。有的部门将工程研制阶段划分为初步设计和技术设计,也有的将其划分成技术设计和施工设计两个阶段,有的不分定型阶段而是设试验、使用和改进阶段。这些不同主要是由于舰船、航空、航天、车辆以及电子等各工业部门产品不同,设计和生产过程不完全一样,还有的是单件产品,无需经过生产定型过程形成的。尽管如此,一个产品由论证到使用的诞生过程大体是相同的,总是要经过指标的分解论证,技术方案的形成,试样的研制、试验,正样的验收和使用过程。在这个过程中满足产品电磁兼容要求的基本方法大致是相同的。工程越大,产品越复杂,其电磁兼容的工作任务就越重,越要加强电磁兼容管理。为适合研制生产武器装备的各个工业部门,兼顾海、陆、空用装备研制的特点,在更高的层次上,依据国家关于武器装备研制程序的阶段划分规定,将研制过程划分成论证、方案、工程研制和定型阶段,并在其后加上生产和使用阶段,以保证电磁兼容工作在全寿命期中的完整性。

7.3.2 论证阶段

论证阶段的电磁兼容工作一般应包括:

(1) 提出和分析武器装备预期的电磁环境;

(2) 提出武器装备在电磁环境中的一般兼容性要求;

(3) 分析可供选用方案的电磁环境效应;

(4) 分析可供选用方案中有关电磁兼容的费用、风险和对任务完成能力的影响;

(5) 研究频谱利用问题。

本阶段的电磁兼容工作将形成整个武器装备全寿命期中电磁环境效应工作的基础。武器装备未来的作战任务及作战对象将决定着装备未来必须生存和工作的电磁环境。执行不同的作战任务,其电磁环境可能会发生变化。武器装备自身将要配备的电子、电气设备、总体布局等,对其电磁环境的生成和复杂程度起着极其重要的作用。电磁环境是确定电磁兼容要求,采取相应措施的前提。因此,在论证过程中,应根据装备的任务使命和使用部署确定未来的电磁环境。在为达到所要求的工作能力而提出的备选方案中,应论述有关电磁环境效应方面的内容,确定未来的使用电磁环境、备选方案对电磁环境的敏感性和它们对环境的影响,分析备选方案可能会存在的电磁方面的问题,论述其风险和对工作能力的影响、解决的措施和所需的费用。如果需要专门的试验设备和设施,应加以说明,并做出经费预算。

7.3.3 方案阶段

方案阶段的电磁兼容工作一般应包括:

（1）制定电磁兼容大纲；

（2）成立电磁兼容技术组；

（3）制定电磁兼容控制计划；

（4）确定系统、子系统和设备的电磁兼容要求；

（5）选用和剪裁适用的标准；

（6）分析确定各子系统、设备及天线的最佳布置方案；

（7）确定频谱要求，提交频率分配申请；

（8）确定验证要求，制定试验计划；

（9）调整计划进度和经费预算；

（10）进行电磁兼容工作评审。

方案阶段确定研制和采办工程项目的技术和经费基准，包括确定所要求的工作能力、原则和具体的材料要求等，明确需要研究的关键技术问题和使用问题，并进行原理性样机研制与试验，最后得出切实可行的研制方案。上报有关部门审查批准后，成为设计、试制、试验、定型工作的依据。

本阶段的电磁兼容工作，将对整个寿命期产生重大影响。工程项目的主管人员应会同有关部门制定该工程项目的电磁兼容大纲，对今后工程项目研制过程中的电磁兼容工作作出统一和整体上的安排，制定开展电磁兼容活动的政策、原则和管理方法。

电磁兼容大纲是电磁兼容控制计划的依据，控制计划是大纲的具体深化和实施保证。

对于不太复杂的装备，大纲与控制计划可合二为一。对于复杂的、研制周期长的武器装备，控制计划可以分阶段制定，也可根据需要分别制定若干计划。

7.3.4 工程研制阶段

本阶段的电磁兼容工作一般应包括：

（1）实施电磁兼容控制计划，在功能设计的同时进行电磁兼容设计；

（2）进行模拟、试验，改进和完善设计；

（3）对设备、子系统和子系统间进行电磁兼容考核试验，验证是否符合合同中的有关要求，提交试验报告；

（4）评审电磁兼容超差申请，分析工程更改对电磁兼容性能的影响；

（5）综合分析装备整体电磁兼容性能；

（6）确定生产工艺和安装过程中保障电磁兼容性能的问题；

（7）编制装备频率使用管理文件；

（8）使用、维修文件中纳入有关电磁兼容的问题，以保证装备电磁兼容性的完好性；

（9）进行电磁兼容工作评审。

本阶段是要按照武器装备未来的任务、环境和具体的指标要求设计和制造产品。产品必须给予充分的试验和评定，以验证设计不仅满足规范，而且能在使用环境中满意地执行规定的任务。同时，本阶段必须提供文件，包括试验和分析报告，以做出能否定型和生产的决策。

设计研制过程中，由于种种原因可能需要对原有的方案进行一定的修改。这时需要分析工程更改是否会对电磁兼容产生影响。一项表面上似乎与电磁兼容没有什么联系的更改，可能会导致严重的电磁不兼容问题。这些分析很大程度上依赖于分析人员的经验，以及对过去及现在有关信息的掌握情况。电磁兼容技术组在此项工作中应发挥重要的作用。

7.3.5 定型阶段

定型阶段的电磁兼容任务一般应包括：

（1）按照批准的定型试验计划，进行电磁兼容定型鉴定试验，确认是否满足合同规定的有关电磁兼容方面的要求；

（2）审查电磁兼容有关文件的完备性；

（3）提交电磁兼容综合评价报告，作为批准定型的依据之一。

定型试验计划应事先经有关部门的批准。为保证时间和费用的效益，应该综合安排鉴定试验中的电磁兼容试验，确定哪些可以同其他鉴定试验一同进行，哪些需要专门的电磁兼容考核。本阶段试验验证的重点，在于装备总体上能否达到电磁兼容，整体上具备哪些特性和存在哪些问题，以使其能够得到进一步的解决。

为使设计中装备具有的电磁兼容性可在生产和使用中得以保持，需要一系列的文件将有关内容转交给生产和使用方。同时，也将保持和实现电磁兼容的责任转交给了生产或使用方。这些文件包括保证电磁兼容性的生产工艺规范、安装要求或指南，装备频率使用文件。装备使用文件和维修文件中纳入的实现和保证电磁兼容应注意的问题，对操作人员的培训计划中与电磁问题有关的内容，包括电磁问题的识别和解决等。这些文件，包括对装备最终的电磁兼容性综合评价报告一起，应在进行定型决策时接受审查。

7.3.6 生产和使用阶段

本阶段的电磁兼容工作一般应包括：

（1）严格按照工艺文件和安装要求中保证电磁兼容性的要求进行生产，并加强检验；

(2) 进行专门的电磁兼容验收试验；

(3) 保持对电磁兼容的技术状态控制；

(4) 实施使用操作人员和维修人员的培训计划；

(5) 实施频率管理和使用计划；

(6) 维修中保持电磁兼容性能；

(7) 建立装备电磁兼容的检测、使用及维修的信息反馈系统，报告使用和维修中的电磁问题；

(8) 装备加改装时，特别是增加电磁能量发射设备时，分析对电磁兼容性的影响；

(9) 装备退役前，由使用部门全面总结使用、维修中有关电磁兼容方面的资料、数据、经验、费用等，存档或存入数据库。

对武器装备进行电磁兼容验收试验是必要的，是了解装备是否达到电磁兼容的重要措施。电磁兼容的实现与其电磁工作环境密切相关，能否真正达到兼容，需要在真实的环境和工作状态下进行试验。验收准则和验收的方案是需要仔细研究的问题。电磁兼容工作的目的，是使不因电磁问题而造成装备的性能降低，以致影响任务的完成。从经费、进度和技术效益的观点出发，往往不一味地追求无电磁干扰的出现，而是研究电磁干扰会对装备的性能和任务完成能力产生什么样的影响及其程度。因此，针对不同的具体设备和系统，验收准则中需要确定什么是不允许的干扰，什么是可接受的干扰。这项研究早在方案阶段提出系统、子系统和设备的电磁兼容要求时就开始了，并在其后的设计研制过程中逐步地具体和深化，直至验收准则的最终确定。

武器装备的改装若是作大规模调整，电子设备或总体布局的变化大大改变原有设计的电磁兼容时，就需要将其作为一项工程来对待，从电磁环境的确定入手，重新开展必要的电磁兼容工作。当装备作局部调整，特别是增加电磁发射设备或电磁敏感设备，以及改变金属结构和布局、电线和电缆敷设时，需要分析对装备整体兼容性的影响，制定相应的措施，使装备的电磁兼容性能不致降低。

建立电磁问题报告程序，是为了及时发现和解决问题，最后的总结和存档是从长远的发展考虑，总结经验，积累数据，为以后的研制提供借鉴。应建立统一的负责收集、整理和保存电磁兼容工程数据和资料的机构。对以前工作经验的总结和保存，是十分有价值的，会对以后的研制工程项目起到重要作用。

图 7.2 列出航天器在各研制工程阶段中的电磁兼容工作流程，作为参考例。

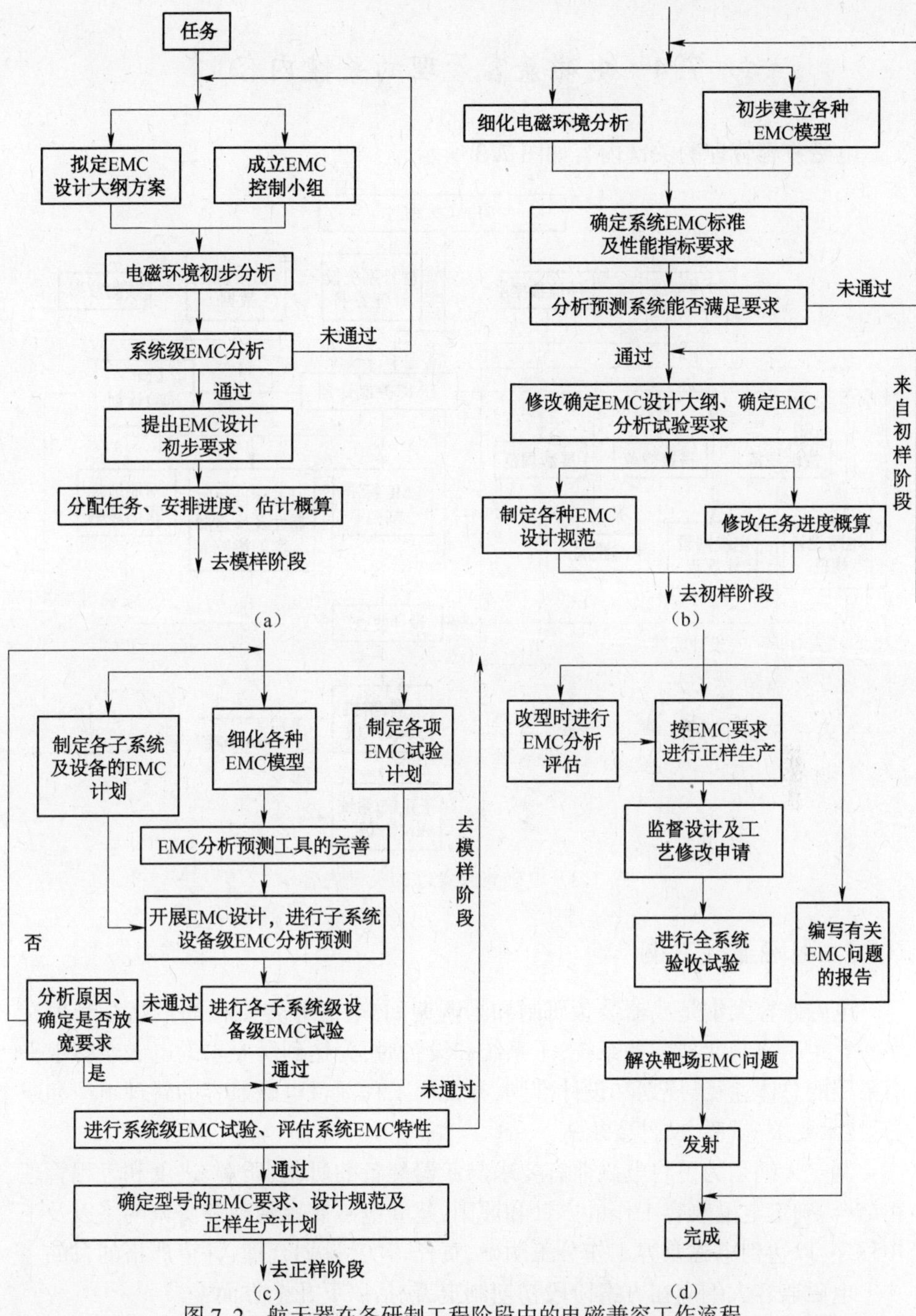

图 7.2　航天器在各研制工程阶段中的电磁兼容工作流程

(a)论证阶段;(b)模样阶段;(c)初样阶段;(d)正样阶段。

7.4 电磁兼容管理的关键内容

电磁兼容管理的关键内容如图 7.3 所示。

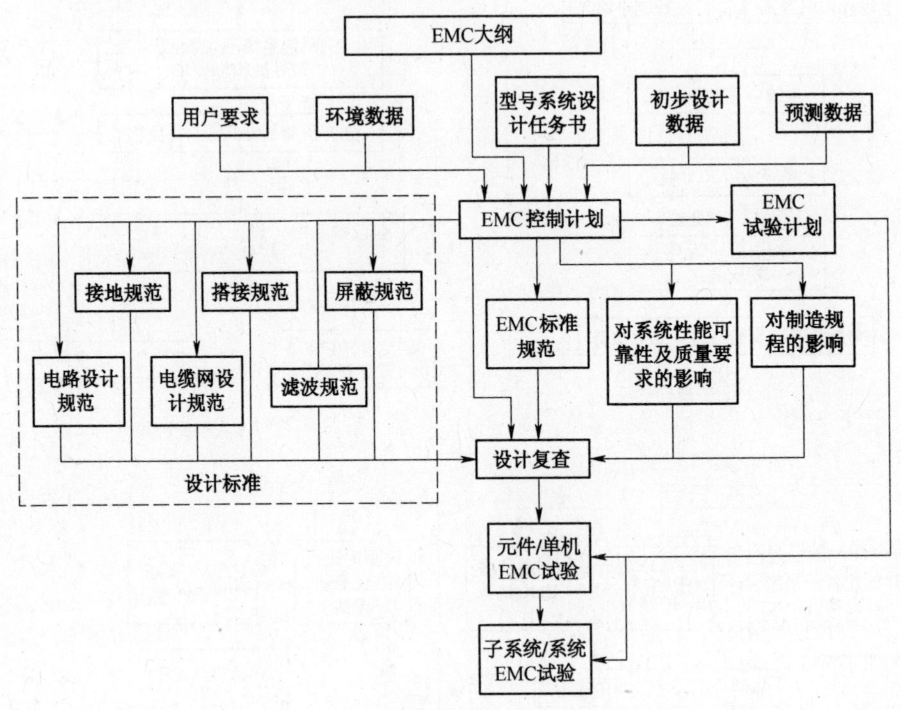

图 7.3　电磁兼容管理的关键内容

7.4.1　电磁兼容大纲

电磁兼容大纲是武器装备研制和采购期间,电磁兼容工程的最高级管理文件。它说明研制武器装备系统、子系统和设备时,为达到所要求的电磁兼容水平而采用的总体途径、规划和设计准则,并说明工程项目电磁兼容的管理组织和职责、技术要求、试验、文件要求等。

制定大纲是为了将电磁兼容要求与武器装备的研制、质量、进度和工程管理相结合,确定电磁兼容工作的方针和原则,建立电磁兼容管理和协调网络以及工作程序,以达到电磁兼容工作分工明确、责任落实、计划合理、评审严格的目的。

电磁兼容大纲应在方案阶段初期制定,包括以下几个方面:

(1) 装备研制过程中电磁兼容管理的目标、内容、要求和方法;

(2) 管理和协调网络中各部门的职责、权限和工作范围,以及与有关单位之间的联系;

(3) 预测和分析电磁问题的方法,以及如何确定电磁环境,降级准则和安全裕度等;

(4) 各阶段中应达到的工作目标,要求和进度,以及评审要求和时间;

(5) 工程中应用的文件清单和说明,包括标准、规范、相关的管理与技术文件等;

(6) 电磁兼容工作经费、资源的考虑;

(7) 大纲的修改要求。

制定大纲时,电磁兼容的工作应考虑全面,统筹安排,例如:电磁兼容要求的提出,标准和规范的制定、应用和剪裁,现代分析技术应用及电磁兼容数据库的建立与使用,重要试验的计划、培训计划的制定,文件编制的要求,各工作内容和环节的相互关系,评审、进度和合同要求等,都应在大纲中有所说明。

大纲确定了具体工程项目有关电磁兼容的管理、组织和技术结构,提出了开展电磁兼容活动的内容和实施计划,明确了发现和解决电磁兼容问题的程序,为电磁兼容工程奠定了基础,提供了依据。大型工程项目技术复杂、研制周期长,大纲需要在适当的时候进行修改,以保持对工程电磁兼容要求的适用性。

7.4.2 电磁兼容控制计划

电磁兼容控制计划也称电磁干扰控制计划,是电磁兼容大纲中的主要技术文件之一。电磁兼容控制计划是当电磁兼容大纲或合同要求中明确提出编制的要求时,由研制单位负责制定的计划,目的在于说明研制单位如何实现武器装备的电磁兼容要求,是比电磁兼容大纲更为具体的技术文件。它包含了大纲各部分的简要说明,并在有关的地方,突出了系统或设备中所用的具体方法。它基本上是全面而详细的,考虑了在工程中为保证装备满足电磁兼容要求所应做的所有工作。它详细说明了从工程项目的开展,经过设计和生产,直到被采购后在系统的使用期间,研制单位控制电磁环境效应所要做的工作。计划制定后,应经电磁兼容技术组审查后提交主管部门批准。

电磁兼容控制计划的主要内容有:

(1) 技术管理:规定电磁兼容的详细要求,明确各单位所承担的具体职责、相互关系以及实施计划。

(2) 频谱管理:分配发射频谱、接收机带宽,规定信号的波形。

(3) 抗电磁干扰的机械设计:推荐使用可衰减干扰而又满足规范要求的材料与结构。

(4) 电子和电气线路的布局设计:推荐使用抗电磁干扰和降低敏感度的配置与布线方式。

(5) 电磁干扰的预测:分析预测能否达到规定的电磁兼容要求,必要时提出修改建议。

7.4.3 电磁兼容试验计划

电磁兼容试验计划也是电磁兼容大纲的主要技术文件之一。其内容包括所需的试验场地、测试仪器与设备、试验取样规定、试验方法及其操作规程、试验报告的形式以及各类测试的说明等。该试验计划也可作为控制计划的附件。

在系统设计过程中,电磁兼容试验应分为子系统测试、系统测试和系统电磁环境效应测试三级。而上述各级试验又一般分为两个阶段进行:第一阶段是在电磁兼容设计完成之后,为验证设计方法的有效性而进行的预测试;第二阶段是在研制完成之后,进行鉴定测试。

为了验证设计方法的有效性,需要进行模型试验、功能试验和验证试验。

模型试验是对所设计系统的模型进行测试,以便快速、简便地确定设计方案的可行性。模型是将设备或系统以及电磁环境的尺寸按比例缩小或放大后制成的,因而模型试验结果可模拟实际情况。

功能试验可对单个子系统或整个系统进行测试,其目的是确定在定量规定的预期电磁环境中,系统效能是否得到满意的实现。不然,应识别出所存在的薄弱环节,并进行改进。

验证试验是在规范所规定的电磁环境电平下进行测试。若试验结果偏离规定值,则必须查找原因和修改设计,直至能完全达到电磁兼容设计的全部要求为止。

电磁兼容试验是检验设备或系统是否符合电磁兼容设计要求的主要手段之一。试验鉴定和评价的要求与方法应符合电磁兼容试验计划的规定。

7.4.4 电磁兼容技术组

对于重大的工程项目,成立电磁兼容技术组是加强电磁兼容工程管理的有效措施之一。它是一个由各方代表组成的专家咨询小组,为工程管理的决策、评审、分析和研究提供技术咨询。电磁兼容涉及工程项目研制的众多领域,与其相关的设计、试验、安装和培训应在研制主管部门的主管电磁兼容工作人员的指导下综合计划安排。电磁兼容技术组提供了连贯和协调的信息来源与交换,使各单位能作为电磁兼容工程的合作者、而不是相互隔绝的机构进行工作。各单位能从电磁兼容技术组得到有关的最新信息,能够及时地发现问题和采取措施,提高工作效率和质量。技术组的信息来源广,考虑的问题全面,自然就提高了其建议被采纳的可能性。

1. 技术组的组成

(1) 电磁兼容技术组应在方案阶段初期组建;

(2) 由工程项目电磁兼容主管人员负责组织;

(3) 应包括工程管理、设计、制造和其他有关单位的代表;

(4) 代表应具备电磁兼容方面的基本知识或经过培训,若有可能,应为电磁兼容方面的专家;

(5) 技术组应在满足需要的前提下,由最少的人数组成。

2. 工作内容

技术组可根据需要承担下述工作:

(1) 协助制定电磁兼容大纲;

(2) 协助拟定合同中有关的电磁兼容内容;

(3) 协助识别和解决在设计、研制和定型阶段中可能存在的电磁兼容方面的问题;

(4) 协助审查设计、工艺文件中有关电磁兼容的内容;

(5) 收集、整理和研究电磁兼容工程中可能出现的各种问题,必要时,协助进行电磁兼容的分析预测研究,评估可能的电磁效应影响;

(6) 参与设计评审和定型评审;

(7) 协助申报成果。

3. 工作方式

(1) 通常通过协调会来处理日常工作;

(2) 指派技术组成员任务,工作完毕后写出总结报告,并分发有关单位;

(3) 对重大问题,指派专人进行全过程跟踪,写出最终报告,报告中应明确结论,并分发有关单位;

(4) 应有专人负责技术组的活动,并保存有关文件。

7.4.5 工程频谱管理

频谱管理在电磁兼容工程中占有重要的地位。近年来,在各种先进的通信手段日益发展与完善、频谱资源得到充分利用的同时,频谱占用也日益拥挤,加上电磁污染严重,可用频谱资源日趋贫乏,如何充分利用和有效管理有限的频谱资源一直是电磁兼容研究的重要课题。

对于应用频谱实施指挥、控制、通信、情报、导航、电子战等功能的设备,充分的频谱保障是其有效工作的必要先决条件。因此,要有效地完成预定任务,而不产生或受到其他射频设备的干扰,同时做到合理有效地利用频谱资源,在装备系统的规划、研制、采购和使用阶段,必须考虑有关频谱方面的问题。

我国的无线电管理机构为国家无线电管理委员会和中国人民解放军无线电管理委员会及其下属机构,由它们颁布的政策和工作条例必须严格遵照执行。

在研制和使用无线电设备之初,应提交频率申请及其有关资料,待批准后才能开始进行研制、生产和使用。不可盲目选择国家或国际上不可接受的频率,更不得未经批准,擅自研制、生产与使用新设备,否则,必然得不到频谱保障,或受到不希望的限制,造成时间和资金上的浪费。国家规定的无线电管理条例具有法律效力,擅自使用未经批准的频率,即扰乱了空中电波秩序,是一种违法行为。

频谱管理考虑必须及早应用于系统研制的论证和方案阶段,并在系统设计过程中定期审查与修改。电磁兼容是在频率管理步骤的实施过程中获得的,只有在系统工作的相应频段内有频率可用,系统的研制才有意义。

在研制过程中的试验频率以及定型试验中所用的临时通信、控制、模拟等设备的频率使用,也应及时地安排计划并申请批准。

图 7.4 简略表示了工程全寿命期内有关频谱管理工作的内容。

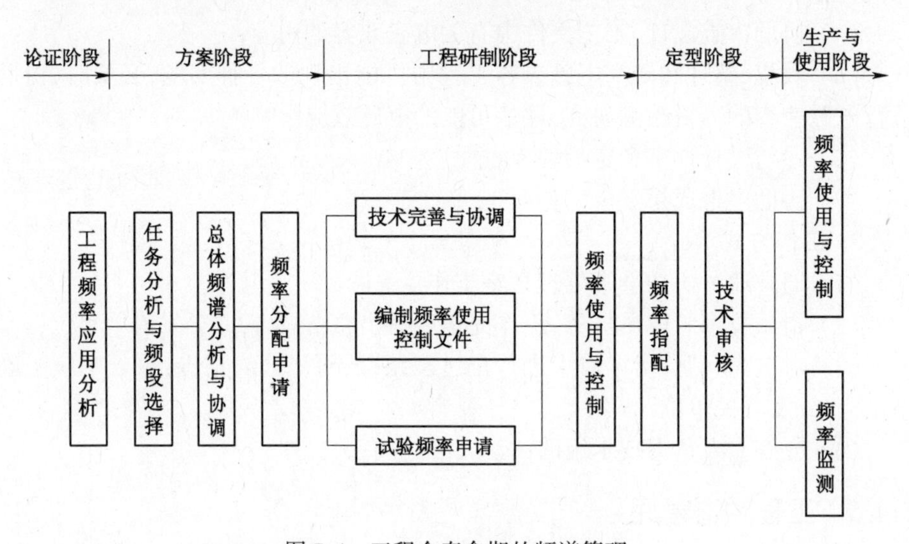

图 7.4 工程全寿命期的频谱管理

7.4.6 标准的应用和剪裁

目前许多重要的电磁兼容标准都带有不同程度的通用性,而飞机、舰船、航天器等属于不同用途的系统,它们的应用领域、技术水平、经费及进度要求等因素各不相同,技术内容和要求存在差别,将通用的标准和规范用来作为设计准则时,往往不能够规定得面面俱到、恰如其分。因此在选用标准时,应分析标准中的要求和应用对象的具体情况,进行必要的修改,删减或补充,即进行“剪裁”,以在满足使用要求的前提下,满足最低的技术要求,达到最佳的费效比。

对标准的剪裁过程,实际上也是形成对工程项目具体的电磁兼容要求的过程。通过对标准的剪裁,制定出工程项目的系统和设备规范,成为设计和签定合同的依据,避免了因要求过严造成的时间和经费上的浪费,同时也避免了因要求不严造成技术设计上的缺陷,从而影响武器装备的电磁兼容性能。

对电磁兼容标准的剪裁一般有两种:一种是对技术要求的取舍,另一种是对指标要求的改动。

当引用系统电磁兼容性要求的标准时,要分析标准中规定的各项要求是否适用工程项目的具体情况,在 GJB151B 中所提出的试验测试要求中,应根据子系统或设备的干扰和敏感特性选择测试项目,确定那些根据试样而定的测试项目是否要做。作为通用标准的 GJB151B,设备和子系统类别尽管划分得较细,但仍不能解决所有的测试项目确定问题。系统和设备规范中不能仅笼统地说明要满足 GJB151B 的要求,应详细地给出各个受测试设备的所属类别和所应做的测试项目,删去那些不必要的测试,既能节省经费,又加快了研制进度。

电磁兼容性的要求和指标,是通过与任务要求、主要性能指标、工程的经费和进度权衡而确定的。对一项具体工程而言,现有标准内容可能不尽全面,指标可能不完全适用,制定系统和设备的工程规范时,需要补充或修改。例如,由于航空母舰的甲板电磁环境十分恶劣,电平很高,于是可能需要提出附加的屏蔽、隔离要求。为使在此环境中的设备或系统能正常工作,其关键类别设备的安全裕度可能需要提高,对设备的屏蔽效能的要求也可能要提高。

需要注意的是,对要求和指标的改动,需要在认真分析研究的基础上进行,对于标准中规定的,在其适用范围内必须协调统一的强制性要求,以及关系到质量、安全的基本要求,不存在剪裁问题。本来即针对一定的、具体的对象制定的标准,其内容往往是保证使用性能和质量必不可少的要求,则通常不作为剪裁对象。

对标准的剪裁需按规定的程序批准,并在合同中予以说明或规定,所形成的系统或设备型号规范即成为工程评审和验收的依据。

7.4.7 电磁兼容技术评审

在设计和研制的过程中,在任何时候掌握设计方面的最新情况是很重要的,这只能靠一个适当的监督体制来完成。为保证一项工程的顺利进行,直至圆满完成,必须进行一系列的技术评审活动,它们可以起到以下作用:

(1) 发现和确定设计缺陷,评定是否满足合同要求,是否符合设计规范及有关标准;

(2) 检查和监督电磁兼容大纲的实施;

(3) 及早发现重大的技术问题,以便及时解决,减少对工程整体的影响;

(4) 减少设计更改,缩短研制周期,降低寿命期费用;

(5) 通过与使用方协商,发现合同要求不确切的地方,以得出互相可接受的解决办法。

1. 评审种类

技术评审可分为下列三种方法进行:

(1) 通过经常性观察进行的评价;

(2) 预定活动的评价;

(3) 设计评审。

在设计和研制的过程中,工程管理人员应保证与电磁兼容有关的技术人员,将所观察和发现的任何差错、缺陷、疏忽、分歧等向有关部门或人员报告。应建立一个充分的、明确的报告制度。汇报方式根据工程项目和问题的大小及复杂性可有所不同,可用询问和记录方式,把问题记录下来,呈送给主管,也可直接向有关人员汇报。而负责人员必须做到在需要的地方采取措施,并根据情况,相应地向上级汇报。

对于预定活动的评估,是负责电磁兼容的人员应用预定的周期性评审来评估有关的工作进程。

设计评审,一般是在重大的工程阶段分界点,作大范围、全面的技术评审活动。它是由电磁兼容技术组及有关的专家对设计成果和设计工作所进行的审查和评论,评审结论具有权威性。

2. 评审点的建立

电磁兼容工作既与其他工程研制活动密切相关,同时又具有一定的特殊性。因而,评审点的建立,既要考虑同工程重大评审相结合,又要考虑建立一些专项的评审点,以解决电磁方面的一些重大技术问题。

一般在下列阶段进行设计评审,设立评审点:

(1) 系统要求评审:为确定系统要求和审查可行性而进行的评审,在完成指标论证和提出可行性论证报告后进行。

(2) 方案设计评审:为确定设计方案和审查系统参数分配而进行的评审,在完成方案设计,提出方案设计报告后进行。

(3) 初步设计评审:为确定子系统或模块设计,评价设计接近最终产品的程度和技术上的适当性而进行的评审,在完成初步设计提出详细研制规范后进行。

(4) 详细(关键)设计评审:为评价系统及其各个功能级详细设计结果符合最终要求的情况,确定是否开始样机研制,批准研制规范,在图纸文件付诸生产前进行。

(5) 定型设计(鉴定)评审:为评价系统综合试验结果与合同规定最终要求之间的符合程度,确定设计是否可以从定型转入批生产。

具体的评审,要根据产品的特点、复杂程度、进度、经费,以及电磁兼容工作的要求来恰当地选择。

3. 评审内容

从工程整体的角度,为保证产品的电磁兼容性能,在工程的下列阶段分界点,所需评审的主要内容有:

1) 论证阶段

(1) 设计的风险和权衡研究;

(2) 初步的频率分配。

2) 方案阶段

(1) 电磁兼容大纲和控制计划;

(2) 电磁频谱分析;

(3) 潜在电磁问题的分析;

(4) 关键的测试项目;

(5) 为下一阶段确定的电磁兼容设计要求。

3) 工程研制阶段

(1) 大纲和各项计划的执行情况;

(2) 试验报告;

(3) 对合同要求的符合性;

(4) 对定型、生产所提出的电磁方面的要求书;

(5) 对使用、维修和后勤保障的要求;

(6) 上述内容文件的完备性。

4) 定型阶段

(1) 合同中电磁兼容要求是否被满足;

(2) 对生产与使用期间建立的电磁效应控制措施;

(3) 使用操作、频率使用、维修等文件的完备性。

7.4.8 电磁兼容培训

电磁兼容性是武器装备在使用中显示出来的一种特性,是通过一系列工程活动,设计、制造到装备中去的。鉴于电磁兼容技术涉及的技术内容非常广泛、标准也很多,提高工程管理人员对电磁兼容重要性的认识和管理水平、提高工程技术人员的电磁兼容技术水平,以及提高武器装备使用人员的操作和维修保养水平,是当务之急。电磁兼容培训是最实际的选择,而且最好面向与工程相关的全体人员。

培训内容依具体情况来定,一般来说,对工程项目各级管理人员应该进行电磁兼容工作重要性的教育,有条件的单位还应该让管理人员了解电磁兼容原理和电磁兼容特性。这样才能便于电磁兼容管理人员在武器装备研制整个周期内合理地计划、安排和管理有关电磁兼容的各项工作。

对于工程技术人员来说,应该全面、细致地了解电磁兼容原理、抑制电磁干扰的方法和电磁兼容标准。通过培训,使他们加深对电磁兼容系统知识的了解,学会用技术语言描述系统工程中遇到的电磁兼容问题,初步掌握用电磁兼容方法分析工程问题。

对于生产和质量监测人员来说,了解与工程相关的电磁兼容设计要求,是确保这些要求在工程实践得以实施的必要条件。

对于武器装备的使用和操作人员来说,只有了解了电磁干扰的机理,当系统受到干扰出现性能降低时,才可能做到及时暂停使用,继而寻找发生干扰的原因。

参 考 文 献

[1] 陈穷．电磁兼容工程设计手册[M]．北京:国防工业出版社,1993.
[2] 王明皓．飞机设计中的电磁环境效应[M]．北京:航空工业出版社,2015.
[3] 杨克俊．电磁兼容原理与设计技术[M]．北京:人民邮电出版社,2004.
[4] 刘培国,覃宇建,等．电磁兼容现场测量与分析技术[M]．北京:国防工业出版社,2013.
[5] 田健学．机载设备电磁兼容设计与实施[M]．北京:国防工业出版社,2010.
[6] 蒲小勃．现代航空电子系统与综合[M]．北京:航空工业出版社,2013.
[7] 朱英富．现代舰船设计[M]．哈尔滨:哈尔滨工业大学出版社,2012.
[8] 陈淑凤．航天器电磁兼容技术[M]．北京:中国科学技术出版社,2007.
[9] 李一鸣．航天系统电磁兼容论文集[M]．北京:宇航出版社,1989.
[10] 陈淑凤,马蔚宇,马晓庆．电磁兼容试验技术[M]．北京:北京邮电大学出版社,2001.
[11] 舰船电磁兼容性译文集[M]．中国人民解放军南字八一四部队,1974.
[12] 飞机设计手册(第17册)．航空电子系统及仪表[M]．北京:航空工业出版社,2002.
[13] 谭志良,胡小锋,毕军建．电磁脉冲防护理论与技术[M]．北京:国防工业出版社,2013.
[14] [美]B. E. 凯瑟．电磁兼容原理[M]．肖华庭,等译．北京:电子工业出版社,1985.
[15] [美]奥特．电磁兼容工程[M]．邹澎,等译．北京:清华大学出版社,2013.
[16] [美]保罗．电磁兼容导论 [M]．2版．闻映红,等译．北京:人民邮电出版社,2007.
[17] Macnamara T. Introduction to Antenna Placement and Installation[M]. John Wiley&Sons,2010.
[18] Massimo Annati. EMC and EMI Hazards in Naval operations[M]. Military Technology. MILTECH,1995.
[19] William A,et al. Space Antenna Handbook[M]. John Wiley & Sons,2012.
[20] 刘建新,唐泽群．空间飞行器总体设计的电磁兼容性问题[J]．中国空间科学技术,1996,(2):34-40.
[21] 李立芳,刘维国,高昂．舰艇通信电磁干扰评估及频率指配研究[J]．舰船电子对抗,2007,30(1):46-49.
[22] 杨继坤,牛龙飞,李进,等．舰船系统级强电磁脉冲防护试验与关键技术[J]．现代防御技术,2016,44(1):22-26,41.
[23] 廖波涛．舰船电子系统电磁兼容性问题分析及对策[J]．机电信息,2013,(3):101-102.
[24] 王桂华．电磁兼容性军用标准的应用与剪裁[J]．安全与电磁兼容,2001,(4):18-23.
[25] 李楠,张雪飞．战场复杂电磁环境构成分析[J]．装备环境工程,2008,5(1):16-19,31.
[26] 鲍海阁,张勇,汤仕平．工程电磁兼容性试验与评估管理控制方法[J]．安全与电磁兼容,2008,(5):85-88.
[27] 王明皓．飞机电磁环境效应的特性及控制[J]．航空科学技术,2013,(3):1-6.
[28] 曹军旗．舰船通信系统电磁干扰探讨[J]．电子机械工程,2013,29(2):21-23.
[29] 黄暄．统一触发与舰船电磁兼容[J]．舰船电子对抗,2006,29(2):51-53.
[30] 王天顺．通信系统电磁兼容性设计[J]．飞机设计,2005,(1):40-46.
[31] 宋东安,易学勤,张崎．舰船接地技术与EMI控制[J]．舰船科学技术,2008,30(1):111-113,116.
[32] 曹国光．舰船短波天线近远场研究[D]．哈尔滨:哈尔滨工程大学硕士学位论文,2010.
[33] 卢国兴．风云一号气象卫星星载天线隔离技术[J]．上海航天,2004,21(4):60-63.

[34] 王天顺. 飞机电缆敷设[J]. 飞机设计,2003,(2):36-40,54.
[35] 陈伟. 飞机电缆敷设的电磁兼容性设计[J]. 航空标准化与质量,2006,(2):47-50.
[36] 易书琴. 关于舰载电子设备电缆布线设计问题的探讨[J]. 电子世界,2013,(18):35-35,41.
[37] 张宇. 复合材料飞机的电流回路接地技术研究[J]. 航空科学技术,2011,(6):27-30.
[38] 崔相臣. 某大型卫星电磁兼容性设计与验证[D]. 上海:上海交通大学,2014.
[39] 宋明龙,魏致坤. 卫星电磁兼容性设计技术[J]. 上海航天,2001,18(2):61-68.
[40] 潘涵,宋东安,邢芳,等. 国外舰载机电磁安全性研究[J]. 舰船科学技术,2009,31(3):150-153.
[41] 宋东安,易学勤. 舰船编队电磁干扰分析中不定因素的研究[J]. 舰船科学技术,2006,28(5):66-68,85.
[42] 王强. 舰艇编队监视雷达间的同频干扰分析[J]. 舰船电子对抗,2009,32(2):10-13,44.
[43] 张琪,徐慨,杨海亮. 基于能域控制的舰艇编队电磁频谱管理[J]. 四川兵工学报,2012,33(10):27-29.
[44] 朱强华,李胜勇,姜涛. 海上舰艇编队电磁兼容性研究[J]. 舰船电子对抗,2006,29(4):39-42.
[45] 刘宗福,赵丹辉,郭新民. 复杂电磁环境下战场电磁频谱动态管理研究[J]. 舰船电子工程,2011,31(6):11-14.
[46] 蒋春蕾. 基于高层体系结构的航天发射场电磁环境系统设计[J]. 计算机测量与控制,2012,20(7):1921-1923,1933.
[47] 许滨,武占成,郝永锋,等. 航天器在轨空间环境研究[J]. 河北科技大学学报,2011,(S2),VOL32:9-10.
[48] 军用飞机 HIRF 防护设计及验证分析. 2014 年全国电磁兼容与防护技术学术会议论文集[C]. 常德:[出版地不详],2014.
[49] 朱承邦,华阳. 舰船电磁兼容技术工艺要素与试验[J]. 舰船电子工程,2013,33(9):171-173.
[50] 姚静波,辛朝军,解维奇. 航天测试产品系统级电磁兼容性设计研究[J]. 河北科技大学学报,2011,(S1):42-44.
[51] 郑生全,侯冬云,李迎,等. 舰船系统的雷电防护设计[J]. 河北科技大学学报,2011,(S1):1 78-182.
[52] 王天顺. 飞机屏蔽效能研究[J]. 飞机设计,1994,(1):62-66.
[53] 柳锐锋,张广军,梁婷. 某型无人机系统级电磁兼容试验方法研究[J]. 舰船电子工程,2015,(9):1 65-167,175.
[54] 唐建华. 民机研制中的闪电间接效应防护要求[J]. 国际航空,2007,(4):16-17.
[55] 段泽民,曹凯风,程振革,等. 飞机雷电防护试验与波形[J]. 高电压技术,2000,26(4):61.
[56] 张勇,张越梅,房延志. 飞机结构雷电防护试验符合性验证[J]. 航空科学技术,2012,(2):62-64.
[57] 刘尚合. 武器装备的电磁环境效应及其发展趋势[J]. 装备指挥技术学院学报,2005,16(1):1-6.
[58] 吴志恩. 飞机复合材料构件的防雷击保护[J]. 航空制造技术,2011,(15):96-99.
[59] 屈霞,孙文刚. 全碳纤维复合材料飞机雷电防护设计[J]. 科技传播,2013,(21):97-99.
[60] 王天顺. 复合材料电搭接分析[J]. 飞机设计,2001,(3):55-60.
[61] 高智. 火箭发射防雷问题[J]. 航天控制,1995,(4):49-53.
[62] 高智. 运载火箭的"四防"措施和接地问题[J]. 导弹与航天运载技术,1995,(4):18-27.
[63] 王天顺. 静电效应及其防护[J]. 飞机设计,2001,(2):55-59.
[64] 陈海兵. 民用飞机静电防护设计[J]. 科技信息,2012,(30):405-406.

[65] 谢伟杰．航空复合材料的表面涂覆层[J]．涂料涂装与电镀,2004,(1):18-20.
[66] 田济民．导弹及固体火箭的外防护材料[J]．固体火箭技术,1998,(3):55-59,65.
[67] 陈磊．浅析飞机复合材料整体油箱静电安全评估方法[J]．航空制造技术,2014,(14):98-100.
[68] 曹敏．飞行器防空间静电放电设计和试验技术[J]．装备环境工程,2011,08(4):117-121.
[69] 丁晓磊,卢榆孙．卫星天线抗静电技术研究的进展[J]．中国空间科学技术,1999,(5):43-49.
[70] 张书锋,路润喜．低地球轨道航天器对接放电研究[J]．航天器环境工程,2009,26(3):214-221.
[71] 杨剑,张鹏．飞机电磁兼容性试验与试飞研究[J]．电子科技,2011,24(2):66-69.
[72] 陈宁,袁大天,肖妮．民用飞机电磁兼容性试飞技术[J]．电子测试,2016,(11):55-57.
[73] 孙红鹏．武器装备电磁兼容性的系统验证技术探讨[J]．飞机设计,2007,27(1):36-39.
[74] Thomas S. Angell, Andreas Kirsch. Optimization Methods in Electromagnetic Radiation[C]. Springer, 2004.
[75] M. Maiuzzo, T. Harwood, W. Duff. Radio Frequency Distribution System (RFDS) for Cosite Electromagnetic Compatibility[C]. 2005 International Symposium on Electromagnetic Compatibility, 2005.
[76] Anca - Lucia Goleanu, Michel Dunand, Jean - Michel Guichon, et al. Towards the conception and optimisation of the current return path in a composite aircraft[C]. 2010 IEEE International Systems Conference, 2010.
[77] K. Allsebrook, C. Ribble. VHFcosite interference challenges and solutions for the United States Marine Corps'expeditionary fighting vehicle program[C]. IEEE MILCOM 2004. Military Communications Conference, 2004, VOL. 1:548-554.
[78] T. X. Nguyen, J. J. Ely, K. L. Dudley, et al. Passenger transmitters as a possible cause of aircraft fuel ignition-in support of an aircraft accident investigation[C]. 2006 IEEE International Symposium on Electromagnetic Compatibility, 2006, VOL. 1:228-233.
[79] DaleC. Ferguson, G. B. Hillard. Low earth orbit spacecraft charging design guidelines[R]. NASA/TP - 2003-212287.
[80] S. Koontz, R Suggs, TSchneider, et al. Progress in Spacecraft Environment Interactions: International Space Station (ISS) Development and Operations[C]. International Space Development Conference, 2007.
[81] Duan Zemin, Si Xiaoliang, Feng Jie, et al. Direct and Indirect Lightning Tests to the Z11 Helicopter Radome in China[J]. IEEE Transactions on Dielectrics and Electrical Insulation, 2013, 20(4):1112-1116.
[82] AjmalGharib, Hugh D. Griffiths, DavidJ. Andrews. Prediction of Topside Electromagnetic Compatibility in Concept-Phase Ship Design[J]. IEEE Transactions on Electromagnetic Compatibility, 2017, 59(1): 67-76.
[83] David Krutílek, ZbynkRaida, Jaromír Ku čera. Lightning Protection of Aircraft Systems Installed insideComposite Nose: Principal Analysis[J]. 2015 International Conference on Electromagnetics in Advanced Applications (ICEAA), 2015.
[84] Cheng Sun, Min Zhang. Simulation Design ofHamess Protection againstLightning for Aircrafts[J]. 2014 International Conference on Lightning Protection (ICLP), 2014.
[85] Guido A. Rasek, EnriquePascual-Gil, ArneSchröder, et al. HIRF Transfer Functions of a Fuselage Model: Measurements and Simulations[J]. IEEE Transactions on Electromagnetic Compatibility, 2014, 56(2): 311-319.
[86] William D. Prather, JoryCafferky, LennyOrtiz, et al. CW Measurements of Electromagnetic Shields[J]. IEEE Transactions on Electromagnetic Compatibility, 2013, 55(3).

[87] Marc Meyer, FranckFlourens, Jean Alain Rouquette, et al. Modeling of lightning indirect effects in CFRPAircraft[J]. 2008 International Symposium on Electromagnetic Compatibility-EMC Europe, 2008.

[88] Maurizio Apra, MarcelloD'Amore, KatiaGigliotti, et al. Lightning Indirect Effects Certification of a Transport Aircraft by Numerical Simulation[J]. IEEE Transactions on Electromagnetic Compatibility, 2008, 50(3): 513-523.

[89] S. Grzybowski. Experimental Evaluation ofLightning Protection Zone Used on Ship[J]. 2007 IEEE Electric Ship Technologies Symposium, 2007: 215-220.

[90] A. P. J. vanDeursen, P. Kochkin, A. I. deBoer, et al. Lightning current distribution and hard radiation inaircraft, measured in-flight[J]. 2017 International Symposium on Electromagnetic Compatibility-EMC EUROPE, 2017.

[91] Markus Rothenhäusler, Frank Gronwald. Characteristic mode analysis of HIRFandDCIexcitations of an aircraft structure [J]. 2017 International Symposium on Electromagnetic Compatibility - EMC EUROPE, 2017.

[92] James Y. Lee, George J. Collins. Risk Analysis of Lightning Effects in Aircraft Systems[J]. 2017 IEEE Aerospace Conference, 2017.

[93] J. Fisher, P. R. PHoole, K. Pirapaharan, et al. Parameters of Cloud to Cloud and Intra-cloud Lightning Strikes to CFC and Metallic Aircraft Structures[J]. 2016 International Symposium on Fundamentals of Electrical Engineering(ISFEE), 2016.

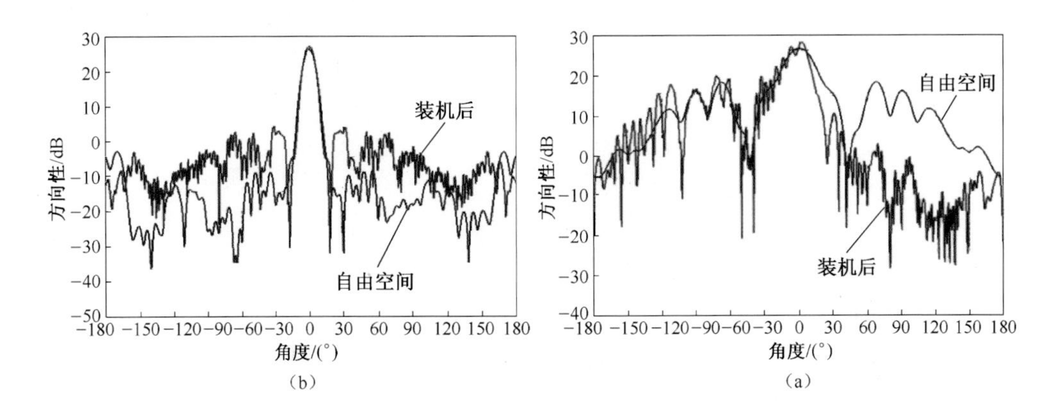

图 3.18　预警雷达天线方向图在自由空间中和装机后对比

(a)方位面;(b)俯仰面。

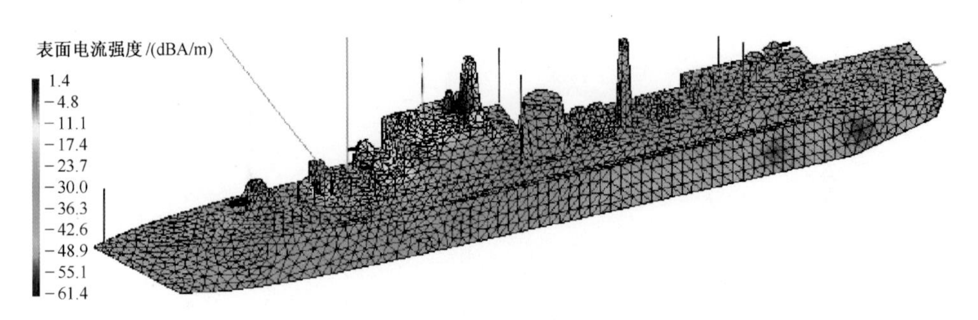

图 3.19　舰船表面电流强度

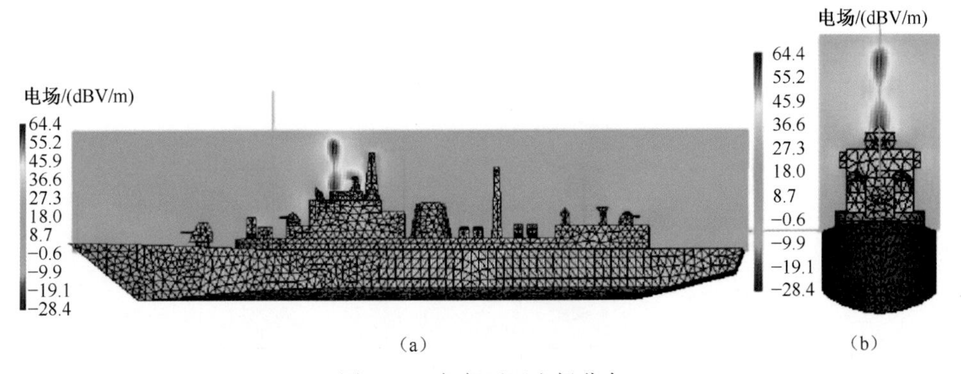

图 3.20　舰船近区电场分布

图 5.2　A380 复合材料分布

GFRP—玻璃纤维增强复合塑料；QFRP—石英纤维增强塑料；
CFRP—碳纤维增强复合塑料；Metal—金属；Glare—玻璃增强铝层压板。

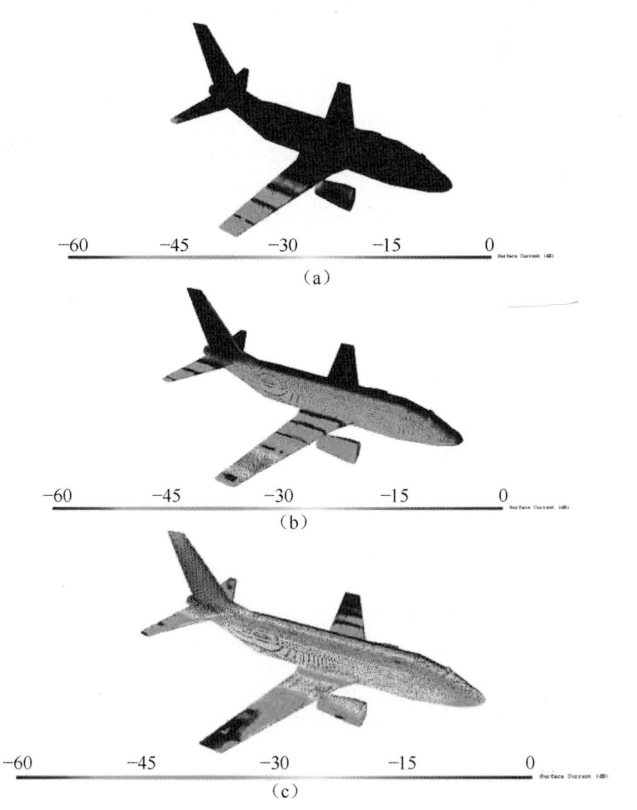

图 5.6　电磁脉冲作用于飞机机体的过程

(a) $t=0$ns；(b) $t=19.96$ns；(c) $t=61.986$ns。